U0384976

基于自媒体平台网络大数据的历史虚无主义治理和引导研究

本书受安徽省高峰学科（安徽大学马克思主义理论）经费资助

向继友◎著

九州出版社
JIUZHOUPRESS

图书在版编目（CIP）数据

基于自媒体平台网络大数据的历史虚无主义治理和引导研究 / 向继友著 . -- 北京 : 九州出版社 , 2024.5

ISBN 978-7-5225-2983-7

Ⅰ . ①基⋯ Ⅱ . ①向⋯ Ⅲ . ①互联网络—治理—研究—中国 Ⅳ . ① TP393.4

中国国家版本馆 CIP 数据核字 (2024) 第 112289 号

基于自媒体平台网络大数据的历史虚无主义治理和引导研究

作　　者	向继友　著
责任编辑	沧　桑
出版发行	九州出版社
地　　址	北京市西城区阜外大街甲 35 号 (100037)
发行电话	(010)68992190/3/5/6
网　　址	www.jiuzhoupress.com
印　　刷	天津鑫恒彩印刷有限公司
开　　本	710 毫米 × 1000 毫米　16 开
印　　张	18
字　　数	250 千字
版　　次	2024 年 5 月第 1 版
印　　次	2024 年 5 月第 1 次印刷
书　　号	ISBN 978-7-5225-2983-7
定　　价	88.00 元

目录

CONTENTS

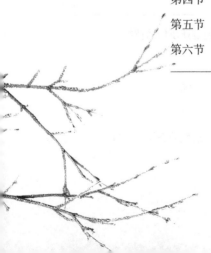

绪　论

Introduction

第一节　选题背景及研究意义

一、选题背景

　　20世纪90年代以来，互联网取得了迅猛发展，其对经济、社会、政治等的影响也越来越凸显，主要表现为互联网技术革命带来的大数据应用和"数据经济"。据2023年3月中国互联网信息中心（CNNIC）发布的第51次《中国互联网络发展状况统计报告》显示，截至2022年12月，我国网民规模达到10.67亿，互联网普及率达75.6%，网民人数排名世界第一。伴随着互联网的大发展，网络正在把人类带入一个以信息网络为核心资源的信息网络时代。在这个时代，以信息技术为核心的科技革命正在加速重塑整个社会的物质基础。作为一种全新的认知工具、交流工具和生产力，网络大数据的发展对当今世界的政治、经济、军事、文化、教育等领域已经产生极大的影响，也将对人们的工作方式、认知方式、社会方式产生影响，继而是对这种全新的网络文化所蕴含的意识形态产生了影响，正如富尔顿（Barry Fulton）所说"互联网已成为后冷战时代最突出的标注"[①]。之所以把这种全新的网络文化与冷战相提并论，是因为网络大数据是意识形态的载体，其发展动态和演变趋势能够反映意识形态的嬗变。

　　网络大数据时代，信息传递呈现出碎片化、轻量化特点，给我国网络治理带来了新的严峻考验，在一定程度上对我国主流意识形态的传播形成冲击和挑战，因此亟须运用网络大数据技术加强对意识形态网上传播的治理和疏导。根据《人民论坛》杂志

---

① Barry Fulton.*The information age：new Dimensionsfor U.S.Foreign Policy*[M].Nwe York: Great Dimensions Association，1999: p.9.

社2011—2020年度重大社会思潮十年演变最新调查研究[①]（见绪论表-1），除2018年和2019年之外，其余八年历史虚无主义一直占据我国社会思潮的前十位。由此可见，历史虚无主义在网络空间中的影响力很大，亟待加强对其发展动态、传播路径和有效性引导的研究。因此，笔者选取了这一社会思潮作为研究对象。运用网络大数据技术，构建历史虚无主义发展动态和有效性引导研究，既可以充分运用新技术手段唱响主旋律，又可以规制网络历史虚无主义的传播，减少网络社会思潮对主流意识形态的冲击，增强社会主义核心价值观和网民对社会主义主流意识形态的认同感。

绪论表-1　《人民论坛》2011—2020年度重大社会思潮十年演变

排序	2011年	2012年	2013年	2014年	2015年	2016年	2017年	2018年	2019年	2020年
1	普世价值论	民族主义	新自由主义	新自由主义	民族主义	民粹主义	民粹主义	贸易保护主义	逆全球化	民族主义
2	新自由主义	创新马克思主义	历史虚无主义	民族主义	历史虚无主义	新权威主义	民族主义	民粹主义	贸易保护主义	新自由主义
3	创新马克思主义	新自由主义	民族主义	新左派	新自由主义	民族主义	生态主义	单边主义	民粹主义	民粹主义
4	道德相对主义	拜物主义	创新马克思主义	民粹主义	民粹主义	极端主义	消费主义	排外主义	多边主义	生态主义
5	社会民主主义	普世价值论	普世价值论	普世价值论	新左派	新自由主义	泛娱乐主义	极端主义	民族主义	女性主义
6	文化保守主义	极端主义	宪政思潮	生态主义	普世价值论	历史虚无主义	激进左派	新自由主义	科技本位主义	反智主义
7	新国家干预主义	新儒家	民粹主义	历史虚无主义	新儒家	新左派思潮	文化保守主义	生态主义	消费主义	泛娱乐主义
8	民族主义	民粹主义	新左派	极端主义	生态主义	功利主义	历史虚无主义	种族主义	泛娱乐主义	消费主义
9	民粹主义	道德相对主义	新儒家	新儒家	极端主义	消费主义	新自由主义	女性主义	生态主义	新儒家
10	公平正义论	社会民主主义	伪科学	宪政思潮	道德相对主义	生态主义	普世价值论	普世价值论	女性主义	历史虚无主义

[①] 人民论坛"特别策划"组.2010—2020年度重大社会思潮十年演变[J].人民论坛，2021（3）：12-13.

通过绪论表–1可知，新自由主义和民粹主义此消彼长，在前几年民粹主义下行的时候，新自由主义上行，成为我国网络治理的难点和挑战。通过绪论表–1，可以看出新自由主义上升，历史虚无主义也随着上升。新自由主义被认为是历史虚无主义的重要理论来源，最近三年随着民粹主义和民族主义在全球抬头，新自由主义思潮略有下降，但是新自由主义和历史虚无主义依然占据社会思潮的前十位。与历史虚无主义思潮流行不匹配的是，对于其在网络新媒体的传播和有效性引导的研究并不充分，尤其在大数据时代。如何充分对历史虚无主义的倾向进行大数据分析，做到提前引导和治理，是目前学术界的当务之急。

二、为何选择这一课题

一是回应网上历史虚无主义的时代问题。互联网出现之后，围绕网络带来的争论一直不断，尤其是近年出现的诸如"躺平族""尼特族""佛系"等现象。如何帮助现实生活中的青年摆脱网络世界的束缚，投身到中华民族"伟大复兴"的康庄大道上，成为如今的时代性问题。时代性问题的本质是精神问题，在于能否从沉湎且持续了一个世纪的当代虚无主义困境中超拔出来。当代虚无主义的本质是对人价值的否定，反映在历史上就是对历史真实性的否定。历史虚无主义不仅是时代性的哲学课题，还是整个现代性社会呈现出来的大众化社会思潮。虚无主义乃是物化时代以及过渡性时代的精神症候，是现代性的伴发症。当下，历史虚无主义蔓延呈加剧之势，不仅否定历史真实性，编造历史，还否定中国共产党党史、中国近代史，乃至否定中华文明文化史。历史虚无主义不承认历史及文化传统的继承性与连续性，把传统文明向现代文明的过渡看成是彻底的断裂，否定历史发展的内在逻辑，轻率地对待各种历史与文化遗产，漠视人文精神传统的内在传承及教化意义，打着解释学与开放当代性等旗号，任意涂抹史料，戏说历史人物、歪曲经典。这种对人的各种规定性及其存在方式如历史、文化传统、民族性等的否定，导致社会上不良思潮的泛滥，继而在本质上否定中国共产党的领导，否定社会主义道路。

二是响应大数据时代引发的变革。随着"大数据"概念和大数据技术的诞生，人们认识世界和改变世界的行为方式便悄悄地发生了改变。尤其是21世纪前20年，新媒体、自媒体、融媒体的发展，使得"人人都有麦克风、个个都是通讯社"，人们在网络世界里发出自己的声音、表达自己的观点、传播自己的思想，这些行为有意无意地推动着网络数据化的发展。由于网络和计算机运行的基础是"0"和"1"的数据代码，因此互联网将人类在网络世界里的一切行为转化为数据信息储存和传递，也就意味着，网络大数据的这种"记忆"功能记录了人类生活的方方面面，由此，推动着"大数据时代"的到来。美国早在2013年就制定了"大数据的研究和发展计划"，以期增强其在全世界的网络领导权。随后，欧盟推出《数据价值链战略计划》，为带动经济发展和开发数据价值链提供法理基础。日本和联合国则利用大数据技术加强国家治理体系和治理能力建设，尤其运用于救灾和防治疾病方面。

　　鉴于大数据时代带来的技术理性优势，习近平总书记着眼于世界格局和未来发展的趋势，高度重视我国大数据的发展，意味深长地指出："浩瀚的数据海洋就如同工业社会的石油资源，蕴含着巨大生产力和商机，谁掌握了大数据技术，谁就掌握了发展的资源和主动权。"[1]2015年8月，国务院发布的《促进大数据发展行动纲要》指出："数据已成为国家基础性战略资源，大数据正日益对全球生产、流通、分配、消费活动以及经济运行机制、社会生活方式和国家治理能力产生重要影响。"[2]这标志着大数据成为国家战略资源。2020年4月，习近平总书记在浙江考察时强调："运用大数据、云计算、区块链、人工智能等前沿技术推动城市管理手段、管理模式、管理理念创新，从数字化到智能化再到智慧化，让城市更聪明一些、更智慧一些，是推动城市治理体系和治理能力现代化的必由之路。"[3]由于大数据技术的广泛应用以及党和国家战略发展的需要，大数据对网络意识形态的引导作用愈发明显。为此，我们需要顺应时代要求和社会发展趋势，发挥大数据的技术优势，积极推动网络历史虚无主义的

---

① 中共中央文献研究室.习近平关于科技创新论述摘编[M].北京：中央文献出版社，2016:76.

② 国务院关于印发促进大数据发展行动纲要的通知〔国发（2015）50号〕[EB/OI].http:/www.gov.cn/zhengce/content/2015-09/05/content_10137.htm.

③ 习近平在浙江考察时强调：统筹推进疫情防控和经济社会发展工作奋力实现今年经济社会发展目标任务[N].光明日报，2020-04-02.

预防和治理工作。

三是防范西方历史虚无主义渗透的现实呼求。21世纪以来，尤其是奥巴马提出"重返亚洲"战略之后，西方资本主义国家加强了对中国在意识形态领域的渗透，而中国蓬勃发展的网络新媒体构建环境也为西方进行网络意识形态的渗透提供了"可乘之机"，因此，网络意识形态的建设亟待加强。西方国家利用网络平台散布历史虚无主义思潮的方式主要有培植网络大V、社会公知、话语权代理人等。这些代理人又利用社会热点来传播历史虚无主义，他们利用网络空间的实时性、快捷性、直播性等特点，诱导网民的情感判断和价值判断，以便操控和引导网络舆论走向。他们公开利用网络信息碎片化特点，编造、传播带有所谓的"西方民主"和"普世价值观"的言论，以蛊惑网民的思想，混淆视听。他们又将"魔爪"伸向广大青少年，利用历史的"细枝末节"污蔑和贬损中国历史上的英雄人物，混淆历史正义和历史结论，给广大青少年带来极大的负面影响。网络历史虚无主义者还虚构、剪裁、抹黑中华民族历史文化，造成西方文明优于中华文明的"假象"，扰乱网民的历史观、影响民族团结、破坏国家统一、阻挠国家发展。因此，加强对网络空间意识形态的治理，构建积极有效的网络平台管理机制，坚决抵制网络空间意识形态蔓延的研究势在必行，以便肃清网络空间历史虚无主义的影响，创造"干净清朗"的网络空间，增强马克思主义思想在网络空间的传播，构建社会主义主流意识形态的话语权，推动网络舆论为社会主义现代化建设服务、为中华民族伟大复兴提供力量源泉。

三、研究意义

当前国际形势风云变幻，以美国为首的西方国家发动针对中国的贸易战、经济战、科技战，导致我国与西方国家的意识形态冲突加剧。基于国际国内形势的变化，我国努力构建"国内大循环为主、国内国际双循环相结合"的新发展格局。经济结构的变革必然带动利益格局的调整，也势必造成人与人之间的社会交往、社会关系和思想状况的改变。大数据以其碎片化、速度快、多元化等特点，使得人们的思想更加活跃，多样性、差异性、多变性日益突出，在一定程度上冲击着社会主义主流价值观，给网络历史虚无主义的治理带来极大挑战。因此，"历史虚无主义网上传播动态及其有效引导研究——基于大数据的考察和分析"就显得尤为重要，对于我们顺应"大数据时代"所需，阻断网络历史虚无主义传播路径，破解网络历史虚无主义传播带来的危害，都具有重大现实写照。运用大数据思维，推动网络历史虚无主义有效性引导的创新研究，对于培育广大网民的理性批判精神，树立自觉抵制网络错误社会思潮的意识，不仅具有重大理论意义，而且是对现实问题的及时回应。

（一）理论意义

一是本研究丰富了马克思主义中国化理论体系。马克思主义是我们立党立国的根本指导思想。进入21世纪，全球范围内思想文化交流交融交锋加剧，西方一些政治势力借助其在经济、政治、文化和国际舆论方面，尤其是传播手段上的优势，加紧对我国进行思想文化渗透。近百年来，中国共产党之所以能够完成近代以来各种政治力量不可能完成的艰巨任务，就在于始终把马克思主义这一科学理论作为自己的行动指南，并坚持在实践中不断丰富和发展马克思主义，创立马克思主义中国化理论体系。在马克思主义中国化道路上，要依据时代发展和历史变迁的客观事实，坚持解放思想、实事求是地对马克思主义进行理论体系和内容的创新。在大数据时代，进一步探讨历史虚无主义的网络传播和有效性引导有助于完善和优化马克思主义中国化理论体系，并推动马克思主义理论与时代相结合的方法论变革。

二是本研究拓展了多学科、多维度融合性研究。社会主义意识形态必然以经济结构为基础，以人与人之间的社会交往和传播媒介为载体，以共同的世界观、人生观、价值观为思想共鸣，从而形成社会成员在共同经验基础上的共情，继而达成统一的共行过程，这中间传播媒介起着至关重要的作用。本研究运用大数据技术从传播学视角、运用"相关性"理论分析影响网络历史虚无主义传播路径中的不同因素，再融合了大数据技术与信息技术、传播学、社会学、心理学和教育学等多学科、多维度知识，形成综合性研究性视角，借助互联网思维和"相关性"研究，以期判断网络历史虚无主义传播路径和演变趋势。本研究与传统经验型研究的不同之处在于，不是分析具体案例或者状况，不针对某一情况做具体性理论分析，而是依据大数据发展动态，做合理性分析和普适性研判，寻找到网络历史虚无主义网上传播路径的"关键环节"，构建有效性引导机制，阻断其网络传播途径，净化网络环境，完善网络历史虚无主义引导路径。

三是本研究融合了经验型与实证型研究相关性。基于大数据视角，剖析网络历史虚无主义在网络舆情中的存在和传播方式，重点分析其不同表现形式，尤其是对网络意识形态的影响，据此构建网络舆情中意识形态发展流变模型，对于加强我们党对网络空间的治理大有裨益。坚持运用马克思唯物史观方法论，针对性构建网络空间国家治理的应对策略、引导网民自觉抵制网络舆情中存在的网络历史虚无主义现象。运用大数据分析网上历史虚无主义发展流变特征，以执政党意识形态高度警惕资产阶级自由化思潮给网民带来的思想扰乱，这既是严肃的政治任务，也是严峻的理论斗争。构建网络舆情中意识形态发展流变模型，不仅可以预警网络世界的意识形态的发展和建设，而且还可以为其他领域的国家治理提供一定的参考和借鉴，有助于加强线上和线下的国家治理现代化建设，完善国家治理体系、提高现代化国家治理效能。

（二）实践意义

一是本研究响应国家加强网络意识形态治理的战略部署和要求。习近平总书记指出："过不了互联网这一关，就过不了长期执政这一关。"[①]网络的安全决定了社会其他领域的安全，以及经济社会的稳定运行，如果这一领域的安全受到损害，那么广大人民群众利益也难以得到保障。伴随着网络信息化程度的快速发展和广泛融合，人们的生活范围不再仅局限于现实社会，而是不断在向网络空间蔓延、扩散。网络传媒在这一过程中应运而生，网络新媒体时代中每一个人都是一个自媒体，其拥有自发、突发、多元等诸多特点，致使小问题扩大化、国际问题国内化、线上线下、虚拟现实模糊化，构成了越来越复杂的舆论场，给我国的整体思想范畴的管理带来了一定的难

---

① 中共中央宣传部.习近平新时代中国特色社会主义思想三十讲[M].北京：学习出版社，2018:221.

题，甚至挑战着我国意识形态安全的底线。在数字时代，媒体的格局、舆论生态、受众对象、传播技术都在发生深刻变化，我们党和国家加强网络意识形态的治理也应顺应时代发展，充分挖掘科技理性的优势，利用大数据技术推动网络空间治理迈上新台阶。具体来说，其一，运用大数据思维方式推进网络意识形态治理，有助于推动治理手段和治理路径的转变，统一网民思想和意识，助力"天朗气清"的网络空间的实现。其二，依托大数据技术的可追踪性，具体分析网民的现实需求，推行个性化网络空间治理，提升网络空间的针对性，更加契合教育对象的现实思想状况。其三，充分利用大数据及时反馈的技术优势，对阶段性网络空间的治理成效进行及时反馈，以便优化下一阶段的精细化治理，这种理论结合实践的方式，有助于提升马克思主义理论传播的效度和信度。

二是有助于推动数字时代国家治理体系和治理能力现代化建设。习近平总书记在党的十九大报告中指出，社会主义制度的完善需要不断推进国家治理体系和治理能力的现代化。马克思主义认为，经济基础决定上层建筑，有什么样的社会生产力和经济结构，就需要什么样的国家治理模式与之配套，这就需要发挥科学技术的价值理性，不断提高国家治理体系中的科技含量，不断提高国家公共事务治理的有效性。具体来说，本研究的实践价值体现在如下几个方面：其一，大数据有助于构建驯服资本逻辑的有效性引导体系。资本因其自身的"增值"属性，决定了以自身利益为导向，不注重公共服务和公共事务的治理。在全球经济体系下，每个国家都参与到国际分工中，就必须驯服资本增值属性，以确保生产要素的合理配置。其二，大数据技术有助于突破网络历史虚无主义治理的信息盲区，实现网民言论表达与教育数据的融合，提升网络有效性引导的实效和应用价值。其三，大数据有助于构建多元交互共治的体制。大数据具有容量大、速度快、多样性等特点，有助于协调不同的治理主体，实现信息共享、多元共治、良性互动的新格局。

三是有助于解决网上历史虚无主义有效引导现实问题。网上历史虚无主义鼓动网民反对社会主义主流意识形态、政治体制和党的领导，因此是我们党必须抵制和有效应对的社会思潮。有人认为最近一些年比较流行的网络历史虚无主义只是一种娱乐方式，比如电视剧《雷霆战将》中红军住别墅、抹发胶、抽雪茄，只是青春偶像剧，供大众娱乐。但是，涉及历史观和价值观方面，必须尊重历史和树立正确的价值观，是不容娱乐和消遣的，正如人民日报评论把"偶像剧"套路用在抗日题材上，是对历史事实和历史价值观的虚无，客观上扭曲了人们对革命先辈奋斗牺牲精神的认知。当前对大数据的历史虚无主义的应对性研究，关涉"网络大数据"和"历史虚无主义"两大领域，必须运用大数据技术将两者结合起来，具体分析网络历史虚无主义的发展流变特点、趋势、表现，并结合多学科知识提出有效应对策略，为未来网络舆情的发展做预警和制定有效治理预案，这关系到我们党的意识形态领域的建设，对于凝聚人民群众的思想和维护社会主义体制具有重大的战略意义。运用大数据技术批判网络历史虚无主义思潮，有利于充分体现网络民意，构建应对和有效引导机制，创建善治的网络生态。网络世界鱼龙混杂，各种声音都会充斥着网络空间，尤其是自媒体时代人人都是信息的制造者，也是信息的传播者，这就给党和政府做政治决策带来机遇和挑战。如果能够积极有效地研判网络历史虚无主义的发展动向，提前做好预案，高效快捷地疏导网民意见，起到积极净化网络空间和引导人民群众思想的作用，实现我们党执政国家治理的"帕累托最优"①。

第二节　国内外研究现状

在大数据时代，数据成为信息传递的载体，连接网络世界和历史虚无主义内容，因此，将大数据界定为一种国家战略资源不足为怪。随着信息技术的发展，数据资源日益成为全世界各国竞相争夺的对象，也是世界各国综合国力的体现。将大数据与网上历史虚无主义信息进行深度融合，以大数据为媒介开展精准化网上历史虚无主义有

---

① 帕累托最优：从一种状态到另一种状态，在资源不变的情况下，使得至少一个人变得更好，而且是最优方案。

效性引导，有助于增强国家对网络意识形态的治理，也有助于提升国家治理体系和治理能力。本研究着眼于国内、国际大数据研究现状分析，再结合国内历史虚无主义研究和国外历史虚无主义的研究，做"相关性"研究，以期寻找到"大数据"与"历史虚无主义"二者之间的关联性，为国家研究历史虚无主义的网上传播模型机制以及对其进行有效引导做有益尝试和积极探索。

一、国内研究现状和评析

考虑到"大数据"的概念是2008年提出，故在知网搜索主题包含"历史虚无主义"，主题并含"网络"或"大数据"一词，时间范围设定为2000年1月1日到2020年12月31日，得到历史虚无主义的文章篇数，以及关联"网络"和"大数据"的文章篇数，分别如下绪论表-2。概括地说，从2000年1月1日到2020年12月31日，知网可查的主题为"历史虚无主义"的文章总共有2224篇，整体呈现上升趋势，其中2000年至2008年研究成果比较少，平均每年不到10篇。通过关联性分析，可以发现2013年有关网络的研究成果快速增加，2016年关联大数据的研究成果开始出现，但是数量依然很少。虽然关于大数据与历史虚无主义相结合的研究成果不多，但也表明了大数据在其他领域中的应用这一趋势正在加强。总之，目前已有的研究成果，无论是大数据本身的研究，还是大数据关联哲学社会科学的研究，都为本研究提供了很多借鉴和参考，也为本研究的持续性深入开展提供理论性和方向性借鉴。

绪论表-2　《知网》历史虚无主义以及有关网络、大数据的研究成果统计

年份	2000—2005	2006	2007	2008	2009	2010	2011	2012	2013	2014	2015	2016	2017	2018	2019	2020
篇数	37	14	20	13	26	34	34	37	96	145	256	349	337	366	282	175
关联网络	0	0	0	0	1	0	0	2	3	7	18	31	33	48	47	27
关联大数据												3	1		0	2

（一）关于历史虚无主义的研究现状

1.历史虚无主义的起源

历史虚无主义中的"虚无"和"虚无主义"思潮早期来源于西方哲学。韩炯认为我国的历史虚无主义虽然来源于现象学和解构主义，但是实质上源于西方的自由主义和后现代主义思潮①。邹诗鹏认为，资本全球化流动，需要在全球寻找"异化"的"锚定物"，于是历史虚无主义是"西方文化传统之现代流变的产物"②。可能有学者认为历史虚无主义的源头"最早可追溯至 20 世纪初以陈序经、胡适为代表的全盘西化论"③，故他们认为历史虚无主义起源于我国本土。这里需要指出的是历史虚无主义包含两个层面，一是否定自己的传统文化，二是崇拜和谄媚西方文化，全盘西化论本身就是一种历史虚无主义，并且为历史虚无主义思潮提供泛起的土壤。按照马克思主义的观点，经济基础决定意识形态，有什么样的经济关系和生产方式就有什么样的意识形态。历史虚无主义思潮的泛起，并快速渗透到多个领域，也有一定的经济基础和时代背景，尤其是中国百年近代史一直处于社会大变革，生产关系重组中，这就为历史虚无主义的滋生提供了国际和国内的土壤。在国际上，"世界社会主义处于低潮、西方敌对势力和平演变的加剧以及各种西方社会思潮的冲击，对于历史虚无主义思潮的泛滥起了推波助澜的作用"④；在国内上，由于我国长期处于计划经济时代，作为党的指导思想的马克思主义在意识形态构建方面缺乏创新、话语体系单一化、宣传模式枯燥化，难以有效抵制诸如网络新媒体平台上历史虚无主义的蔓延。在这个大变化、大转型、百年未有之大变局的时代，各种经济成分并存，李群山就认为，"历

---

① 韩炯.历史事实的遮蔽与祛蔽——现时代历史虚无主义理论进路评析 [J].毛泽东邓小平理论研究，2013（3）：62-66.

② 邹诗鹏.现时代历史虚无主义信仰处境的基本分析 [J].江海学刊，2008（02）：47-53+238.

③ 方艳华，刘志鹏.历史虚无主义的基本主张及本质剖析 [J].中共山西省委党校学报，2010（12）：88-91.

④ 方艳华.历史虚无主义思潮的演进及重新泛起原因论析 [J].吉林师范大学学报（人文社会科学版），2011（6）：75-78.

史虚无主义重新泛起的最深刻根源在于不同意识形态的共存与斗争"①。

综上所述，虽然学者们对"虚无""虚无主义"在研究的侧重点和着眼点上有所不同，但殊途同归，都认为虚无主义思潮最早出现在资本主义制度中，滥觞于19世纪末20世纪初资本主义由垄断资本主义阶段进入帝国主义阶段时期，其思想源头是形成于20世纪中期，后来逐渐影响到史学领域的后现代主义。由于这时期资本主义的固有矛盾昭示了产生世界性经济、社会危机的可能性，一些西方学者便对资本主义启蒙运动以来高扬的理性主义的质疑转而颂扬"非理性"在人类生存和历史发展中的重要作用，体现在历史领域，这就是历史虚无主义的早期形态。这种发端于哲学领域的历史虚无主义逐渐渗透到文学和史学领域，最后演变为一种政治思潮渗透到我国。

2. 历史虚无主义特征

历史虚无主义在政治领域的表现。刘书林认为，历史虚无主义通过否定领袖，否定党史、国史和中国革命史，最终否定社会主义制度②。李殿仁认为，历史虚无主义表现为否定人类社会发展的规律性、集中攻击党的重大事件和领袖人物、披着学术外衣谋求政治诉求③。刘仓认为，历史虚无主义是一种通过否定毛泽东和毛泽东思想，来达到否定四项基本原则和走资本主义道路的政治思潮④。高奇琦、段钢认为，历史虚无主义在政治上表现为"否定革命论""社会主义歧途论""党史诉病论"⑤。龚书铎认为，历史虚无主义根本上是否定中国走社会主义道路的问题⑥。

历史虚无主义在史学领域的表现。梁柱认为，历史虚无主义是采取主观、片面并抛弃阶级分析方法研究历史的唯心史观⑦。郭世佑认为国际和国内都有一批人用所谓

① 李群山.历史虚无主义思潮多视角透析 [J].中共山西省直机关党校学报，2012（5）：19-21.

② 刘书林.认清历史虚无主义思潮的真实用意 [J].求是，2015（9）：57-59.

③ 李殿仁.认清历史虚无主义的极大危害性 [J].红旗文稿，2014（20）：8-12.

④ 刘仓.意识形态领域的卫国战争——毛泽东研究中的历史虚无主义 [J].中国社会科学报，2015-09-30.

⑤ 高奇琦，段钢.对历史的自觉自信是抵制历史虚无主义的基石 [J].求是，2013（1）：57-59.

⑥ 龚书铎.历史虚无主义二题 [J].高校理论战线，2005（5）：49-51.

⑦ 梁柱.历史虚无主义是唯心主义的历史观 [J].思想理论教育导刊，2010（1）：61-66.

"学术定义"来否定国际社会对日本侵略历史的定论，或者企图否定中共历史和新中国历史乃至中华民族史①。高奇琦、段钢认为，历史虚无主义在史学上表现为"侵略有功论""现代化西化论""人物重评论"②。韦磊指出海外毛泽东研究中历史虚无主义的表现，即运用唯心史观，丑化毛泽东和中共历史，在海内外制造思想混乱③。张晓红、梅荣政认为，历史虚无主义通过否定党史、革命史和国史乃至民族文化史，制造思想混乱④。

历史虚无主义在文学、艺术领域的表现。高奇琦、段钢认为历史虚无主义在文艺上表现为"宏大解构论""零度写作论""历史消费论"⑤。许恒兵认为"历史虚无主义具有'虚无'中国传统文化的严重危害"⑥。马建辉认为这股思潮通过"抽象化""去社会化手法"以所谓全人类立场的普世价值观遮藏甚至否定人民立场的价值观⑦。田居俭通过列举"三星堆文化""中华文明西来说"等历史虚无主义在传统文化领域中的种种表现，阐明了其数典忘祖，虚无中华文明起源的本质⑧。

3.历史虚无主义的本质

历史虚无主义在政治、史学、社会学、经济学等领域产生了严重危害。梅荣政、杨端认为，历史虚无主义通过否定历史达到否定现实社会主义制度和共产党的领导，给其他错误思潮诸如新自由主义和民主社会主义思潮等提供思潮基础和理论土壤⑨。李殿仁认为，历史虚无主义是一种思想鸦片，瓦解人们的思想，根本动摇社会主义制

---

① 郭世佑.历史虚无主义的虚与实 [J].炎黄春秋，2014（5）：35-40.

② 高奇琦，段钢.对历史的自觉自信是抵制历史虚无主义的基石 [J].求是，2013（1）：57-59.

③ 乌文超.海外毛泽东研究中的历史虚无主义 [D].沈阳：沈阳航空航天大学，2020.

④ 张晓红，梅荣政.历史虚无主义的实质和危害 [J].思想理论教育导刊，2009（10）：125.

⑤ 高奇琦，段钢.对历史的自觉自信是抵制历史虚无主义的基石 [J].求是，2013（1）：57-59.

⑥ 许恒兵.历史虚无主义思潮的演进、危害及其批判 [J].思想理论教育，2013（1）：31-35.

⑦ 马建辉.评文艺中的价值虚无主义思潮 [J].求是，2009（3）：51-52.

⑧ 田居俭.历史岂容虚无：评史学研究中的若干历史虚无主义言论[J].高校理论战线，2005（6）：41-46.

⑨ 梅荣政，杨端.历史虚无主义思想的泛起与危害 [J].思想理论教育导刊，2010（1）：67-69.

度①。杨军认为，历史虚无主义在历史领域随意拼盘，造成了人们价值观混乱、瓦解了群众对党的信任②。李舫认为，20世纪80年代以来，历史虚无主义在利益的驱动下，一些文学创作以"重写历史"的名义对文学历史、经典著作颠覆亵渎。在思想文化领域中，历史虚无主义思潮通过全盘否定五四以来的革命文学，进而宣称与中国当代文学"断裂"，严重背离了马克思主义文艺理论观点。

由此可见，历史虚无主义作为一种系统的、全方位的社会思潮，在政治、历史、文学艺术等领域有诸多表现，但万变不离其宗，这只不过是其为掩盖本质、增强迷惑性而表现出的一些表面形态变化。国内学者从三个不同角度阐述了历史虚无主义思潮的本质：一是从哲学世界观层面来说，历史虚无主义本质上是历史唯心主义，否定实事求是的原则和否定阶级分析的研究方法；二是从哲学方法论层面来说，历史虚无主义本质上坚持形而上学的方法论，以孤立、静止、片面的观点看待历史，根据自身目的将宏大历史进行任意剪裁，有所虚无，有所不虚无；三是从政治学层面来说，历史虚无主义在本质上不是一种简单的虚无历史的思潮，而是一种带有特殊政治目的的思潮。在我国，这种思潮的政治目的表现为否定现实，妄图虚化社会主义革命、建设与改革开放的历史，妄图虚无中国共产党执政的根基，推翻社会主义制度。

4. 历史虚无主义的应对措施

龚云认为，抵制历史虚无主义思潮关键在于坚持马克思主义的指导③。唐莉认为，应对历史虚无主义思潮，既要坚持历史唯物主义，又要着力做好当前现实问题，体现社会主义制度的优越性④。曹守亮认为，应在全民范围内加强马克思主义的历史观教育，凝聚时代的民族精神⑤。杨军认为，既要从价值层面批判，更要从理论、实

---

① 李殿仁.认清历史虚无主义的极大危害性 [J].红旗文稿，2014（20）：8-12.

② 杨军.历史虚无主义的迷惑性 [J].人民论坛，2013（27）：71-73.

③ 龚云.中国近现代史研究中历史虚无主义思潮产生的认识根源 [J].思想理论教育导刊，2009（10）：124-125.

④ 唐莉.当代中国历史虚无主义的政治诉求与双重应对 [J].思想政治工作研究，2013（7）：19-21.

⑤ 曹守亮.历史是不能虚无的——读《警惕历史虚无主义思潮》[J].高校理论战线，2007（4）：51-55.

践以及批判研究历史虚无主义的最新成果上，帮助社会大众形成正确历史观①。周振华认为，要运用辩证唯物主义和历史唯物主义的思想武器，在批判历史虚无主义片面、孤立、静止地看问题的同时，用联系、发展、全面的观点阐明我们党勇于纠错、自我净化的成就②。梁柱认为，通过弘扬中华优秀传统文化克服历史虚无主义③。李伦认为，就文艺界来说，要运用马克思主义关于文艺的科学理论抵制和批判各种错误观点④。刘美玲、刘鹊⑤等还从进一步巩固"纲要"课地位和改进教学内容和教学方法等方面，对抵制历史虚无主义进行了研究。此外，吴小晋还从增强网络空间管理等方面应对历史虚无主义展开了研究⑥。陈之骅指出，借鉴苏联解体的经验教训，深化研究历史虚无主义在否定苏共和苏联社会主义制度中的作用，历史虚无主义思潮以"'重新评价'历史为名，歪曲、否定苏联社会主义革命和建设的历史，进而否定苏共和苏联的社会主义制度，是苏联解体的催化剂"⑦。杨金华认为历史虚无主义思潮"扭曲了苏联共产党的形象，瓦解了社会主义的合法性基础，消解了马克思主义的指导价值，造成了党内外的信仰迷失和价值失落，最终导致了苏共意识形态的全线崩溃"⑧。

（二）网上历史虚无主义的研究现状

从2000年1月1日到2020年12月31日，知网可查关涉网络历史虚无主义的研究成果

---

① 杨军.历史虚无主义的迷惑性 [J].人民论坛，2013（27）：71-73.

② 周振华.应当十分珍惜党和人民奋斗的历史——兼评历史虚无主义的若干观点 [J].求是，2000（16）：15-20.

③ 梁柱.历史虚无主义是对民族精神的消解 [J].思想政治工作研究，2013（10）：21-22.

④ 李伦.评近两年的历史虚无主义批评 [J].文艺理论与批评，2000（4）：10-18.

⑤ 刘美玲，刘鹊.在"纲要"教学中消解历史虚无主义的思考 [J].重庆科技学院学报（社会科学版），2011（9）：156-160.

⑥ 吴小晋.网络时代历史虚无主义对青年思想工作的挑战 [J].青少年研究与实践，2014（3）：28-31.

⑦ 陈之骅.苏联解体前夕的历史虚无主义 [J].高校理论战线，2005（8）：60-64.

⑧ 杨金华.虚无主义思潮与意识形态危机——苏联剧变的政治因素透视 [J].毛泽东邓小平理论研究，2010（5）：69-73.

共计217篇，其中，2009年的文章主要是以网络民族主义为主题展开论述，同时也顺便提及了历史虚无主义，考虑到统计的离散性，可以排除在外。因此，真正就网上历史虚无主义展开研究是从2012年开始的，以后逐年递增，一直持续到2018年。

网络，作为信息传递新途径的方式，突破了传统信息传递的限制，具有多样化、碎片化、轻量化、即时性等特点，对历史虚无主义的传播和信息蔓延起到推波助澜的作用。一是网络多样化的传播媒介，现今网络世界，尤其是自媒体出现后，微信、微博、抖音、快手等将信息以图像化、影像化传递，大有愈演愈烈之势，亟须加强有效引导。二是网络碎片化的信息模式，有些信息可能只是几个字，一个图片、一个几秒的视频，也可引起网络的广泛传播，迅速形成网络舆情。三是信息的即时性响应，使得历史虚无主义这种突发事件的传播，极易诱导广大网民即时传播，短时间内无法遏制或给出有效处置的方案，会很快形成舆论压力和负面典型。四是网络信息参与者的轻量化，使得网民人人都可制造话题热点，散布流言的成本低廉，使得网民没有敬畏之心。五是网络传播的"标题党"，使得历史虚无主义的负面信息往往看起来"神秘""时尚""二次元"，容易引起广大青少年的关注和点赞，渲染错误的价值观和污浊的网络空间氛围①。另外，网络空间中历史虚无主义者编造的文章具有隐性化和软性化，通过断章取义进行隐形化处理，欺骗广大网民，扰乱网民思想；有的还通过偷梁换柱进行软性化处理，以隐藏的方式传播虚无价值观，危害网民思想健康，误导网民的思想认知。

对于网络空间中历史虚无主义的表现形式的研究。王玉玮认为，网络空间中历史虚无主义的表现形式有最新流变。一是戏说英雄人物与商业炒作结合，借用网络游戏平台、网络小说、网络电影等形式，误以为这是商业行为，难以处罚。二是恶搞历史事件与意识形态结合，通过虚构、解构历史事件，恶搞历史事件，赋予其虚无的历史观，错误引导网民的思想。三是"人的异化"与"娱乐至死"相结合，抛弃历史的传承和宏大叙事，专注细节将人"异化"为商品，供客户消遣，实则虚无了人的价值。四是方法论上主观性与形而上学的结合，历史虚无主义者任意拼接历史、肢解历史，

① 林书红.新媒体传播中历史虚无主义"导向"问题不容忽略 [J]. 红旗文稿，2014（22）：20-22.

采取所谓理性主义传播唯心主义思想，否定马克思主义唯物史观①。

对于网络空间中历史虚无主义危害的探讨，也因为新技术的快速发展而出现新的变化。吴满意、黄冬霞在充分研究了网络历史虚无主义的运行机制和危害后，提出如果任由历史虚无主义在网络中肆意传播，会在以下方面"污染"网络空间。一是冲击网络空间主流意识形态的认知，滋生错误的历史观。二是冲击网络主流意识形态的权威性，破坏网民的认同感，继而反映在现实社会中危害社会稳定。三是稀释网络空间中马克思主义思想，改变网民的政治信仰。四是蚕食网民的思想阵地，煽动网民的不满情绪，逐步培养不稳定的社会性格，最终改变马克思主义在网络中的话语权②。通过分析研究，我们可以发现网络历史虚无主义的危害主要是通过虚无信息的传递来改变历史信仰的，而且其特别善于利用信息传递的媒介和技术来达到满足网民的"猎奇心"捕获网民的眼球，在自我娱乐中虚无了人们的理想信念、民族意识、政治认同、文化传统等。为此，我们应该将改造的重点放在"信息的传递"上面，研究哪些方式和手段是更容易获取网民的眼球和满足网民的"猎奇心"，为此提出研究的策略和方法。杨建义认为，一是重点培养具有马克思主义思想和创新性内容的作品，广泛而丰富地占据网络意识形态高地，正面阻击低俗的历史虚无主义思潮的扩散。二是培养马克思主义的"公知"和"意见领袖"，并加强其史学素养和政治觉悟，做到网络世界里有针对性的声音，唱响时代主旋律和引领网络舆论走向。三是加强技术手段，提高网络舆情预警和导向作用，运用高科技手段提前做好有效应对预案，在传播途径中切断网络历史虚无主义传播的渠道。四是创建网络共享史料资源库，提供更加翔实的近代史、革命史的可靠而丰富的历史资料和档案，从源头上不给历史虚无主义者可乘之机，让虚构历史的谎言不攻自破③。再好的理论和措施，总需要有人来执行，最后是培养网络世界的见义勇为和自觉斗争的精神，对于发布、散布、传播历史虚无主义信息的网民，广大网民的正义之师应该勇敢地站出来自觉维护网络意识形态的"干净、

---

① 王玉玮. 新媒体语境下历史虚无主义的表现形态及其价值批判 [J]. 江西财经大学学报，2017（1）：109-115.

② 吴满意，黄冬霞. 在网络历史虚无主义的四性审视 [J]. 天府新论，2017（1）：22-25.

③ 杨建义. 历史虚无主义的网络传播与应对 [J]. 思想理论教育导刊，2016（1）：110-114.

清朗"氛围，同网络历史虚无主义这股不当之风做坚决的斗争，巩固马克思主义的意识形态的领导权。

（三）大数据与历史虚无主义相结合的研究现状

大数据分析历史虚无主义始于2016年，知网可查的关涉大数据分析历史虚无主义的文章屈指可数，只有6篇文章，其中一篇是分析高考政治试卷，不计算在内，其余的5篇，分别是《大数据时代历史虚无主义对大学生的危害及对策思考》《应用大数据创新高校抵制历史虚无主义的教育》《新媒体空间历史虚无主义思潮的传播与对策》《信息化时代背景下我国意识形态安全问题研究》《历史虚无主义的网络传播与应对》。从作者来看，其中第一作者为硕士研究生有3篇，其中一篇为武汉理工大学的硕士毕业论文，高校教师有2篇。最早的一篇有关网络的历史虚无主义文章，汪先锋于2012年4月25日发表在《思想教育研究》的《大学生受历史虚无主义思潮影响的原因探析》。作为研究生毕业论文的有，延安大学硕士生高菊于2013年发表的《历史虚无主义思潮对高校学生历史观影响探析》。由此可见，高校大学生对于新鲜事物的探索欲望更强，也更容易研究新事物，尤其是在历史虚无主义与网络大数据的结合方面。

二、国外研究现状

（一）历史虚无主义的研究现状

在知网搜索主题包含"Historical nihilism（历史虚无主义）"，主题并含"network（网络）"或"big data（大数据）"一词，分别从2000年1月1日到2020年12月31日，得到Historical nihilism的外语研究成果的篇数，其中有关"network"和"big data"的文章篇数，分别如绪论表–3。概括地说，西方对历史虚无主义的研究很少，可能西方世界更关注于虚无主义的研究，而用历史虚无主义这种手段对我国进行意识形态渗透，由此可见，在意识形态领域西方资本主义国家"亡我之心"不死，斗争依然严峻。从世界文明角度分析，人类世界"四大文明古国"中，只有中华文明没有中断过，其余三个古国皆已"作古"，西方国家意识到"灭人之国，先驱其史"的道理，所以他们才虚构了历史虚无主义的"歪理邪说"，企图对我国进行"和平演变"，妄图颠覆我国社会主义制度和中国共产党的领导。

绪论表-3　《中国知网》Historical nihilism以及有关network、big data的研究成果统计

年份	2007 年以前	2008	2009	2010	2011	2012	2013	2014	2015	2016	2017	2018	2019	2020
Historical nihilism	0	0	0	0	0	4	3	0	3	3	0	4	1	1
network	0	0	0	0	0	0	0	0	0	0	0	0	0	0
big data	0	0	0	0	0	0	0	0	0	0	0	0	0	0

根据绪论表-3可知，国外并没有专门的历史虚无主义的研究，更没有专门研究其理论形态、作用机理、特征和实质等的研究。国外学者们更关注于"虚无主义"的研究，尤其是哲学视域下虚无主义与人、社会发展和关系。但是，通过文献搜索，笔者发现国外亦有学者开始研究中国的历史虚无主义，这为我们研究中国问题，提供了西方视角，有借鉴意义。笔者还发现国外比较热衷研究苏联的历史虚无主义，这对于研究我国的历史虚无主义发展演变，亦有一定的借鉴意义。

通过查询词典，Nihilism（虚无主义）一词翻译自德文 Nihilismus，从词源上看，源自拉丁文nihil（虚无），含义为"什么都没有"。Nihilism（虚无主义）一词，经过考证，最早是德国哲学家弗里德里希·海因里希·雅各比（Friedrich Heinrich Jacobi）于1743—1819年在《给费希特的信》中第一次使用。1862—1866年，"虚无主义"被广泛运用于俄国作家经典作品中，例如《地下室笔记》《罪与罚》《群魔》等，此时"虚无主义"主要表示作者精神世界的"虚无化"。后来，伴随着俄国知名作家屠格涅夫在其代表作《父与子》（1862年）中成功塑造了巴扎罗夫的经典形象而遍及世界各地，从此，"感官感知之外的一切皆是虚无"为大众所接受，虚无主义开始跳出文学作品的人物形象，成为一种社会现象。最初的Nihilism，仅仅表示"没有存在"的意思，并没有主体性意义，后来尼采（1844—1900年）赋予其"道德和历史传统的否定"之意，认为价值、观念、真理并没有终极的价值或意义。尼采运用"虚无

主义"的概念否定了一切的目的性，无论是理想国和天国，还是人类的道德秩序，"虚无主义意味着什么？——意味着最高价值的自行贬黜，没有目的，没有对目的的回答"①。这样就赋予了"虚无主义"的哲学意义。

虚无主义自诞生起就具有社会和现实的危害性，并伴随着各种讨论和争议。1885年，法国著名作家爱弥儿·左拉发表了代表作《萌芽》，作者借助作品中的主人公苏沃林，控诉了虚无主义带来的社会危害。爱尔兰作家约瑟夫·奥尼尔在其著作《地之国》中对生命存在的价值与意义进行了追问，展现出一定的虚无主义倾向。美国当代作家罗伯特·斯通以虚无主义思想为中心而创作的小说《日落之旗》展现了主角霍利维尔对虚无主义命运的抗争。美国作家凯伦·L.卡尔在《虚无主义的平庸化》一书中对自尼采以来的虚无主义做了归纳与整理，阐述了虚无主义的实质与平庸化的关系问题。美国学者尤金·诺斯在其《虚无主义：现代革命的起源》一书中，描述了西方虚无主义的发展历程及其各种形态。学者科罗斯比主要是从哲学的角度对西方虚无主义的基本面貌进行了分析，还将现代的虚无主义主要分为五种类型。学者里茨尔的《虚无的全球化》是一部关于经济一体研究的学术专著，在这本著作中他指出，实在的全球本地化同虚无的增长全球化之间的对立是当今世界最主要的冲突。学者贝尔在其《资本主义文化矛盾》中，阐述了现代资本主义文化矛盾与虚无主义之间的关系。伦理学家罗尔斯和麦金太尔力图重新确立自由、平等、德性等价值理念，以此来消除虚无主义中的道德沦丧症候。当代作家斯通在其小说《日落之旗》中，描述了主人公顽强对抗自身虚无主义的倾向。《一切坚固的东西都烟消云散了》这一巨著的作者伯曼提出，现代性的巨变已经摧毁历史传统，现代性又是一种情绪性体验，因此，人们只能生活在虚无情绪或焦虑体验当中。

荷兰著名社会学家古德斯布洛姆在其《虚无主义与文化》一书中对虚无主义概念演变进行了考察。他将虚无主义一词分为比较严肃的使用和不严肃的使用两种，并认为，比较严肃的使用是指哲学家和思想家在学理上的运用，而用于权力斗争的意识形态中的使用和日常辱骂性的使用则是不严肃的使用。法国存在主义哲学家萨特在其

---

① [德]弗里德里希·尼采. 权力意志：重估一切价值的尝试[M]. 张念东，凌素心，译. 北京：商务印书馆，1991:280.

《存在与虚无》中，以高度抽象晦涩的哲学思辨形式对虚无主义的起源问题进行了探讨。被认为是法国后现代主义者和后结构主义者的米歇尔·福柯对人类历史上的虚无情绪进行了独特的分析。哲学家波得里亚在其《消费社会》中考察了价值虚无与当代人精神生活状况。他认为，后现代世界是一个无深度的、缺乏意义的虚无主义世界，人们失掉了所有最根本的东西，从而感觉到前所未有的精神空虚和无助。

海德格尔（1889—1976年）则以"上帝已死"为起点，开创了存在主义哲学，认为"'存在是存在着的存在'使存在论虚无主义在对意义的整体拒绝中获得界定，从而使历史领域产生了严重的虚无主义"[①]。

历史虚无主义的历史渊源是德国哲学家弗里德西·H.雅各比在1799年提出的虚无主义的概念，理论渊源是民粹主义和庸俗社会学[②]。萨特在《存在于虚无》中以抽象化的语言形式对虚无主义进行了研究，认为历史的发展是由人的主观意志决定的，由此，历史虚无主义开始出现在文学作品中，并走进社会生活中。历史虚无主义的概念广泛，有内涵、外延和哲学概念，对此学术界一直尚无定论。

（二）历史虚无主义在中国的恶劣影响与发展

新中国自成立以来，中国共产党领导并带领全国人民展开了轰轰烈烈的社会主义改造、社会主义建设、深化政治改革、坚持经济开放，在实现中华民族伟大复兴的道路上，取得了巨大的成功，西方学者聚焦中国的快速发展，产生了大量的研究成果，丰富了世界史对于中国的研究。但是就意识形态领域而言，西方学者对中国的研究依旧带着强烈的意识形态偏见。他们从历史的维度，否定中国共产党的领导、否定中国革命、否定中国建设、否定中国社会主义道路，表现出了鲜明的历史虚无主义特征。西方学者披着学术研究的外衣，运用教条主义研究历史虚无主义在中国的影响，立足于西方敌对立场，大肆诋毁和攻击新中国的一切成就，具有很大的迷惑性和危害性，

---

① 杨龙波, 季正聚. 历史虚无主义的流变逻辑及其新表现 [J]. 当代世界与社会主义, 2018（4）: 43-48.

② 马闪龙. 历史虚无主义的来龙去脉 [J]. 炎黄春秋, 2014（5）: 23-28.

主要表现在如下几个方面。

（1）否定中国革命道路和建设成就。早在新中国成立之初，受冷战思维的影响，美媒就大肆渲染中国革命是苏联共产主义的阴谋，曾任美国驻上海总领事的马康卫（Walter P. Mc Conaughy）就认为中国革命理论和实践均源于莫斯科[①]。其后，西方学者又将攻击和否定的矛头指向毛泽东，否定其历史功绩和思想创造性，用歪曲历史事实的手段解构毛泽东思想，例如，魏特夫（Karl A. Wittfogel）认为毛泽东思想"剽窃"马克思、恩格斯思想，农村土地革命的思想也是历史的倒退[②]。更有甚者，西方学者对中国革命在全世界无产阶级革命中所起的巨大积极作用也持否定态度，否定中国革命的世界史进步意义，例如，霍华德·鲍曼（Howard L. Boorman）认为："这场世界革命无论是被打上平等主义或者极权主义的标签，都可能是牺牲个人固有的尊严和潜力的举动。"[③]他们将虚构和否定的魔爪又伸向了新中国举世瞩目的建设成就，片面夸大新中国经济建设中的问题，用唯心主义观点一叶障目地否定中国经济建设成就，例如，加州大学圣克鲁兹分校的艾米丽（Emily Honig）等，认为"在20世纪50年代、60年代和70年代，城市成为特权空间，而村庄变成了垃圾场"[④]。

（2）否定中国改革开放取得的成就。随着中国大力推进改革开放，经济逐渐繁荣、政治逐步开明、文化教育事业稳步提升，中国的日渐强大、国际地位迅速提升，使得西方学者罔顾历史事实，虚构"中国威胁论"，削弱中国国际影响力，例如，澳大利亚学者安·肯特（Ann Kent），称"澳大利亚在推动贸易自由化方面处于世界领先地位，而中国的贸易实践充斥着保护和欺骗手段"[⑤]；美国前国务卿安全助理约瑟

[①] 吴原元．隔绝对峙时期的美国中国学（1949～1972）[M].上海：上海辞书出版社，2008:47.

[②] Karl A. Wittfogel, *"The Legend of 'Maoism' (Concluded)"*, The China Quarterly, No. 2, 1960.

[③] Howard L. Boorman, *"China and the Global Revolution"*, The China Quarterly, No. 1, 1960.

[④] Emily Honig and Xiaojian Zhao, *"Sent-down Youth and Rural Economic Development in Maoist China"*, The China Quarterly, No. 222, 2015.

[⑤] Denny Roy, *"The 'China Threat' Issue: Major Arguments"*, Asian Survey, Vol. 36, No. 8, 1996.

夫·奈坦诚道："在美国，中国的吸引力是有限的，因为美国人担心中国迟早会对美国构成威胁。"①美国记者查尔斯·克劳特汉默（Charles Krauthammer）曾渲染西方意识形态，否定共产党的执政成绩②。以美国加州克莱蒙特·麦肯纳学院政府学教授裴敏欣（Minxin Pei）为代表的西方学者，不仅在国际上否定中国国际地位，还在政治上否定中国和抹黑中国的改革开放，妄图瓦解中国的执政基础③。他们看到处心积虑地黑化中国改革开放以来的建设成就收效甚微，就转而虚构中国的学校教育体制，指责中国不重视青少年人权、扼杀孩子天性、剥夺孩子玩耍时间④。与"中国威胁论"相反的是"中国崩溃论"，否定中国未来发展，迷惑中国人民对美好生活的向往和追求，例如，斯德凡·哈珀和约瑟夫·奈（Stefan Halper and Joseph S. Nye Jr）认为"中国不断与混乱作斗争使它显得内向和不可预测"⑤。

（3）否定中国具体问题事件。21世纪以来，西方学者的中国历史虚无主义研究出现新的动向，以意识形态领域的"双标"指责中国在具体事件中的具体做法，借机推销西方价值观和意识形态。澳大利亚格里菲斯大学的苏珊·台瓦斯科（Susan Trevaskes），认为中国的政治体制是"毛主义的惩罚政策的逻辑"⑥。加州大学伯克利分校的彼得·劳伦斯等人（Peter Lorentzen，Suzanne Scoggins）认为中国青年的思想动态"价值观的变化或对行为的共同期望所产生的权利意识正在破坏中共的一贯统

---

① [美] 约瑟夫·奈. 软实力 [M]. 马娟娟，译. 北京：中信出版社，2013:118.

② Denny Roy, "*The 'China Threat' Issue: Major Arguments*", Asian Survey, Vol. 36, No. 8, 1996.

③ Minxin Pei, "*The Dark Side of China's Rise*", Foreign Policy, No. 153, 2006.

④ Hung Chang Tai, "*Turning a Chinese Kid Red: kindergartens in the early People's Republic*", Journal of Contemporary China, Vol. 23, 2014.

⑤ Stefan Halper and Joseph S. Nye Jr, "*The China Threat [with reply]*", Foreign Policy, No. 185, 2011.

⑥ Susan Trevaskes, "*Using Mao to Package Criminal Justice Discourse in 21st-century China*", The China Quarterly, No. 226, 2016.

治"①。德国墨卡托研究所和伦敦大学的马提莎·斯提芬（Matthias Stepan）等认
为中国政府一直压制民众的不满，他们竟然建议"培养某种合法性、听取民主的声
音"②，这是赤裸裸的意识形态的双重标准。还有西方学者刻意丑化中国，将中国
描绘成一个不负责任的国家，认为中国只注重自身的发展，而不尽国际社会的义
务。还有学者认为中国的崛起正在威胁美国的利益，刻意树立东西方意识形态的敌对
之争③。

西方国家学者运用"意识形态终结论""实证主义""后现代主义"等研究方
法，"只见树叶，不见森林"，关注细枝末节，带有极强的意识形态偏见，大力推行
西方的价值观，不可能对中国的革命道路、经济建设、国家发展做出全面而公正的
评价。我们需要坚持马克思主义立场，坚定"四个自信"，不断推进社会主义现代
化建设，不断满足人民群众对美好生活的向往，持续提升中国现代国家治理水平，
中国就一定"长风破浪会有时，直挂云帆济沧海"，奔跑在中华民族伟大复兴的康庄
大道上。

外国学者也有对苏联的历史虚无主义进行了研究，尤其是历史虚无主义对苏联的
意识形态领域产生的影响、危害和表征，以及对整个苏联社会主义国家的解体造成的
影响。在众多学者中，尼古拉·伊万诺维奇·雷日科夫对历史虚无主义解构苏联的意
识形态做了深入挖掘和细致研究，在《大国悲剧：苏联解体的前因后果》一书中对苏
联解体的原因做了深刻分析，认为历史虚无主义在党内的渗透对整个苏联的国家意识
形态造成了巨大伤害，消解了社会主义意识形态的指导作用，使得马克思主义思想流
于形式主义，这就极大地消解了主流意识形态的凝聚力、危害了社会主义政权的安
全。正如苏联苏共总书记米哈伊尔·谢尔盖耶维奇·戈尔巴乔夫在其回忆录《苏联

① Peter Lorentzenand Suzanne Scoggins, "Understanding China's Rising Rights Consciousness",
The China Quarterly, No. 223, 2015.

② Matthias Stepan, Enze Han and Tim Reeskens, "Building the New Socialist Countryside: Tracking
Public Policy and Public Opinion Changes in China", *The China Quarterly*, No. 226, 2016.

③ Brantly Womack, "China's Future in a Multinodal World Order", *Pacific Affairs*, Vol. 87, No. 2,
2014.

的命运：戈尔巴乔夫回忆录》一书中不无伤感地说，在苏共领导层没有坚持马克思主义整体观认知苏联历史，导致对历史认识的片面化、绝对化，是导致苏联解体的原因之一。

（三）国外对大数据和历史虚无主义相结合的研究现状

尽管国外没有应用大数据技术对"历史虚无主义"进行过研究，但是大数据与历史虚无主义相结合的哲学思想、实践思维已经显现。国外学者认为大数据的分析预测功能既然能够显露个人的行动轨迹、言论表述、行为特点，也就一定能够暴露其历史虚无主义倾向，所以，有必要进行个人生活行为的研究以便彰显其意识形态方面的倾向，有助于加强网络空间治理。传统依据经验和样本做决策，难免受到认知条件和个人情感因素的影响，而大数据技术不存在意识形态的偏见，因此，可以利用大数据技术这一特性来反映网民的意识形态倾向，继而对历史虚无主义进行有效引导。

三、现有研究的成果与不足

综合上述，我们可以发现国内外现有研究取得丰硕成果，主要体现在如下几个方面：首先，完善了大数据的理论研究以及相关性研究。国内外专家学者对大数据的内涵、特征、价值做了较为深入的探讨，拓展了我们的知识面、加深了我们对大数据的理解、升华了我们对交叉学科应用的创新性认知。按照马克思主义方法论观点，已有的研究成果从认识论、价值论和实践论的视角，帮助我们梳理了大数据的发展渊源、演变历程、运动轨迹，为进一步拓展大数据研究领域和理论奠定基础。现有的研究成果给了我们很多启迪：大数据思维取代抽样思维、大数据关联性取代因果性关系、大数据的预测性功能取代传统证据性功能，如此种种，大数据的研究成果极大地推动了人类社会生产力的进步和发展。其次，深化了大数据与其他学科的融合性研究。大数据自诞生之日起，就注定是一种技术，只有与其他学科或领域的相结合才能发挥其作用。随着大数据与多学科的融合性研究的深入，大数据的纠错功能、预测功能得到完善和改进，也为进一步创新应用提供了理论指导和范式构建。最后，推动了大数据与历史虚无主义的实践研究。大数据与教育领域的融合性研究拓展了我们党进行意识形态有效性引导的路径，在理论和实践层面均增强了我们党思想宣传作用的针对性、实效性。

正如硬币有正反面一样，在大数据与历史虚无主义研究方面虽然取得丰硕成果，但是也存在一些不足。综合国内和国外对历史虚无主义的研究成果，我们可以看出国内学者对历史虚无主义的研究比较深刻而全面，这对于本文运用大数据分析网络历史虚无主义，并提出有效应对策略有很大帮助。但是，国外相关研究则匮乏很多，而且研究成果也具有很大限制性和片面性，我们必须做到去伪存真。另外，在国内外众多研究成果中，关涉网络和大数据的研究成果极少，尤其是运用大数据技术对网上历史虚无主义传播进行有效治理的研究更是凤毛麟角，具体而言，主要表现为如下几个方面。

第一，研究内容单一，缺乏创新性。首先是表面化。有些研究成果关注的是大数据，或者历史虚无主义的表面形式，并没有实质内容，无论是理论阐述，还是实证研究，仅仅流于表面化，或者只是为了"蹭热度"。有的研究成果虽被贴上大数据的标签，而内容却是网络、新媒体等，混淆了信息技术的概念。上述这些研究成果对于推进利用大数据对历史虚无主义进行有效引导并无多大的实际价值，因为就实际应用来说并无可操作性。

第二，研究关联颠倒，缺乏强关系。所谓强关系，属于社会学的范畴概念，是指维系群体和组织内部的人际关系①，通常是一种关联性强的关系纽带，可以直接反映事物存在的本质。而弱关系，则是在群体和组织间建立的关系纽带，只是一种间接关系。历史虚无主义属于意识形态范畴，属于人的思想认知范畴，是有情感意识的外化行为，受民族、文化、风俗等客观因素的影响，因此，如果仅仅找到大数据与历史虚无主义之间的弱关系，是无法真正客观地反映两者之间的依存性、关联性和相关性

---

① 周长城.经济社会学 [M]. 北京：中国人民大学出版社，2005:100.

的。大数据只是一种技术手段，是行为与行为之间的关系，尽管这种关系是基于相关性而进行的预测，并不意味着可以代替思想性和情感性，即并不是思想与行为之间的因果性[1]。有的研究成果，只是将大数据作为手段嫁接到历史虚无主义中，进行生硬的特性对接，显然忽视了思想性和情感性因素。这种套用某种技术手段的研究方式，只看到了问题"是什么"，却不关心问题"为什么"，导致研究成果流于颠倒关联性，缺乏强关系。

第三，理论实践失衡，缺乏实证性。理论研究的目的是服务于实践，指导实践，促进人的"自由而全面的发展"。但是现有的研究成果大都集中于经验型、理论型，却严重缺乏基于大数据对历史虚无主义进行有效性治理的实践性研究。如果研究只做应然的假设层面的理论分析，却不做实然的实证层面的论证分析，那么这种理论是否可行便无处验证，因此，这种研究成果也就失去了指导现实的前提性条件。在这方面的研究，需要研究者不仅具备意识形态领域的马克思主义哲学知识，还要拥有大数据技术、逻辑学素养，辅助于社会学、心理学、传媒学等学科背景，否则很难取得较好的研究成效。

总而言之，国内外现有的研究成果，虽然取得了一些研究成果，为下一步更加深入的研究做了铺垫性贡献，创造了有利条件，但是却依然存在诸多不足，也为本研究留下很多创新的空间。马克思主义经典作家认为，理论应该联系实践，源于实践，指导实践。在此方面，如何走出理论脱离实际的误区，克服理论与实践失衡的问题，是摆在每一位哲学、社会科学工作者面前的一项艰巨任务，亟待同仁们共同努力。

---

[1] 管爱花，王升臻．思想政治教育运用大数据相关关系的哲学反思——基于思想与行为的因果关系 [J]．广西师范大学学报（哲学社会科学版），2019（1）：55-59.

第三节　研究思路与方法

一、研究思路

　　本书将沿着"引题—现象—内容—工具—对策"的逻辑依次展开，力图强调问题意识，具体来说，主要包括如下几个方面。在引题部分，共分为三章：绪论、第一章和第二章。首先，在绪论部分，通过梳理文献，界定历史虚无主义的定义，并交代研究背景、研究思路和创新之处，突出了科学为解决现实问题服务的问题意识。其次，在第一章部分，介绍本研究的相关理论基础，为下文的研究做理论铺垫。最后，在第二章部分，交代历史虚无主义由西方国家向中国发展演变的历史轨迹，并依据历史虚无主义在西方国家和中国的发展变迁的特征作为本研究的立论依据，并指出西方历史虚无主义传播特征和中国历史虚无主义的逻辑悖论。在现象部分，对应的是第三章内容，交代基于大数据的历史虚无主义发展动态、应用领域、与其他社会思潮的关联性分析、实质及维护等，共分为四节。在内容部分，对应的是第四章内容，进一步研究分析了历史虚无主义在社交媒体传播特征和传播模式，共分为四节。在工具部分，对应的是第五章内容，运用社会传播学、传播心理学等知识，并将其视为分析的工具，构建历史虚无主义的传播模式，共分为六节。在对策部分，对应的是第六章内容，为了遏制历史虚无主义思潮的传播路径，消除其危害，必须针对其传播模型的构成要素进行有效性引导以及带来的思考。首先，要尊重客观规律，提升国家软实力来抵制历史虚无主义的国际渗透。其次，要加强现实治理，构建公平法治社会。再次，要强化网络治理，净化网络传播空间。最后，为了使得本研究更加具有学理性，针对历史虚无主义网上传播应注意的问题进行积极思考，主要包括四个方面：历史虚无主义网上传播主体的积阶级性、马克思主义与其他学科之间的关系、学术研究的封闭性与开放性和网上舆论监管与网民言论自由的关系。

二、研究方法

在研究方法上，考虑到运用大数据技术分析历史虚无主义在网络空间中的传播的因素，就需要探究其在微博、微信、百度贴吧等社交媒体平台的传播途径、传播模式机制，这就决定了需要做规范研究。所谓规范研究，是指通过价值判断、定性分析、逻辑推演来分析和解决问题的方法。例如，在本研究中，历史虚无主义在微博传播中，传播客体的转载代表对博文的关注程度高于点赞对博文的关注程度，并非所有的转载都代表博主是历史虚无主义者，可能就是博主因为一时好奇而点赞或者转载的。在此基础上，笔者尝试运用社会传播学、传播心理学等学科知识来临摹现象，总结规律，提示风险，分析原因，寻求对策。

除了规范研究之外，笔者也运用一些经验分析方法，例如，历史虚无主义新闻贴之所以能够在网络空间中泛起，形成网络舆情，其内容必然紧贴社会热点，博取网民眼球的"亮点"；其传播方式必然也是最新网络空间兴起的传播途径，比如自媒体平台传播、社群空间传播等。笔者既是微博、微信、百度贴吧等自媒体平台的忠实用户，又是长期从事历史虚无主义研究的科研工作者。多年来，笔者对各个自媒体社交平台做过跟踪研究，深知当今青年人的传播心理和关注热点，积累了大量的实证资料，有助于对本研究做出科学而客观的预判。

1. 文献资料法。任何研究都是站在前人的肩膀上，学习了解相关领域已有的研究成果，在此基础上再进一步做定量或者定性研究。本文通过知网收集了大量数据、历史虚无主义、虚无主义、虚无主义传播等相关研究期刊论文、著作、学位论文、报纸摘要等文献资料。通过认真研读，了解历史虚无主义研究现状与不足，获悉前人的研究思路、视角与主要论点，这对本文确定研究框架和创新方向有着重要的启发意义。

2. 实证法。实践的目的是改变现实世界，同时也是检验和发展真理的途径。本研究列举了微博、微信、百度贴吧等社交媒体平台的历史虚无主义传播的路径，并追踪并积极参与评论进行了大数据分析，以期找到第一手资料，继而发现历史虚无主义的运行机制、媒介方法、传播技巧等，进而提出对策和拆招。

3. 系统分析法。本研究从系统论的视角研究了大数据背景下历史虚无主义演变的外部宏观环境和内部微观场景，并以大数据为中介研究了两者的关联性，再结合计算机科学、心理学、传播学等不同学科知识，以整体化视角进行创新性研究。

4. 逻辑与历史结合的分析方法。在研究基于网络大数据的历史虚无主义的有效性引导创新的问题方面，笔者将对概念和原则做逻辑层面的推理与演绎，而对历史虚无主义的表现和传播路径做深入探析，从现象入手寻找历史发展的轨迹，再结合理论和逻辑分析。本研究既对大数据和历史虚无主义的历史纵向演变做了考证和分析，为逻辑论证做立论铺垫，又对大数据与历史虚无主义特征的交叉性做逻辑论证，进一步阐释了本研究的创新和意义。最后，再针对性地运用意识形态的相关理论工具对其中存在的历史虚无主义现象予以解剖，提出具有针对性的应对策略。

第四节 创新之处和不足

一、创新之处

"毫无疑问，技术及其与之相对应的工具理性是当今社会的主导力量，它们对我们做出选择和以某些方式行动产生了巨大的压力。"①不可否认的是，将大数据技术与历史虚无主义相结合的创新研究是艰难的。但是，笔者依然愿意尝试一些创新工作，主要是基于如下考虑：一方面是客观已有的研究成果迫使意识形态工作者勇于担当、回应大数据时代所需。为了充分获得研究材料，笔者不仅检索了知网，还通过网上各大搜索引擎查阅了相关资料，并查阅了中国国家图书馆的电子资料，收集到的研究资料整理如下。截至2021年5月6日，以大数据为主题的文献有223097篇，时间跨度为2011—2021年，其中从2013年开始相关研究成果开始大幅度增加。为了更好地探寻"大数据""意识形态""历史虚无主义"这三者之间的关系，在知网中以大数据为主题做"意识形态"和"历史虚无主义"的关联性检索，分别得到图绪论-1和图绪论-2，通过分析对比发现"大数据"与"历史虚无主义"相结合的研究成果只有6篇，因此有待于加强这方面的研究，也是本研究的创新之处。

①［美］理查德·斯皮内洛.铁笼，还是乌托邦——网络空间的道德与法律[M].李伦,等译.北京：北京大学出版社，2007:9.

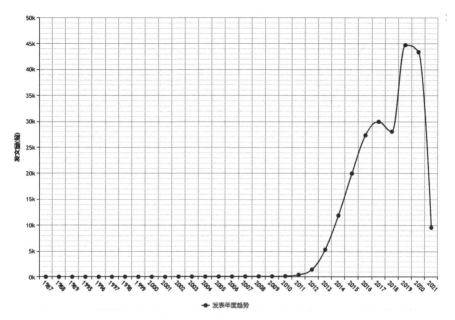

绪论图-1　《中国知网》大数据相关论文检索情况

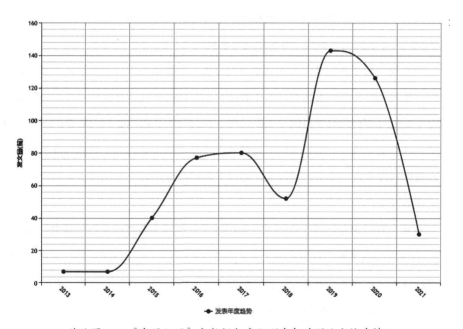

绪论图-2　《中国知网》大数据与意识形态相关联论文检索情况

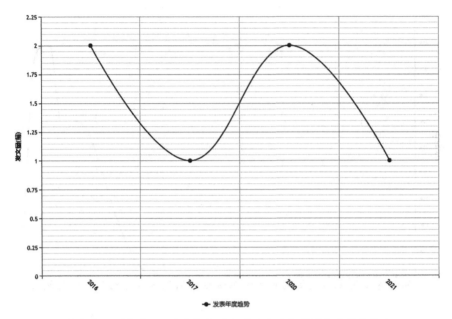

绪论图-3　中国知网大数据与历史虚无主义相关联论文检索情况

另一方面，作为意识形态研究教育工作者，我们有责任和义务对研究的本体进行再次创新，主要包括研究视角、研究思路和创新观点。

1. 研究视角的创新。基于上述文献研究分析，大数据与历史虚无主义相结合的研究很少，客观上亟须意识形态教育工作者进行这方面的研究，并且研究视角的创新也为历史虚无主义的有效引导提供了无限可能。通过对大数据内涵和关联性的而深入分析，结合其应用领域，一方面为网络舆情的治理提供切入点，另一方面为解释学关注社会心理因素提供理性分析，可以说，相对于传统研究的经验型视角，本研究更能够体现实证型视角。

2. 分析工具的创新运用。本研究试图借助于互联网大数据GDELT、维基、Google Trend、百度等数据来源，对历史虚无主义在全球的发展动态、空间分布、兴起的社会基础进行分析。在社会基础方面，我们侧重于从经济根源与社会心态的角度，对历史虚无主义兴起的逻辑进行分析。实际上，社会思潮作为一种社会意识层面的范畴，其并不仅仅是一种理论主张，而是有着广泛的社会基础，为社会成员广为接受，在其盛行的过程中，往往裹挟着相应的情绪与利益诉求等等，对这些层面进行分析，更加有助于我们直接对历史虚无主义兴起的社会基础进行讨论。针对网络空间中历史虚无主义蔓延造成的危害，选择了意识形态、文化安全、网络道德伦理、社会控制力等理论工具对网络空间中历史虚无主义传播造成的危害作了不同解读的同时也从网络传播角度进行了分析，力求较为全面展示历史虚无主义在网络条件下产生的影响。

3. 研究思路的创新。"守正"才能创新，本研究尤其强调数据"依存"和数据"依赖"的关系，厘清关联性与相关性的关系，立足于历史虚无主义主线，汲取大数据的技术优势和工具理性的价值，达到对基于网络大数据的历史虚无主义有效性引导的创新探究。

4. 学术观点的创新。传统大数据技术的应用侧重于技术与领域的结合，大数据仅仅而且只是一种技术手段，而本研究通过逻辑论证和历史虚无主义变迁趋势分析，认为大数据不仅是一种技术实践，也是一种哲学世界观和方法论帮助人们从整体性视角认知世界，还是一种思维方式助力人们"大历史观"的形成，依据现有状态预测未来发展走向。不仅如此，大数据还提供了"情感话语体系"，赋予了历史虚无主义传播者以"人的"因素，以科技手段增强了研究对象的科学性和可操作性。

二、不足之处

本书对历史虚无主义的描述极力做到客观、准确和完整。但由于客观条件、自身理论素养、研究视野和实际研究水平等多种因素的影响，研究中还存在许多不足之处。

1. 研究领域的限制。由于传统大数据应用的研究主要集中在自然学科、金融、电子商务和社交媒体等方面，在人文哲学方面则处于初步探索阶段、尚未形成有关"网络大数据的历史虚无主义有效性引导"理论体系和应用情景，因此，本研究在理论框架和实践反馈等方面缺乏有力支撑。

2. 交叉学科的受限。本研究虽然立足于历史虚无主义这一主线，但综合应用了计算机学科、心理学、传播学、逻辑学等学科知识，属于自然科学与人文哲学学科的交叉学科，笔者对计算机学科的认知和理解未必精准和深刻，难免有不足之处，还望专家学者指导。

3. 动态分析的受限。传统的研究型研究主要基于静态理论分析，而本研究偏重动态分析，主要基于大数据的趋势研究和关联性研究，笔者在这方面的知识储备不足，仍需进一步提高。

4. 实然检验的受限。本研究虽然基于实证和大数据，因为初次尝试创新性研究，没有文献和成果可以借鉴，故研究成果目前尚未得到实验和实践的验证，在实际运行的过程中难免出现偏差，甚至可能遇到更加深层的问题需要进一步探讨，也就是说，应然的探讨依然需要实然的检验，因此，笔者未来会进一步深耕此研究领域，为未来检验实然效果而继续努力。

第一章

大数据与历史虚无主义思潮相关理论基础

Chapter One

基于网络大数据的历史虚无主义网上传播和有效引导的创新研究，是以马克思主义基本原理为指导、以"数据科学"的关联性理论为基础、以大数据技术为实现手段的实际运用研究，是对我们党意识形态工作方针政策的贯彻和落实、是习近平总书记新时代关于大数据是"战略资源"和"可持续利用资源"指导思想的根本遵循。守正才能创新、继承才能发展，任何研究的创新都需要借鉴前人的研究成果，同时也需要继承中华传统文化和西方文化中的有益成分，以及其他学科的知识储备，以便对基于网络大数据的历史虚无主义网上传播和有效引导进行梳理和澄清，有助于为大数据和历史虚无主义的融合研究提供更加有力、有理、有据的实然证据。

第一节　关于"数"的理论基础

古希腊哲学家毕达哥拉斯认为，"数是万物之本"，主张用具体有形的"数"来表征世间万物，这也被认为是"数"与哲学的关联。"数"与客观世界的映射反映在其作为度量世界的一种方式和一种工具，从这个角度来说，"数"也是认识世界、改变世界的方法论，是探寻事物发展规律的有效工具。如同马克思主义基本哲学思想一样，"数"与代表的事物之间也是遵循着"实事求是"的原则，二者之间存在着密不可分的联系。从"数"科学发展的逻辑学角度分析，数据科学为自然科学和人文社会科学提供一种新的研究方法。马克思认为"数"反映了事物发展的规律和本质，恩格斯则将"数"运用到辩证法上，他认为"数学是辩证的辅助工具和表现形式"[1]，列宁发展了这一思想，将"数据统计"运用于苏共党内思想教育中。中国共产党在长期的革命斗争中，积累了很多意识形态斗争经验，进一步强化了思想政治教育与"数"的认知关系，注重以数据支撑的调研。党的十八大以来，习近平总书记高度重视大数

---

① 张景中 . 数学与哲学 [M]. 大连：大连理工大学出版社，2008:7.

据与其他学科融合的创新工作，并将大数据界定为"战略资源"。由此，我国大数据的研究和运用取得了突飞猛进的发展。诸上所述，关于"数"的理论研究，为基于网络大数据的历史虚无主义有效性引导创新研究提供了理论基础和实然证据，为新兴交叉学科的研究注入了思想活力。

一、"数据科学"的理论

"各种经济时代的区别，不在于生产什么，而在于怎样生产，用什么劳动资料生产。劳动资料不仅是人类劳动力发展的测量器，而且是劳动借以进行的社会关系的指示器。"[1]大数据时代，大数据成为劳动资料，人们使用大数据分析事物运动变化轨迹，推动相关行业生产力的发展，由此诞生了一门新的学科——数据科学。"数据科学"的概念一经提出就受到学术界广泛关注，1974年彼得·诺尔（Peter Naur）将其定义为"处理数据的科学，一旦数据与其代表事物的关系被建立起来，将为其他领域与科学提供借鉴"[2]。这里需要指出的是数据学与数据科学的区别，数据学侧重于数据自身的处理，而数据科学则是基于"数据处理的科学"，侧重于数据应用的研究。随着物联网、云计算、人工智能的快速发展，社会生活的一切都被以"数据"的形式记录在网络空间（Cyberspace）中，换句话说，人类生活的一切都被如实地反映在网络空间中并被储存了下来。自从网络空间出现以后，人类生活就出现了两个世界、两个空间，一个是现实世界，一个是网络的虚拟世界，这二者之间通过数据发生了映射关系。今天，我们探究网络空间中人类活动的大数据轨迹，就是寻找现实世界中生命存在、运动、发展的规律，就是探寻宇宙、生命、社会发展的规律。于是，我们研究数据科学，就是探寻网络空间中的数据变化和规律，为自然科学和人文社会科学的研究提供全新的思维和视角，旨在揭示自然界和人类社会的发展规律。基于上述分析，

---

① 中共中央马克思恩格斯列宁斯大林著作编译局.马克思恩格斯文集（第5卷）[M].北京：人民出版社，2009:210.

② Naur P. *Concise survey of computer methods*[M]. New York: Petrocelli Books, 1975:397.

我们可以得出如下几点共识：一是数据与其代表的事物之间存在紧密联系，这种联系可以是行动层面的，也可以是思想层面的。二是通过数据分析可以更好地了解关联事物的运动轨迹，这就需要大数据技术进行相关性分析。三是大数据分析具有整体性规律，可以从多个维度、多个视角、多个层面对某一运动轨迹做预测性分析，也就是说相关性分析具有预测功能。四是相关性分析具有纠错功能，尤其对于统计学中的离散分析，可以更好地纠正偏差，这一规律反映在意识形态领域具有极高的应用价值。在运用网络大数据分析历史虚无主义方面，就可以分别从社交平台、日常运动轨迹、成长中思想变化轨迹等进行大数据分析，继而进行科学有效地引导。总而言之，数据科学的大数据汇集、分析、整理等功能，为构建数据与代表事物之间的关联性提供"生产资料"，也为分析历史虚无主义提供了坚实的理论基础和技术支撑。

二、"数据科学"应用中需要用到的马克思主义哲学思想

习近平总书记在党的新闻舆论工作座谈会指出，党和政府主办的媒体是党和政府的宣传阵地，必须姓党，党的新闻舆论媒体的所有工作，都要体现党的意志、反映党的主张。历史虚无主义作为非主流意识形态的一种，如若任其扩散，则势必干扰我们党的主流意识形态传播，危害广大网民的价值观、世界观、历史观。在大数据时代，由于自媒体、新媒体的快速出现，网络空间成为历史虚无主义泛滥的"重灾区"。西方国家利用技术优势和国际话语主导权，在网络空间的海量数据信息里掺杂和渗透着历史虚无主义的意识形态，给我国网络空间的历史虚无主义治理和引导带来诸多挑战，因此，必须加强对网络空间的历史虚无主义等资产阶级意识形态的引导。马克思主义是我们党的指导思想，也是我们党坚持意识形态宣传的主流思想，在大数据时代，坚持运用马克思主义思想纠正历史虚无主义显得非常必要。马克思主义思想波澜壮阔、浩如烟海，囊括人类社会的各个方面，而就基于网络大数据的历史虚无主义的分析与纠正而言，数据科学应用所涉及的马克思主义思想主要包括如下几个方面。

1. 人的全面发展理论

人的全面发展是马克思主义基本原理之一，也是我国的基本教育方针，指导着我们党意识形态宣传教育工作。马克思主义认为人的全面发展包括如下几个方面：一是体力和智力的统一发展；二是才能和道德的充分发展；三是社会关系的全面发展。数据科学在历史虚无主义有效引导中的应用，就是充分发挥大数据技术的工具理性把网民中历史虚无主义偏向引导到社会主义核心价值观等主流意识形态上，促进网民的自由而全面发展。马克思在《关于费尔巴哈的提纲》中说："人的本质并不是单个人所固有的抽象物。在其现实性上，它是一切社会关系的总和。"[①]可见，马克思主义认为，"人的本质"是人的发展与生产关系的统一，是人的全面发展与社会发展相统一。

大数据时代，"数据已经成为一种战略资源"渗透到社会经济生活的各个方面，改变了生产关系和社会交往方式。生产关系的改变推动着社会发展，社会的发展提高了人的素质，相应地，人越是全面发展，社会财富越是丰富，而社会财富的充分发展，又推动人的全面发展。借助数据科学带来的技术优势，历史虚无主义有效引导的对象是广大网民，通过纠正网民的思想认知、疏导网民的情绪、调动网民的积极性等方式来实现网民的全面发展。其一，人的全面发展是历史虚无主义有效性引导的重要组成部分。历史虚无主义的有效引导，主要是利用大数据技术引导网民自我价值和社会价值的实现，帮助网民树立正确的历史观和积极向上的人生观，促进网民的全面发展。其二，人的全面发展有助于促进大数据背景下历史虚无主义的有效性引导、对象的健康发展。人的全面发展促进了网民对主流意识形态的认同，维护了网络空间的舆论环境，自然也有助于纠正历史虚无主义者的错误认知，共同形成自觉维护网络空间的主体意识。其三，数据科技为进行历史虚无主义有效引导提供工具理性支撑。大数据为网民提供自由、平等、互动的交流平台，克服了传统单向度的思想政治宣传带来的"刻板印象"，增强了引导的鲜活性、生动性和针对性，实现个性化引导和亲切化引导，提高了引导效度和信度。

---

① 中共中央马克思恩格斯列宁斯大林著作编译局.马克思恩格斯选集（第1卷）[M].北京：人民出版社，2012:135.

2. 社会存在决定社会意识

马克思认为物质第一性，物质决定意识，有什么样的社会存在就有什么样的社会意识。马克思在《共产党宣言》中指出，"人们的观念、观点和概念，一句话，人们的意识，随着人们的生活条件，人们的社会关系，人们的社会存在的改变而改变"①。这句话揭示了，人的思想认知是随着人们的社会关系的改变而变化的。人的全面发展是社会意识问题，也只有通过社会实践才能反作用于社会存在。

社会存在与社会意识的关系问题是历史观的基本问题，从根本上决定着网民对历史客观事实的尊重和对历史虚无主义的批判。大数据时代社会迅猛发展的境遇下，社会关系也发生了较大变化，为网民带来全新的人际交往形式、生产模式、认知方式，因此，网民的思想意识、历史观、道德观念也发生了改变。基于网络大数据的历史虚无主义有效引导立足于思想意识的现实性指向活动，既受到宏观社会的政治、经济、文化的影响，又受到历史虚无主义者的思想、行为和历史观的制约，还受到数据科学的技术水平的限制，因此，必须从人和社会的整体关系层面来认识这一活动。数据化的社会存在呼吁对历史虚无主义有效引导模式的创新。一方面，大数据时代呼求与时代相契合的认知客体创新，以回应人的发展，达到对历史虚无主义有效引导的目的；另一方面，历史虚无主义者的社会存在境遇也随着大数据的渗透发生改变，其思想意识、历史观也受到网络空间蔓延的历史虚无主义冲击和影响，这一现实问题则要求创新历史虚无主义的治理方式和手段。相反地，网民在网络空间中应用正确的历史观传递信息，形成社会主义核心价值观的主流意识形态洪流，也能够作用于数据时代的社会存在，推动大数据时代的社会进步和发展。

3. 科技推动社会发展理论

马克思认为生产工具是生产力的代表，生产工具的核心推动力量就是科学技术的进步。科学技术极大地拓展了人类的活动空间，推动了社会和经济的发展，具有改变

---

① 中共中央马克思恩格斯列宁斯大林著作编译局.马克思恩格斯选集（第1卷）[M].北京：人民出版社，2012:419-420.

和发展一个时代的力量。马克思、恩格斯指出："劳动生产力是随着科学和技术的不断进步而不断发展的"①。列宁在总结社会主义建设的经验时多次阐明："工人一分钟也不会忘记自己需要知识的力量。没有知识，工人就无法自卫；有了知识，就有了力量。"②可见，科学技术一旦被人民大众掌握，便会焕发无与伦比的创造力，推动人的全面发展和人类进步，因此，我们党必须普及科学知识，让广大的人民群众掌握科学技术。随着时代的发展，脑力劳动在推动社会发展中的作用越来越突出，在"蒸汽时代"，脑力劳动与体力劳动在社会发展中所占的比率是1:9；在"电气时代"，脑力劳动与体力劳动在社会发展中所占的比率是4:6；而当人类进入"信息时代"后，脑力劳动与体力劳动在社会发展中所占的比率是9:1③。

　　大数据带来的技术创新，不仅改变了传统对历史虚无主义的宣传方式和途径，而且改变了我们党意识形态教育工作者的宣传机制，同时还改变了历史虚无主义者的传播路径，可以说数据技术全方位的影响和改变了人们的工作、学习、生活等方方面面。马克思主义关于科学技术推动社会发展的论述，不仅为我们党进行历史虚无主义有效引导的研究提供理论基础，而且为意识形态教育工作者指明了路径方向。具体来说，突出表现为如下两方面：一方面为对历史虚无主义的引导和大数据融合提供理论基础。理论是行动的先导，我们党意识形态教育工作者应该具备大数据意识和数据科学的技术，以便呼应大数据时代所需。另一方面为大数据技术运用于历史虚无主义领域提供价值指向。大数据是对网络空间信息化存在的客观记录，亦是历史虚无主义者在网络空间散布错误思潮的行为表现，是网民客观思维模式和思想认知的反映。大数据能够成为历史虚无主义者思维模式和思想认知的符号，也能够成为意识形态教育工作者的治理手段和工具，为大数据在意识形态领域的应用

① 中共中央马克思恩格斯列宁斯大林著作编译局.马克思恩格斯文集（第5卷）[M].北京：人民出版社，2009:369.

② 中共中央马克思恩格斯列宁斯大林著作编译局.列宁选集（第3卷）[M].北京：人民出版社，2012:547.

③ 张媛媛.科技的人本意蕴——马克思人与科技关系思想研究[D].长春：吉林大学，2013:163.

指明了方向。

三、马克思恩格斯列宁的"数据"观

古往今来，很多伟大的科学家和哲学家都重视对"数学"的研究，并将其运用于具体实践中。伽利略曾说过："大自然这本书是用数学语言写成的。"数学超越了学科门类的限制，具有普遍适用性特征，已经成为一门基础科学，对自然科学、人文社会科学都有指导性意义。数学在科学发展过程的地位和作用如此重要，以至于能否成功运用数学成为衡量一门学科能否成为完备科学的标准。笔者梳理了马克思、恩格斯、列宁对"数据"的思想，以期能够为本研究提供理论指导和借鉴作用。

1.马克思恩格斯对"数据"的研究和应用

正如恩格斯对马克思的评价一样，他认为马克思是真正意义上的"科学巨匠"，对很多领域都有深刻的研究和建树，甚至对数学领域也有独到的发现和见解。马克思的很多著作都有使用"数据统计"的方法，主要有《棉花与铁》《铁路统计资料》《数学手稿》等，从中可以看出马克思对"数据"的研究不仅反映在哲学方面，还体现于实际运用中，具体表现为如下几个方面：第一是在哲学方面。马克思将数学作为创立辩证唯物主义哲学的主要基础和方法，认为数学和自然科学知识在创立辩证唯物主义哲学的过程中起到至关重要的作用。马克思的"数"的思想体现于其著作《数学手稿》中，他将数学的发展应用于唯物主义和唯心主义哲学发展过程中，并做了大量有趣的对比，令读者感觉到马克思是个灵魂有趣的人。第二是在经济学领域。从现有的马克思恩格斯的通信中，我们可以发现马克思大量运用"数学"方法和数学思维来讨论经济问题，增强了学术研究的严谨性。例如，1864年5月30日，恩格斯在给马克思的信中写道："看了你那本弗朗克尔的书，我钻到算术中去了……以初等方式来陈述诸如根、幂、级数、对数之类的东西是否方便。不管怎样好地利用数字例题来说明，我总觉得这里只限于用数字，不如用a+b作简单的代数说明来得清楚，这是因为用一般的代数式子更为简单明了，而且这里不用一般的代数式子也是不行的。"在马克思经典著作《政治经济学批判大纲》准备的材料中，马克思大量使用了指数和对数的数学概念。第三是在揭露资产阶级本质和指导无产阶级革命运动中。马克思恩格斯在揭露资产阶级的剥削本质过程中，大量应用了数据统计的方法论证了在资本主义制度下，个人被剥削的程度非但没有降低反而加重了，这对于现如今西方资本主义社会"富者越富，穷者越穷"现象依然具有指导意义。为了更好地把握各国无产阶级的实际情况，马克思恩格斯坚持运用数据统计的方法对各国无产阶级做调查研究，走到他们中去，亲自与他们交流，掌握第一手资料。例如，恩格斯就用了大约2年的时间，深入到英国各个阶层做调查研究，终于写成《英国工人阶级状况》一书。马克思主义认为，科学研究不应该是先验存在的，而应该是基于对客观事物的考察，采用调查研究的方法，尊重事实、了解社会、精准分析，探寻现象与本质的关系，继而得出一般性规律，从而改造世界、改变现实社会。可以说，"数据统计"的方法是马克思从事科学研究中一个根本性工作方法。

2. 列宁对"数据"的研究和应用

其一，列宁继承了马克思主义"数据统计"的工作方法，并发扬了其中的优秀方法论，在俄国革命和建设中较为普遍性地使用这一方法。例如，列宁在其著作《关于农业中资本主义发展规律的新材料》一书中就用大量"数据统计"的方法分析不同类型的农户的材料，揭示农业中资本主义发展的规律。列宁在《各等级和阶级在解放运动中的作用》一书中，采用了"数据统计"的方法分析了俄国历史上不同历史时期各等级和阶级在解放运动中所起到的不同作用，并对不同历史时期的职业做调研和统计，最后得出无产阶级和资产阶级民主派在解放运动中起到决定性社会力量，而农民的觉悟还不够等结论，为指导俄国革命做理论支撑。其二，提出"社会主义——就是核算"的公式。在《国家与革命》一书中，列宁提出核算和监督的统计学思想，对社会主义建设进行了积极探索。除此之外，列宁非常重视将统计学运用到社会生活各个领域中，并多次强调统计学大众化、普及化、为社会生活服务，为此他强调统计学的特点是"使它通俗化，使劳动群众自己能逐渐地认识到和看到应该如何工作，工作多少，怎样休息，休息多久，使大家都来注意研究各个公社间的业务成绩"①。

首先，数据统计思想运用在领导选举领域的应用。列宁认为在领导选举中，领导人应该充分调查研究、论证被选举者的观点和思想的正确性，增强对选民的说服力和有效性。其次，数据统计思想在思想宣传领域的应用。列宁认为思想宣传的目的是尽最大可能地争取一切阶级力量，进行政治动员，应该进行各阶层、各阶级的不同职业的数据统计分析，找出规律，用统计数据确立工作重点。最后，数据统计思想应用在苏共党的建设领域。列宁主张用数据统计方法进行党的资料整理、分析、党内党外关系的说明，增强党的建设科学化、规范化。总而言之，列宁的数据统计思想极大地提高了政治动员和思想宣传的教育导向，为本研究提供了有益的借鉴和方法论基础，是马克思主义思想的精神财富。

四、中国共产党的"数据"观

梳理马克思主义理论中有关"数据"的思想，对于推动中国共产党的意识形态有效性引导的研究大有裨益。首先，为我们党运用"数据"思想进行意识形态有效引导提供理论指导。其次，为我们党运用"数据"思想进行意识形态有效引导提供价值指向。最后，为我们党运用"数据"思想进行意识形态有效引导提供方法论。在继承和弘扬马克思主义"数据"思想的过程中，我们党对这一思想进行了有益探索和尝试创新，并将创新成果运用于社会实践中，形成了中国化的马克思主义"数据"观。

1. "实事求是"是"数据"观的核心思想

习近平总书记指出："实事求是，是马克思主义的根本观点，是中国共产党人认识世界、改造世界的根本要求，是我们党的基本思想方法、工作方法、领导方法。"实事求是是对马克思主义唯物辩证发和历史唯物主义的继承、创新和发展，其核心思想就是坚持以客观事实为准绳、坚持一切从实际出发、坚持理论联系实践。马克思主义

---

① H. 里亚佐夫 . 列宁关于统计理论的若干思想 [J]. 统计研究，1989（1）:76.

"数据"思维告诉我们一个基本事实：数据是对客观世界的"量"化反映，是对社会活动的高度概括，也是指导我们党一切工作的根方法论。究其原因，主要有如下三个方面：其一，实事求是是"数据"观遵循的基本准则。其二，实事求是是"数据"相关性的思想基础。其三，实事求是是"数据"观的价值指向。对事物本质的抽象探究过程，必须遵循客观事实，必须做调查研究，掌握事物之间的关联性，找到事物运动的规律，最后再反过来指导实践。

2. "没有调查，就没有发言权"是"数据"观的集中体现

毛泽东在深入理解马克思主义基本原理和基本方法的基础上，结合中国实体实情，于1930年提出"没有调查，没有发言权"的著名论断[①]。毛泽东认为，"一切结论产生于调查情况的末尾，而不是在它的先头"[②]，否则就违背了马克思主义的基本前提。毛泽东的"没有调查，没有发言权"的论断是毛泽东思想的组成部分，是马克思主义思想的反映论，是我们党认识世界、改造世界的方法论和工具。在《湖南农民运动考察报告》中，毛泽东身体力行了"没有调查，没有发言权"这一工作方法，具体表现为如下几个方面：第一，体现了我们党实事求是的思想作风。坚持"没有调查，没有发言权"认识观，既可以克服感性认识带来的经验主义，又可以克服盲目的教条主义，是对实践活动的理性升华，也是我们党分析问题、解决问题、做出决策的依据。"没有调查，没有发言权"本质上是实事求是思想作风的体现，是探究事物运动规律的方法，用发展辩证的眼光看待事物运动，是马克思主义认识论的思想体现。第二，体现了我们党求真务实的工作作风。"没有调查，没有发言权"从正反两个方面论证了我们党求真务实的工作作风，按照正确的调查研究方法和技术亲自做调查研究，得出一手资料、反映真实问题、找到解决办法。一方面，不唯上"唯命是从"。对待同一个问题，视角不同，得出的结论也不一样。上级通常以全局或战略眼光看待问题，而对细节关注得较少，这就需要在执行上级命令的时候，能够因地制宜、因时而变地具体情况具体对待。另一方面，不唯下"盲目听从"。下级因为其出

---

① 中共中央文献研究室.毛泽东思想年编：1921～1975 [M].北京：中央文献出版社，2011:298.
② 中共中央文献研究室.毛泽东思想年编：1921～1975 [M].北京：中央文献出版社，2011:42.

发点和思考问题的立足点的限制，往往只能"看到一点表面，一个枝节"，不能站在全局和整体来看到待事物，往往抓不住问题的本质。脱离了调查研究的方法论，单纯地从阶级角度分析问题，容易陷入唯心主义的工作作风。第三，蕴含着我们党群众路线的领导作风。毛泽东同志指出，我们党的斗争策略的正确与否在于是否坚持了群众路线，绝不是凭空产生。由此可见，调查研究的精华是坚持群众路线，这对于指导中国革命战争、解放战争和社会主义建设的实践具有极其重要的指导意义。毛泽东的"没有调查，没有发言权"对于坚持以"数据"为指导思想求真务实有重要意义，为我们党坚持以"数据"统计创新的方式开展意识形态有效引导工作做出有益指导。

3. "问数字，爱算账"是"数据"观的生动实践

邓小平继承和发扬了毛泽东调查研究的思想，将其作为领导工作和决策的前提条件，并进一步将其作为领导干部作风评判的标准，告诫全党干部要坚持调查研究、学习实际经验[①]，不做"官老爷"。"问数字，爱算账"体现了邓小平实事求是的工作作风，也是其一生"唯实、求真"精神的体现，还是其"数据"观的生动实践。首先，邓小平以身作则实践"数据"观。在进行改革开放的初步探索中，邓小平坚持"先做实验，后再推广"的原则，设立深圳特区作为试验田，使得深圳由一个小渔村快速崛起为国际大都市，连续40年保持快速增长，城市GDP增长12000倍，并已经超过了香港。20世纪90年代初，为进一步解放思想、与时俱进地指导改革开放过程中遇到的实际问题，邓小平亲自到广州、深圳等南方城市调研，并发表了影响深远的"南方谈话"，这都体现了他坚持调查研究的工作方法。其次，邓小平在调研的过程中往往问题很详细、多样，比如，下岗职工年收入多少、对贫困农民的补贴多少、菜市场的菜价多少等等，他对地方有些数据的了解甚至超过当地官员，令人深为敬佩。最后，邓小平指出，调查研究所得到的数据并非仅仅只能作为参考资料，还可以作为决策的

---

① 邓小平.邓小平文选（第3卷）[M].北京：人民出版社，1993:7.

预见性依据[①]。邓小平认为事物之间彼此是有联系的，存在客观关联性，"数据"调研的方法有助于我们发现事物之间的"大同"和"小异"，微观的"数据"有助于发现新问题、"研究新情况"，找到解决问题的办法，宏观的"数据"有助于探索事物运动之间的关联性，通过概括、整理、总结引申出科学性论断，做出预测性研判。

4. "国家大数据战略"是"数据"观的创新发展

进入新时代，习近平总书记秉持我们党"解放思想、实事求是、与时俱进"的思想路线，结合国际大环境和国内主体环境，尤其是中国经济进入新常态后更加注重经济发展质量、产业转型等客观要求，提出了"国家大数据战略"。习近平总书记的大数据观，一方面顺应了时代的呼唤，另一方面也源于人们的日常生活已经离不开互联网、物联网、云计算等信息技术这一客观实际。随着信息技术的突飞猛进，与人们的社会生产和生活联系更加密切，自然催生了海量数据爆发式聚集[②]。习近平总书记的大数据观为我们党新时期创新意识形态有效引导提供理论指南，极大地推动了对历史虚无主义的治理和疏导。2014 年，大数据首次被写入我国政府工作报告，从此我国大数据应用开始踏上大发展之路。2015 年 10 月，党的十八届五中全会明确指出："实施网络强国战略，实施'互联网+'行动计划，发展分享经济，实施国家大数据战略。"[③]标志着大数据正式上升为我国的国家战略。

习近平总书记高瞻远瞩，对大数据战略做出很多深入浅出的论断，提出一系列主要观点，形成了新时代具有中国特色的、以马克思主义思想为指导的"数据"观，为我国推动大数据战略和构建数字经济提供了行动指南。习近平总书记大数据观思想深远、范围广泛、运用性强，具体主要包括如下几个方面：一是大数据机遇论。面对

① 郑湘娟.试论邓小平调查研究思想与实践的基本特点 [J]. 中共浙江省委党校学报，1995（4）：40-42.

② 中国信息通信研究院.大数据白皮书（2018 年）[EB/OL].2018-04-17，http://www.caict.ac.cn/kxyj/qwfb/bps/index_6.htm.

③ 中共十八届五中全会在京举行 [N]. 人民日报，2015-10-30.

信息时代的到来，习近平总书记审时度势，深刻指出大数据在未来能够给我国带来很多发展机遇，实现技术革新、弯道超车、追赶西方发达国家的科技水平。习近平总书记指出，顺势而为，力争上游，抓住历史机遇，积极推动我国数字经济，构建"国内大循环、国内国际双循环"的新发展格局，实现产业转型和可持续发展。二是大数据的资源论。信息时代，大数据被誉为"工业石油"，备受各国推崇。习近平总书记指出，大数据资源成为社会财富的一部分，谁掌握了数据，谁就掌握了社会财富分配主动权。尤其是现如今，我国电子商务高速发展、万物互联、网络控制智能化，我们更需要加强对大数据的开发和利用。三是大数据的治理论。习近平总书记特别重视大数据技术在国家治理中的运用，可以发挥科学技术的格局理性，规制国家治理模式创新，提升国家治理水平和治理效能，例如，各级政府设立的智慧政府、线上办公等APP软件，极大地提高了办事效率，推进了各级政府治理现代化水平。四是大数据融合创新论。大数据已经高度融入社会经济的各个方面，记录着社会生产和人们的日常生活，成为人们生活不可或缺的一部分。在这种情况下，习近平总书记强调推动大数据与实体经济的融合发展，发挥大数据对经济发展和创新的引领作用，形成数据驱动型经济发展新模式。五是大数据的意识形态教育论。习近平总书记极为重视意识形态教育工作，尤其是网络空间的意识形态教育工作。他强调社会主义新闻媒体要为社会主义主流价值观服务，培育德才兼备、全面发展的人才，打造"风清气朗"的网络舆论空间。在思想政治教育方面，习近平总书记继承了我们党调查研究的传统、创新了调查研究的方式方法、提出了新时代网络科技意识形态教育工作新思路。习近平总书记强调构建线上线下相结合、内外宣传联动的主流舆论新格局①，以提高网络空间意识形态教育工作效度，引导广大网民增强对社会主义核心价值观的认同、对偏离社会主义核心价值观的言论鉴别和自觉抵制的意识。

---

① 中共中央关于坚持和完善中国特色社会主义制度，推进国家治理体系和治理能力现代化若干重大问题的决定 [N]. 人民日报，2019-11-06.

第二节 虚无主义和历史虚无主义

一、虚无主义

根据牛津英语词典的释义，虚无主义（Nihilism）源于拉丁文"nihil"，原意为"虚无主义"，即"什么都没有""无""毁灭"，于1817年进入英语词汇。后来，"虚无"一词被引入到哲学中，被赋予了"价值"意义，即"非存在""非有""虚空"等，对形而上学乃至整个西方哲学的发展产生深远的影响。

虚无主义，作为一种哲学概念，意指世界特别是人类的存在没有意义、目的以及可理解的真相及最本质价值。一般认为，在西方，"虚无"概念包含四个方面的内容：第一，作为人的存在状态的虚无概念。这种虚无感觉难以言状，不知它从何而起，极端否定性情绪滋长，心中充实感断裂。第二，作为人的存在价值的虚无概念。主要表现于尼采的价值论哲学。尼采认为虚无有两层含义：一是最高价值的自行废黜；二是把它理解为唯我主义价值观的基础。海德格尔称其为"价值的形而上学"①。第三，作为人的存在方式的虚无概念。海德格尔指出，"此在"作为"存在者"即"在世"，并把"此在"存在的这种方式称为"嵌入无"。"无"在这里担当着"此在"存在方式的重要环节，"无"就是"虚无"，海氏称其为"向死而生"。另一个著名的存在主义者萨特认为，人原来是个无、是个缺、是个空。"人是使虚无来到世界上的存在。"②第四，作为语词的虚无概念。尼采、著名生命哲学家柏格森

① 孙周兴.海德格尔选集[M].上海：上海三联书店，1996:771.
② [法]萨特.存在与虚无[M].陈宣良，等译.北京：生活·读书·新知三联书店，1987:55.

和海德格尔的思想中都对虚无的追问而走上了语言之途。海德格尔指出："形而上学就是虚无主义。"①可见，虚无是西方文化自文艺复兴以来就有的一种传统。

在古代中国并没有形成虚无主义的文化土壤。中国哲学不像西方哲学那样，向外追求理性认知，而是力图通过人的内心调节，从而在当下便确认生命意义，即主要关注人的生命价值的安顿问题。中国哲学语境中的"虚"这一概念与西方存在论意义上的否定概念是有区别的，它被理解为达到"天人合一"的方式和途径。如老子认为，"大道"虽然无形无象、琢磨不定，人们却能够在致虚极，守静笃的状态中"合于大道、体悟大道"（参见《老子·十六章》）。在庄子看来，"虚"是指认识主体通过忘却物我界限所要达到的认识境界（参见《庄子·人间世》）这一高度，它是对事物本根的"道"的肯定，而不是否定。依此看来，中国哲学强调人并不需要上帝的眷顾，而是通过自身的不懈奋斗就能够获得生命的终极意义和关怀，因此，它就没有像西方文化那样本身蕴涵着虚无主义的倾向。

对于什么是虚无主义，目前主要有四种代表性观点：第一，价值论意义上的虚无主义概念。在哲学史上，尼采对虚无主义进行了详尽、深入、系统的阐释。尼采认为，虚无主义有积极的虚无主义与消极的虚无主义双重意义，也可称其为古典的、肯定的与否定的、现代的虚无主义。前一种意味着精神权力的提高；后一种意味着精神权力的没落和下降。积极的虚无主义的目的在于重建新价值体系，反对形而上学和一切价值设定；消极的虚无主义的目的在于瓦解所有价值和目的。因此，尼采认为的虚无主义就意味着最高价值的（指奠基于基督教信仰的宗教价值体系和奠基于柏拉图的形而上学价值体系，笔者注）自行贬值。尼采认为，重建新价值体系应该依靠理性的他者——权力意志，因为，在他看来，权力意志才是人的本质。第二，存在论意义上的虚无主义概念。海德格尔是其典型代表。他说："无家可归状态是存在的标志。"②虚无主义是一种"无家可归的状态"，是对"存在的遗忘"，"形而上学就是虚无主义"。第三，道德论上的虚无主义概念。如施特劳斯提出德国的道德意义上

① 孙周兴.海德格尔选集[M].上海：上海三联书店，1996:817.
② 孙周兴.海德格尔选集[M].上海：上海三联书店，1996:382.

的现代文明的毁灭。第四，生活体验意义上的虚无主义概念。如加缪对于荒诞和陌生的体验。

从以上归类来看，哲学上所谓的虚无主义，主要是指价值论和存在论意义上的虚无主义。从价值论看，虚无主义是尼采提出的"最高价值的自行废黜"；从存在论看，虚无主义是指人们丧失了存在的意义，似乎生活完全坠落到虚无的深渊。此外，从日常体验来看，虚无主义表现为人们的精神空虚、思想贫乏、精神缺钙的状态。它反映着欧洲思想界对时代错乱和生存焦虑的体验。

二、历史虚无主义

在中国，历史虚无主义的概念是在1974年被提出来的，当时特指对民族文化遗产的否定，但是并未被广泛使用。1979年陈云在一次党内座谈会上提出历史虚无主义[①]，用以替代社会上长期使用的"历史主义"和"虚无主义"概念。这是党内第一次对历史虚无主义的高度重视。1983年项南从如何认识中国共产党的历史和评价党的领袖角度认为，邓小平既反对教条主义，又反对历史虚无主义，主张用马克思主义唯物史观分析中国共产党历史上的敏感问题。由此，历史虚无主义带有明显的政治色彩，其意义也基本确定下来，沿用至今。历史虚无主义，作为从西方虚无主义演变而来的一种社会思潮，是西方国家对社会主义国家进行意识形态渗透的工具，通过否定中国发展进程中的重要历史人物、事件和结论等方式，企图扰乱社会主义国家人们的思想认知和精神信仰，继而否定中国共产党的合法执政地位，颠覆中国共产党领导的社会主义道路。

历史虚无主义，是指不加具体分析而盲目否定人类社会的历史发展过程，甚至否定历史文化，否定民族文化、民族传统、民族精神，否定一切的历史观点和思想倾向[②]。习近平总书记指出，历史虚无主义的要害，它是从根本上否定马克思主义指导

---

① 陈云.在《曲艺》杂志复刊第一期上发表陈云同志对评弹工作的意见 [N].人民日报，1979-01-15.

② 张首吉，杨源新，孙志武，等.党的十一届三中全会以来新名词术语辞典 [M].济南：济南出版社，2000：300.

地位和中国走向社会主义的历史必然性，否定中国共产党的领导。历史虚无主义总是根据现实状况不断产生新的变化，但其背后的政治意图并没有改变①。

历史虚无主义否认历史的规律性，承认支流而否定主流，透过个别现象而否认本质，孤立地分析历史中的阶段错误而否定整体过程，一个明显的表征就是中国全盘西化的造势者，通过对我国一些阶段性发展错误的分析，妄图全面抹杀先辈的功劳，抹杀中华民族独立斗争的历史。专家学者对历史虚无主义的定义是：其根本就是历史唯心主义。历史虚无主义根源于西方的自由主义。改革开放使中国吹进了新鲜空气，促进了中国经济文化社会发生了深刻的变化，中国的综合国力空前增强。同时也要看到，中外的某些人用怀疑的眼光看待历史。近年某些国家，之所以频繁地改旗易帜，除了经济政治原因之外，自由主义思潮泛滥则是可怕的原因。改革开放给我们带来了思想解放，进而有了思想多元化。但在众多价值取向面前，我们不能迷失方向。提倡解放思想，绝不是胡思乱想，更不是要放弃核心价值体系，因此，就要有正确的历史观，不能动摇我们的核心价值体系的基础。而在某些青少年的脑中，中国历史特别是中国近代史和现代史一片空白或一片混乱，没有是非之分，在这样的思潮影响下人们就会对信仰产生动摇。

一个国家一个民族一个政党都会有自己的历史。人们反对对历史采取为我所需的实用主义态度，但是同样必须抵制历史虚无主义，唯有这样，才能做到实事求是，才能坚定信仰。因此对网络上出现的历史虚无主义需要保持高度警惕。

从根本上来说，历史虚无主义抱有明显的政治意图，反对党的领导和中国特色社会主义制度，本质上是一种反动的政治思潮。尽管历史虚无主义打着学术的尤其是历史学的旗号，在研究方法上是根本错误和极其混乱的，它不是任何一种学术思潮，而是伪科学。当前，我们必须旗帜鲜明地坚持唯物史观的理论指导，同历史虚无主义进行坚决彻底的斗争，深刻揭露其错误和荒谬。

---

① 吴学琴. 历史虚无主义的三种话语面具 [J]. 中国社会科学报，2018-07-30.

第三节　用大数据研究历史虚无主义的创新释义

一、大数据时代的变革

大数据的迅速发展不仅引发了技术革命，影响了人们的日常生活，在不知不觉中改变了人们的思维方式，也带来了哲学社会科学领域的巨大变革。这一部分结合科学技术哲学的特征，随着大数据的发展，论述了大数据给认识论、价值论、方法论和实践论方面带来的变化。

（一）大数据对认识论的变革

马克思主义认识论是辩证唯物主义认识论，认识是人脑对客观世界的能动反映。在大数据时代，认知主体不再是简单的人类感知系统。计算机和网络也是认知的主体要素，但不能代替人类的主体地位。人工智能没有独立意识，单独作用于对象时，它表现主体的独立状态。认知对象从客观存在扩大到结构化数据和非结构化数据。大数据技术对数据的分析、提取和整合，有助于认知主体理解客观世界，已然成为一种新的认知工具。

大数据扩充了获取认识的来源。认识论关于认识的来源有两种观点，一个是经验论，一个是唯理论[1]。经验主义认为经验是知识的源泉，知识来自经验归纳。彻底的经验主义否定了先验知识和天赋的存在，指出所有的知识都来自经验。温和经验主义承认先验知识。与经验主义不同，唯理论否认知识来自经验，并主张只有在可靠的

---

[1] 黄欣荣. 大数据时代的还原论与整体论及其融合 [J]. 系统科学学报，2021（3）：10-14.

前提下才能获得正确的知识。它提倡演绎法，知识应通过演绎推理得到。此后，认识论发展为逻辑实证主义和伪证主义的对立。逻辑实证主义通过实验室观察或在自然条件下观察的认知活动，提出科学理论。观察者是主观的，但观察的行为和被观察的事物是客观的，观察者不影响观察的客观性。这个观点受到了伪证主义的批判。伪证主义会影响观察行为的客观性，因为观察行为与观察者的参与有关，观察者是主观的，所有观察者都有不同的知识背景。此外，观察行为是有限的行为，但观察的理论结果具有普遍性。他们认为，应该先提出问题，然后通过实验解决问题，然后发现新的问题，从问题中寻找解决方法、得出理论。但是对于如何找到这样的问题，这种推测是需要探索的。在大数据时代，数据成为获取知识的新途径。在小数据时代，为了某种研究而收集的数据很容易被实验者的意识玷污。在大数据时代，数据在各种智能机器、相机上自动生成并自动收集。从自然环境收集的数据是客观的。小数据时代是先问题后猜想。再通过实验数据验证问题。大数据时代不需要假设问题，直接研究和分析现有的客观数据，避免逻辑实证主义数据污染，也避免了伪证的盲目性和任意推测。

大数据影响思考方式，影响哲学中的因果关系。因果关系是人类认识世界的基本方法。理论和经验主义都承认因果关系。后来，英国的德伊维德·休默主张："人们的因果关系只是习惯使然。"[①]人们开始怀疑因果关系，经验主义和理性主义失去了哲学基础。康德重新发现了因果关系的基础，帮助他人相信因果关系。因果关系是所有科学研究的基础，在小数据时代非常重要。但在大数据时代，相关性在挑战传统的因果关系。相关性可以揭示事物之间的关系，模糊的因果关系可以省略。相关性是指一种现象的变化与相关现象的变化之间的相关性。也就是说，随着现象的变化，其核心在于两个数据之间的数学关系。在选择适当的参考对象时，如果两个数据值的变动较大，它们之间的相关性就很强。否则，一个数据值发生变化，另一个数据值没有变化，关联性就弱。

---

① 张晓兰, 董珂璐. 大数据时代因果关系的重构及认识论价值 [J]. 宁夏社会科学, 2021 (3): 13-18.

（二）大数据对方法论的变革

图灵奖获得者吉姆·格雷（Jim Fray）在2007年提出了第四范式，第四范式是一种数据密集型科学，也称之为大数据科学①。与以往理论科学范式、实验科学范式和计算机科学范式不同，大数据被广泛认为是一个利用计算方法进行社会科学问题研究的新领域。大数据不仅是一门技术，同时还发展为一门复杂科学。

科学方法论是指导社会研究的方法，是探索社会基本问题的方法，更是实践活动的经验总结以及关于方法和规则的学说。科学方法论由整体论和还原论构成。整体论把对象看作一个整体，不破坏研究对象的完整性。如果将对象视为一个黑箱，整体论认为不可打开黑箱，而是通过观察黑箱的外部情况来推测内部结构。另一方面，还原论以研究对象的内部条件及其构成要素为中心。还原论主张，尽可能打开黑箱观察其内部情况，在内部结构中解释整体，通过理解部分理解整体，将各部分之和相加就会得到整体内容。

在大数据时代，数据的收集和存储能力大大提高，数据分析技术越来越成熟，具备了处理大规模数据的能力。不需要分析样本数据，就可以通过整体数据显示研究对象的全貌。总体数据由所有特定的、客观的、真实的数据构成，对应所有特定的数据，即集合与对象之间的关系，这与还原论的观点相符合。大数据中的整体数据不仅反映整体数据，而且通过集合中的要素表现实现整体论和还原论的统一，为大数据方法论解决问题提供了新的途径。

逻辑实证主义主张，科学的本质特征要通过逻辑推理或经验来判断，所有的学科都以自己的理论为基础。在研究方法上，西方科学承认还原论，即所有学科都还原为一个逻辑出发点，学科之间存在还原关系。例如，科学和技术专业都需要物理学的基本理论，这些理论最终可能归为物理学。也就是说，在物理学领域，每个学科都实现了统一。这种还原方法有助于构建统一的大厦，寻找逻辑基础，实现逻辑统一。统一性有助于科学的重复性和测试的可能性，实验可以反复多次验证理论。

---

① 刘修兵，刘行芳.新传播格局下议程设置功能假说反思[J].中州学刊，2021（02）：162-167.

大数据采用横向建模方法。过去，数据模型以垂直模型形成维度模型。大数据不是复杂的层叠模型，不需要分阶段操作。它主要是利用数据进行预测，只需要简单操作。这种型号称为水平型号。收集数据时，由于数据结构复杂，没有维度结构，所以不需要进行维度计算。因此，预测结果只能通过水平模型和简单的数据集合来计算。大数据建模依赖相关关系，而不是因果关系，故而不具有必然性。即使部分数据样本有误，最终结果的准确性也不会受到数据总量稀释的影响。

大数据促进了研究方法的变化，提供了解决问题的新方法。复杂性科学的兴起更新了人们传统的思考方式，但它只局限于理论。但大数据在技术上证明了妥当性，提供了新的视角和图示，使复杂性科学的概念具有操作性和实现可能性，实现了还原论和整体论的融合。整体论处理数据也接受了数据的多样性和地方性数据，承认了数据的混乱和复杂性。

（三）大数据对价值论的变革

哲学范畴的价值是指主体对客体的某种需要。没有主体，价值就没有存在的必要。价值是连接主体和客体沟通的桥梁，价值的本质是客体能满足主体的需要。因此，一件事只有以提供帮助为目的才有价值。价值观是对某物在现实生活中是否有价值以及有多大价值的一种判断。价值观是一种社会意识，它是由社会存在所决定的，关系到社会发展的物质经济条件。价值论是关于价值的性质和价值评价的理论，是解释事物之间价值变化关系的科学。它是科学理论体系的重要组成部分。价值论以科学的研究方法为基础，指导人们进行社会实践，实现自由全面发展的目标。大数据价值论的变化是指大数据带来的人们生活的变化所引起的人的价值、科学价值和劳动价值的变化。

大数据丰富了劳动价值论的内涵。劳动价值论认为，在劳动、资本、工资这三种生产要素中，劳动创造价值，劳动要素对价值产生影响。随着时代的发展，劳动不仅限于体力劳动，还包括脑力劳动。科学技术提高了生产力，使第三产业蓬勃发展，体力劳动逐渐被脑力劳动所取代。20世纪初叶，著名经济学家约瑟夫·熊彼特（Joseph Alois Schumpeter）提出了自动化价值论，他认为自动化生产会代替劳动者创造价值，这一理论看似具有合理性。但是，自动化设备是由劳动者一手创造的，自动化设备需要劳动者的操作，自动化是解放了劳动者的体力，让更多的劳动者得以腾出时间来从事科技方面的相关研究。因此，自动化创造的价值，归根结底是由劳动者来创造的。美国著名学者约翰·奈斯比特（John Naisbitt）提出了知识价值论，他认为知识价值论将取代劳动价值论。前者认为知识是一种劳动产品，它本身是具有价值的。这一理论的出现对传统劳动价值论来说，无疑是发起了一项挑战。后者认为要成为商品的价值必须要进行交换活动，而知识却没有成为商品。大数据背景下的劳动可以是非实物状态的，第三产业的服务也可以称之为劳动。

大数据赋予价值论时代性，数据成为重要的资产。以往数据只是作为测量的工具，也不是生产要素，大数据改变了人们的生活环境，数据不仅是一种技术，还是一种重要的资源，数据的社会价值显示出来。在传统数据时期，数据采集、分析能力有限，数据价值没有最大层次发挥出来。大数据时代激发了数据活力，提高了数据分析整合能力，数据成为一种知识和文化的载体。数据的价值需要被挖掘，数据挖掘的是无数偶然事件中蕴藏的必然规律，这种规律就是数据价值。数据挖掘者掌握技术能够点"数"成金，数据价值从数据拥有者手上转移到使用者手上，挖掘数据规律帮助决策者做有效决定，给企业带来经济利益，变革企业商业模式。大数据广泛应用在社会各个行业，智慧物流、数据监管、智慧养老、"互联网+"医疗、数据信托、数据教育都有大数据参与，在医疗、金融、政府管理等方面发挥重要作用，衍生出巨大的价值。

大数据代表理性支配世界的发展，作为工具扩展到社会的各个方面。大数据激发了人们测量世界的渴望，作为一种新技术改变了测量手段，能记录以往难以测量的心理、思想，世界上的一切事物都可以被数据化。在大数据的帮助下，人们看到的不仅仅是简单的事件，而是认识到这是一个信息世界。数据化信息更抽象，人们的生活变成数字化，开始进入数据社会。大数据带来全新的世界观，即数据世界观，数据是认识世界的方式，人们的身份、财富都被数据化，加剧了物化现象，人类在数据王国容易丧失本性，成为孤独存在的"数据化"个体。

大数据主导的技术化虽然提高了劳动生产率，但是削减了人生存的意义以及价值，也带来了消极影响，人们被数字化的生活缺少原有的价值。大数据以网络、计算机打造出虚拟的世界。传统的交流方式是语言、肢体、眼神，是带有温度的交流方式，虚拟空间的交流方式是数据、符号化的，由有温度的语言、动作变成了冰冷的符号数字，淡化了人们之间的情感。大数据作为一种信息交流的工具，加剧了信息异化。大数据支配着人们的生活，人处于大数据监控中。隐私泄露、遭遇短信轰炸以及被大数据监控的问题，造成了人们面对巨量数据会感觉到无所适从，丧失主体地位。人们的日常生活变得单调、乏味，成为数字加工下的产品，缺乏感情。大数据造成了网络失序，带来伦理危机。

大数据也带来积极的一面，大数据带来的数字化使得人与自然融合在一起，这也是一种发展的机遇。关注人基本的生存价值前提下，实现技术理性与价值理性的统一，实现人与自然的和谐统一。此外，数据具有可分享性，数据给多个主体使用并不影响数据的价值。不同主体能从不同的方面对数据进行分析，各取所需，数据价值不会因为多次使用而减少，因而数据是一个可以被无限次使用的资源。数据共享能够消除一些行业壁垒——传统小数据时代重视因果关系，从样本到整体，割裂了彼此之间的联系，而大数据重视相关关系，从整体出发，将世界看作一个整体，从宏观角度理解世界，有利于数据共享。数据共享能够优化数据使用效率，让数据都能充分利用，发挥应有价值。

（四）大数据对实践论的变革

实践是主体改造客观世界的活动。实践的目的是改造自然或社会，是人类所特有的，是有历史的。实践在不同的社会阶段也是不同的。在数据自然状态下，数据分散、观测量小。然而，通过实践活动，可以获得大量的数据。在有意识和有目的的前提下，主体可以从海量数据中筛选出所需的数据。每个学科都有不同的认知和实践目的，对相同的数据也有不同的利用方法。实践是检验认识真理性的唯一标准。只有通过实践的检验，我们才能知道知识是否正确。数据不断更新，从大数据中获取和分析数据是一个实践的过程。只有分析了数据，我们才能知道数据是否有价值。

大数据下的实践主体虽然以数字的形式存在，但并没有消失，而是以不同的方式存在。网络空间中的主体可以隐藏自身的物理身份,以虚拟身份相互接触、释放、接收、删除和修改信息。大数据的实际对象是数据,通过对非结构化数据的描述,数据易于管理。实践的中介是大数据技术,特别是互联网和物联网的快速发展,使世界互联互通。主体可以通过互联网获得各种云计算服务,云计算的快速发展有利于大数据实践的实施。

大数据也改变了实践的内容,体现在智慧劳动、虚拟交往、精准质量等方面,赋予了实践新的社会意义。过去,劳动主要是体力劳动。从早期的畜牧业到后期的手工劳动,再到以机器为中介的大规模生产的社会化,并没有跃进到智慧劳动的阶段。机器只是辅助工具,仍停留在最初的劳动阶段。大数据赋予机器思维,实现机器智能化,改变劳动方式。机器代替人工作,使人从繁重的体力和脑力劳动中解放出来,实现了智能化生产,提高了劳动生产率,改变了一些行业的格局,改变了从业人数。机器代替人类劳动并不意味着消除劳动,消除对劳动的需要,也不意味着人类将被机器统治。相反,它促进了人们思维的创新,实现了人与机器的和谐统一,共同促进了人类社会的进步。

在虚拟空间中使用数据进行交往,改变了传统的交往方式。马克思说:"人们在他们的交往方式不再适合于既得的生产力时,就不得不改变他们继承下来的一切社会形式。"[1]大数据革命带来了虚拟交往。虚拟交往依赖于虚拟技术的发展,如传感器技术、通信技术、多媒体技术等。虚拟现实是通过对真实环境的数据处理和仿真来实现的一种可视化操作。在虚拟环境中比在现实世界中更自主,可以让你控制自己的行动,逃离现实世界中复杂的关系。

虚拟交往不是真实空间的直接投影,而是真实传播的延伸和创新。虚拟空间也可能形成霸权主义、民粹主义、民主主义等形态,我们要警惕其他国家通过虚拟空间破坏我们的主流意识形态。在科学活动中添加虚拟的表现形式有很多,如建立模拟的现实环境,如建立空间虚拟站,使人们可以在地球中获得置身外太空的感觉。通过机器

---

① 中共中央马克思恩格斯列宁斯大林著作编译局.马克思恩格斯选集(第4卷)[M].北京:人民出版社,1995:533.

人仿真技术实现的人工智能，将微型机器人植入人脑后，这种虚拟状态还没有完全实现，其他虚拟形式却得到了广泛的应用。

大数据促进了人们实践活动由粗放向精准的转变，提高了实践活动的准确性。大数据包括两种类型。一个是规模性的统计数据，通过相关性进行分析，不要求准确性。另一个是精准数据，比如一个地区的人口统计、基因数据库等。这些数据应保证个人数据的准确性和整体数据的准确性。准确的数据具有广泛的应用空间，在商品营销、心理咨询、定向教育等方面发挥着作用。在医学领域，通过对遗传数据库的分析，我们可以开发出针对某种疾病的有效药物。传统医学是基于大多数患者的病情，而精准医学则是基于每个个体的具体情况进行大数据分析，提供最佳的治疗方案。最近，中国倡导精准扶贫，也就是将大数据应用于社会治理。利用大数据对该地区的贫困人口进行分析，并对每个家庭进行上门援助。一些学校根据学生餐卡在食堂的消费情况，分析一些学生可能经济状况不佳，给予贫困学生补贴。这也是大数据精准思维的体现。

人们在大数据下的实践活动表现出以下特点：物质生产的自动化和科学实验的可视化。大数据技术提高了传统制造业的生产能力，利用大数据对产品进行市场调研，了解用户需求，提升研发水平，并采用多种方法优化制造水平，如一些数字化处理方法、人工智能修复计算机等先进技术，推动传统制造技术升级，与新型制造技术数字化相结合，增强了行业竞争力，实现了智能制造的良好发展。

大数据技术代表着信息生产力的提高，而数据信息化也可以促进生产力的发展。数据生产力改变了以制造业为主的产业结构，促进了信息产业和高新技术产业的发展。传统的服务业和制造业改变了商业模式，引入了数字化管理和商业模式，实现了数字化消费和数字化服务。大数据技术形成了数字产业链，带来了新的商机，推动了产业创新。传统产业焕发生机，推动知识型社会建设，重视劳动力教育水平。大数据技术提供了更多的就业机会，为底层人民创造了更多的机会，提高了底层人民的社会地位。有些残疾人由于身体原因不能参加体力劳动。他们可以通过大数据技术改变身体状况，甚至恢复健康。

二、社会思潮大数据计算的理论、方法和应用

大数据是信息技术发展的重要成果。它改变了人们的思维方式，革新了哲学社会科学的研究方法。大数据是近年来在科技领域出现的一个重要概念。目前，大数据在原创内容分析、网上内容监测、舆情预警预测和用户信息挖掘等方面取得了长足的进步和显著的成就。根据当前社会思潮的新特点，特别是互联网在发展中发挥的更大作用，使我们能够借鉴传统的舆情监测体系，探索社会思潮并构建网络监测分析大数据系统，对网络空间的社会思潮发展动态进行实时数据监测、预警和分析，使我们能够更有效地分析和引领网络空间的社会思潮。

（一）社会思潮大数据计算的理论

在学术界现有的研究传统中，对社会思潮的研究主要是基于文献内容分析和案例分析。这种研究方法为人们理解和把握社会思潮的历史演变趋势提供了许多启示，大量的创新性思维也反映在社会思潮的相关研究传统中。然而，研究方法的局限性明显在于研究者对于社会思潮的演变难以具有整体性。研究者的结论高度依赖于数据所持有的信息以及对于信息的理解和解释，当研究人员的视野中没有包含大量相关信息时，得出的结论可能会有失偏颇。现有的分析方法的另一个相对明显的限制是，研究人员可以访问的信息数据通常是在一个特定的语言下，然而精通多种语言的只有少数研究人员。因此，语言构成一个巨大的学习障碍，导致大量的信息在不同的语言中，很难进行全面的控制和有效的国际比较。

正因如此，基于现有社会思潮的实证分析仍然缺乏。在大数据时代，这种数据和方法的局限性正在被打破。目前，人类数据的提取和处理能力已经大大提高，大量的历史文献已经数字化，形成了庞大的电子语料库，为分析社会思潮的历史演变趋势提供了独特的优势。最重要的是社会思潮在当下的主要传播渠道是互联网。因此，在互联网的帮助下，大数据可以有效地把握社会思潮发展的主要特征和传播的社会趋势。

研究引入人工智能与大数据等技术，有利于突破已有社会思潮研究领域存在的

"典型案例分析有余，对海量的碎片化信息驾驭不足""事后批判有余，前瞻性不足"等困境，能够推动社会思潮研究精细化，进而为社会思潮研判与评估提供科学依据。

大数据作为一种科学技术，便利了社会思潮的研究。大数据具有数字化特征。它用数字来衡量社会思想的传播，将社会思想纳入量化系统，实现了社会思想的数字化研究。将对社会思潮的定性描述转化为数据测量，得出的结论更加完整真实。大数据具有综合性特征，能够更客观地展现社会思潮的整体面貌。大数据计算为社会思潮的研究带来了技术优势。通过将社会趋势的研究推向一个新的维度，利用充分的数据分析，可以帮助掌握世界各国的社会发展趋势，这对于维护主流意识形态的安全具有重要意义。

社会思潮是"在社会变革时期（在社会心理演化的基础上），由一定思想理论引领，反映社会变革发展道路诉求，影响面很广的思想观念或倾向"[1]。社会思潮传播是指内容直接或间接地传递给受众，受众再将其传播的过程。社会思潮的传播是一种有意识的、有目的的社会活动。社会思想的传播渠道主要包括人际交往、大众传播和网络传播。人际交往是人与人之间最初通过口口相传的交流方式，如在固定的场所进行交流、辩论、讲话等。大众传播是借助报纸、书籍、电视、网络等载体，通过图像和符号进行的间接传播，这种传播方式是从传播主体向公众进行单向的思想传播，信息反馈互动机制薄弱。网络传播是以多媒体为终端，以光纤为路径，将所有的个人和组织连接在一起，与个体受众进行互动的信息传播形式。网络传播扩大了传统传播的范围，突破了单向的大众传播，克服了地域限制，传播速度更快。

社会思潮有很多种，如自由主义、民粹主义、民族主义等。大数据能够详细、准确地反映各种社会思潮的发展动态和规律。大数据是网络个体的数据集，可以从整体上反映群体的共性。同时，大数据可以区分不同的群体，区分不同群体的差异。大数据可以把握社会思潮传播的差异，并根据大数据的准确性对个别地区的差异进行详细分析，采取有针对性的引导策略。社会思潮作为一种社会意识，是一个系统的思想理

---

① 林泰，蒋耘中.社会思潮概念辨析[J].思想教育研究，2016（5）：44-46.

论体系，它不同于初期不规范的社会心理，具有一定的规律性。在大数据环境下，每个人的一言一行都被数据所体现，每个人的一言一行都被大数据所记录。大数据计算将数据与人们在网上的言行联系起来。大数据是物质世界中数字的记录，数字的交换本质上是客观的。大数据改变了小数据时代的抽样统计方法。基于所有数据进行相关分析，是揭示社会思潮演变路径和发展动态的一种新途径。社会思潮的产生和发展会受到环境的影响，呈现出不均匀的传播曲线。大数据改变了以往的统计测量方法，采用社会变量来分析社会发展的本质特征，思潮、传播规律以及未来的发展。

大数据为把握社会思潮传播规律提供了途径和方法。事物之间是普遍联系的，这种联系是客观的。正确引导社会思潮，必须认识事物之间的联系，把握社会思潮的传播规律。以往的经验主义和理性主义都是先假设后证伪的，这就导致了一些容易被忽视的因素。大数据通过深入挖掘，可以识别出影响社会思潮时空的变量，以及变量之间的关系，有助于全面了解社会思潮的规律。大数据通过对传播规律和影响因素的了解，可以发现更多影响社会思潮的因素，为社会思潮的引导提供更有针对性的舆论监督和预测，提高引导社会思潮的能力。社会思潮有很多种。通过大数据的相关性分析，可以清楚地显示当前社会思潮的存在状态，对变化趋势进行定量反馈，根据大数据计算的结果，形成对社会思潮发展规律的科学认识。大数据改变了以往基于问题的研究范式，推动了基于数据和数据关联的社会思潮理论创新。

（二）社会思潮大数据计算的方法

过去对社会思潮的研究方法主要是理论建构，或是样本分析、案例分析的方法。这存在一定的局限性，难以把握总体演进趋势。本研究采用实证研究的方法，借助大数据技术分析社会思想的演变过程，构建大数据挖掘系统，探索社会思想变化的根源。

由于数据结构算法的变化和计算机计算能力的进步，助推大数据及其衍生技术已经成为一个系统的技术和理论体系，并在许多方面发挥着重要作用。特别是在商业领域，网上交易、智能家电等领域得到了广泛的应用。由于大数据及相关技术长期以来在生活中得到广泛应用，也引起了社会各界的广泛关注。

与实际水平相对应，学术界对大数据的关注也越来越多，并进行了大量的相关研究。从图中可以看出，自2012年以来，知网关于大数据的研究逐年增加，相关研究数量在2019年达到顶峰。但是通过对这些类型的梳理的研究，除了自然科学领域的研究，人文社会科学领域的研究是停留在理论演绎方面的研究，对大数据技术和人文理论的研究是比较多的，但大数据挖掘技术在人文社会科学研究领域的应用相对较少。然而，从技术的角度，特别是机器学习理论的不断演进，大数据与人文社会科学研究的融合成为可能。因此，本研究主要集中在以下几个方面。

一是数据来源。

大数据处理一般包括数据采集、数据管理、数据分析和数据挖掘等方面。大数据计算社会思潮的数据一般来源于维基、红迪、推特、百度指数、谷歌趋势等。数据采集有两种方式，一种是通过搜索引擎搜索，另一种通过爬虫抓取。谷歌趋势、百度指数可直接从网站下载数据库图表，而红迪、推特、维基的数据要借助于爬虫采集数据，并且爬取后还需要进行数据变换和数据清洗等预处理。因为爬取的数据包含无关的信息。如导航条、广告推广、脚本等无用信息。用Python去除不必要的特殊符号，化复杂简单，剔除无关的数据，对数据进行"去噪"，并将其存储在分布式数据存储系统中，最后将其展现为可视化的数据图表。这便是大数据计算社会思潮研究的第一步——数据采集，也是大数据计算的基本步骤，可以为后续研究提供数据支持。

网络爬虫是处理网站下载数据的关键技术。它的工作原理是把一个初始种子URL（超链接）作为爬虫的起点，通过此页面可以下载本页的内容，提取其他页面的超链接。而其他页面的内容可以通过下一个页面的UR下载。如此重复，直到爬虫完成预定的程序并停止。最后，从URL队列中提取URL并下载和保存。网络爬虫使用宽度优先算法或深度优先算法提取相关页面。对于不同的网站，采用不同的收集规则，如按主题收集页数、按内容收集页数、收集时间间隔等。

爬虫收集的数据需要进行预处理，其中可能包含一些特殊符号。使用Python程序去噪，过滤由特殊符号获得的文本，避免不相关数据的干扰。Python是一种捕获和分析数据的计算机编程语言。与其他编程语言相比，用Python编写爬虫程序有优势，因为它更简洁，含义更丰富。Python数据分析包Pandas包含数据分析模型，提供处理数据的函数和方法。Matplotlib可以实现数据可视化，对分词数据进行处理，涂抹掉一些介词和虚词，在全词频次统计中它们出现的频率，最后得出结论与民粹主义相关，出现频率较高的报复精英、仇官仇民、贸易保护主义、反对移民等关键词相关，对它们进行相关性分析，从线性相关的角度考虑时间变量，平台间数据曲线重叠的峰值是一个值得注意的时间点。这样就改变了传统小数据时代的数据静态、单一的特点，实现了数据的动态、分层表达，可以清晰地体现民粹主义的传播路径和效果。

一般来说，在传统研究中，对社会思潮的相关研究主要集中在理论探讨上，研究对象大多基于经典文本的理论框架。因此，从整体上看，目前对社会思潮的研究在研究方法和工具的选择上还相对单一。结合社会思潮研究和大数据技术必然会促进相关研究的社会思潮从理论到实证方向，研究所的文本材料将不再只在古典文学，同时主要是依靠大数据技术在网络空间挖掘到的相关信息，以及使用机器学习相关技术来形成大量的信息进行再度挖掘。目前，大数据社会思潮研究中样本信息的主要来源分为以下几类：

1.公开数据集。在国际研究方面，在目前的大数据研究中，谷歌建立的GDELT数据库（Global database of Events, Language, and Tone）是最完整的系统性建设。该数据库由谷歌开发者Kalev Litaru创建。该数据库以印刷、广播、网络等形式，每时每刻收集来自世界各地的新闻媒体报道，它能够有效识别人物、事件、地点等主要信息，并最终汇总成系统数据库。就时间跨度而言，该数据库涵盖了自1979年1月1日以来的所有事件，提供了丰富的历史信息，GDELT每15分钟更新一次数据库，以确保内容的及时性。在数据类型方面，GDELT除了提供事件数据外，还可以提供GKG（Global Knowledge Graph）数据。通过这些特征，我们可以知道数据库可以通过时空维度来探索不同区域、不同对象的事件联系和发展趋势。同时，针对社会舆情的各个方面变动，GDELT还建立了相应的公共数据集，供社会各界使用。同时，在研究过程中，GDELT数据库的分析主要是通过Big Query应用来完成的。Big Query是一个谷歌服务，旨在帮助用户操作大型数据库。它还允许用户进行云数据分析，并下载分析数据，帮助构建民意网络。通过SQL数据库语言，可以在Big Query中调用任何数据。此外，平台本身具有强大的力量，因此可以在平台中构建相应的社会网络模型，分析当前国际环境下的社会趋势动态，从而加强意识形态话语权建设和舆论引导。

谷歌Ngrams是谷歌于2011年推出的数据库。谷歌将图书馆的文本扫描成电子形式，并使它们可以在互联网平台上搜索。谷歌Ngrams收录了1500年至2008年出版的8116746本图书，占人类出版图书总数的6%。通过OCR识别，它已经建立了世界上最大的电子书数据库，利用算法从数万亿级别的原始数据中识别单词和短语，建立一个语料库。该书以英语、西班牙语、俄语、法语、德语、意大利语、希伯来语和汉语8种语言出版，其中英语占了一半。谷歌的多语言库数据通过一个简单的关键字搜索来检索，自动生成图表。使用谷歌检索民粹主义关键词，可以查询各地区图书中民粹主义出现的年变化曲线，并观察哪些地区和年份民粹主义非常活跃。

推特是2006年创建的一个社交网络平台。它最初是一个移动消息平台，后来发展成为用户利用手机，只要注册一个推特账号，就可以发送不超过140个字以内的推文，类似于中国的微博。用户可以在该平台上发布推文，表达自己对事件的看法，也可以转发和评论自己感兴趣的推文。推特已经成为一个重要的全球社交工具，拥有15亿用户。一些重要的事件来自推特而不是新媒体。例如，2008年洛杉矶地震和孟买恐怖袭击最先是由推特用户报道的。很多名人和政客都开通了推特账号，名人效应吸引了很多用户加入，用户数量迅速增长到15亿，最高纪录是每天新增66万用户，平台上的发贴数量也在与日俱增，2013年日均发贴数量超过4亿条。推特是一个以新闻为导向的信息分享平台，用户可以在这里浏览网页、观看视频，并使用"#"跟踪热门话题。特朗普总统等政界人士利用推特进行媒体外交、引导舆论。中国主流媒体和外交部发言人也开通了推特账号，宣传中国政策，向世界介绍中国。一些民粹主义政治运动利用了推特等社交媒体，它已成为了解社会思潮的窗口。因此，我们应该重视社交媒体的重要性，积极利用它来传达中国的主流意识形态，寻求国际政治认同。

维基是世界百科全书。该网站拥有303种语言的4600多万个词条，每月有4.696亿访问者和180亿页面浏览量，是世界上访问量排名第五的网站。它是人们了解新事物的重要渠道。它不仅有利于信息的传播，也是一种重要的社交媒体。用户可以在社区内进行互动活动。尽管它允许用户对社区条目进行修改，但它仍然非常可靠。《自然》杂志将其准确性与《大英百科全书》进行了比较，发现两者非常接近。Wikidata是维基百科的一个辅助数据库，提供一些高质量的数据。它是基于用户查询从维基百科中提取的结构化数据，包括主题、人物、类别、结构、事件等。用户可以使用维基百科查看民粹主义关键词出现的频率。

谷歌趋势是一个搜索数据的分析工具，由谷歌公司在2006年推出。谷歌是互联网上使用最频繁的搜索平台。针对用户用谷歌数以亿计的搜索量建成的数据库，可以通过关键词或根据该地区的热门话题进行搜索，可以帮助理解网络的最新热点问题关心的情况，下载数据访问情况，这些内容以可视化图表形式展现。谷歌趋势是在原有提供关键词检索服务的谷歌搜索解析的基础上发展而来，2012年将两者整合成新的谷歌趋势。随着互联网的快速发展，人们利用互联网引擎搜索热点事件，观察搜索引擎中关键词的搜索频率，可以反映出人们对热点事件的关注度。从海量信息中提取出网站平台上的民粹主义检索，关注民粹主义舆情趋势，为社会思潮研究提供数据支持。谷歌趋势通过日志预处理从引擎中提取IP地址、url和登录信息，然后清理信息，留下有价值的数据。在时间或地区方面，描述查询词的变化趋势，为研究提供民意报告。包括热门话题排名、区域分布、关键词搜索时间图等。

互联网档案馆。互联网档案馆是由Alexa创始人布鲁斯特·卡利创建的非营利数字图书馆。该档案馆成立于1996年，定期编目并保存可从世界各地网站检索的信息，并提供免费存储和访问来自网站、音乐、动态图像和数百万本书的数据。

电视新闻档案。GDELT项目中使用Vision AI完成视频、图像、语音识别功能和类型对应的数据，从而从一个侧面反映当前国际舆情的整体情况，从而掌握社会思潮的演变规律，为社会思潮的治理提供智力支持。

在国内的大数据研究中，百度index和百度Migration数据是常用的公共数据集平台。百度index是一个基于百度海量网民行为数据的数据共享平台。主要利用百度指数来了解当前国内居民对特定社会话题的关注程度和社会思潮的某些特定关键词，从而更有效地把握舆情的演变规律和人们的思想特征。同时，使用百度迁移数据，我们可以直观地看到特定的社会趋势的影响在现实社会的思想和舆论，并结合当前舆论的区域化特征，以便更有效、方便地深层分析当前舆论的形成原因。

微博数据依赖于其微博平台上的相关评论，形成与微博评论数量相关的数据库。同时，新浪微数据平台会对具体事件范围内的热点话题进行分类，并进行词云分析，方便人们观察相关社会思潮或热点话题引起的社会舆论的热度和排名。

2.第三方商业数据库。由于大数据研究需要一定的技术支持，特别是在当前的人文社会科学领域的研究中，面对复杂的网络信息，有时不得不依靠第三方进行数据挖掘，并在数据挖掘的基础上结合人文社会科学的相关理论框架进行分析，完成大数据融合技术和思想。

3.通过大数据应用完成数据积累与云平台搭建。在互联网时代，海量信息不仅存在于各种媒体中，也存在于门户网站和社交媒体中。因此，开展大数据研究，积累相应的数据资料，仍然需要独立收集和积累。从目前的实践环境来看，推特、Facebook、微博等社交媒体以及各种论坛已经成为人们交流意见的重要场所。因此，活跃在这些网络媒体中的言论信息就成了社会思想治理研究的样本材料。也就是说，研究的基础材料是来自网络的各种信息材料。从目前比较适合的技术来看，利用网络爬虫技术及其应用来收集网络上的海量信息，然后对其进行清理、存储和分析。

二是技术应用。

依托大数据技术开展意识形态乃至人文社会科学研究，最重要的是大数据技术的系统化，使用大数据挖掘涉及包括数据获取、存储、检索、共享、分析、展示等价值链环节，信息链与传统的信息管理和信息价值链的知识工作。知识科学可以将信息收集、信息排序、信息组织、信息检索、信息分析、信息可视化等成熟的理论方法和技术应用到大数据工作中，在推动大数据研究发展的同时，拓展传统知识服务的范围。因此，在技术层面，与大数据相关的关键技术主要包括：

1. 分布式数据采集技术

传统的爬虫针对一个网站进行爬虫部署、线程分解获取，但这种爬行方式局限于单个爬虫机的性能指标，而设计现代大型网站往往不堪负荷，如微博、红迪、推特等社交媒体，与素材相关的社会热点话题数据量巨大，如果传统爬虫的高效设计和带宽允许，可能需要22小时才能抓取一篇数百万字的文本，而不考虑和计算新的信息。每秒100页的速度，对于知识收集和信息监管是不够的。

而基于爬虫云对目标站点进行分工爬取的分布式爬虫，各爬虫之间基于快速通讯和数据交换技术连接成爬虫网，即一批爬虫主要进行列表的爬取，一批爬虫主要进行内容页或关键元素的爬取，同时利用细粒度线程硬件资源分配的特点，使一个爬虫可以分配和收集一个大并行顺序的线程爬虫，从而使带宽利用率得以提高。

2. 分布式全文检索

全文检索服务系统是一个具有强大的全文检索和索引管理功能的企业级搜索引擎服务器。底层采用非常流行的Java语言开发，易于扩展和维护。服务通信采用标准的HTTP和XML，可实现分布式跨平台检索。分词技术采用中国科学院分词技术和当前流行的IK分词技术无缝结合，分词更加准确。同时，采用多语种分词，支持50多种语言的准确分词。分词词库可以动态维护，更专业或更新鲜的词可以添加到词库中，进一步提高分词的精度。搜索内容支持简单与复杂查询、同音查询、同义查询、身份证号码转换查询、一人多卡查询和高级逻辑表达（和、或、不）查询，还可以根据用户需求灵活定制查询策略。可以按关键词突出显示搜索结果，按搜索内容命中率或自定义搜索列动态排序，返回最需要的搜索内容。系统支持结构化数据和非结构化文档的索引创建，可以对DOC、PPT、XLS、PDF、HTM、RFT、TXT、HTML、视频、图片等文档进行索引。其主要特点是：高效的全文索引、准确的内容分割等技术特点，整体系统架构可支持动态聚类、网格计算、分布式检索和索引复制，支持多用户、高并发和高性能检索。

3. 智能数据抽取技术

数据提取是使用数据提取、转换和传输（ETL）工具，定期将各种应用系统生成的源数据提取到数据仓库。应用程序数据在提取的过程中，通过分析，在建立一个全球信息系统数据结构，集中系统代码系统的基础上，根据实际情况适当扩大，并于每个应用程序的代码系统，设计合理的数据提取、转换算法，建立全面、统一、集成的数据仓库系统。

数据进入管理系统后，原则上不再修改和调整，不能因为前台系统数据变化和可选的又全部金额的数据采样和处理，针对一些事务数据的及时性，应该首先退或废掉无用的错误，不断地改换为正确方法，而不是通过改变修改方式来进行维护。

4. 数据挖掘技术

分析与挖掘算法是整个产品的核心，是支持知识分析与研究的底层。无论是文本分析应用、图形关系应用还是统计分析应用，整个产品通过大量内置的复杂算法支持研究分析和模型战应用。算法包括聚类分析、路径分析、社会网络分析、权重分析、测量、聚类分析、决策树分析、神经网络分析、logistic回归算法等。在数字时代，利用基于知识的新方法和新技术服务用户是数据综合分析应用的新使命。数据挖掘技术是在数据仓库基础上发展起来的一种知识发现技术。它是从大量不完整、有噪声、模糊、随机的实际应用数据中提取隐藏的、未知的但可能有用的信息和知识的过程。

数据挖掘的目的是快速地从多个部门和数据源中提取出相关的数据信息，并将这些重要的数据以易于理解和准确的方式呈现出来。因为有各种数据源平台（数据）的每个业务部门提供各种数据来源有一个非常重要的内容的信息，但通常单独提取业务数据和信息可以不重要，与相关分析和综合处理部门业务数据，使数据充分显示其值。

5. 多语种处理技术

为了推进大数据的意识形态治理研究，所需要的样本数据可能来自国际舆情领域，这使得多语言处理技术成为开展相应研究的唯一途径。当存储在文件或数据库中的内容与语言相关时，可以通过以下方法支持多种语言：在数据库级支持多种语言：为每种语言创建一个独立的数据库，不同语言的用户操作不同的数据库。在表级别支持多种语言：为每种语言创建单独的表，不同语言的用户在不同的表上操作，但它们位于相同的数据库中。在字段级别支持多种语言:在同一个表中为每种语言创建单独的字段，不同语言的用户在同一个表中的不同字段上操作。

（三）社会思潮大数据计算的应用

利用大数据手段对监控的社会思潮进行分析，改变了过去低效统计数据的传统方法，海量数据为分析社会思潮提供了基础。做好社会思潮的实证研究，关键在于充分把握大数据背景提供的机遇，善用数据和大数据的计算方法。因此，为了避免后续社会思潮研究和决策的风险，从工具理性的角度出发，有必要对大数据计算的基础技术进行创新，为社会思潮研究提供技术支持，并建立完整的社会思潮大数据计算机制。

建立社会思潮监测和收集机制。借助大数据的存储功能，关注网民感兴趣的热点话题，时刻警惕一些话题是否与社会思潮相关。只有通过做一份好工作的数据收集和检测这些准备工作，才能有效应对可能出现的问题在社会趋势的思想，实现正常的民意收集和监测，要养成一个好习惯的民意收集，并形成一个工作系统。特别是当网络上出现最新的热点问题时，要在新闻出现的第一时间予以关注，做好数据统计工作。我们应该建立自己的数据库，最大限度地为社会思潮研究者提供全面可靠的数据，避免对国外数据库的依赖，为使用大数据方法分析社会思潮奠定坚实的基础。培养一批具有大数据技能的专业人才，建设一支优秀的大数据人才队伍，有足够的能力处理数据问题，保证大数据监测采集工作的顺利开展。建立严格的监督制度和定期评估制度，提高数据采集效率。

利用大数据，建立社会思潮监测机制。通过大数据把握社会思潮发展动态，研究不同社会思潮对公众思想的影响及对策。各种各样的社会思想相互碰撞、交融，甚至由于不同的价值观而导致斗争和冲突。积极的社会思潮不能盲目地抹杀，消极的社会思潮也不能盲目地偏向和纵容。积极支持和维护符合社会主义核心价值观和历史发展潮流的进步社会潮流健康有益发展。不能让反动落后的思潮同主流意识形态一道健康发展。尊重差异并不意味着纵容。要注意防止反马克思主义的社会思潮蔓延，提高警惕。特别是错误思潮是对国内意识形态的渗透。

利用大数据建立社会思潮的研究与判断机制。收集和监控社会思潮数据是为了更好地研究和判断。充分利用大数据搜索一些网站的页面日志，通过查询关键词的频率推测用户的思维趋势。利用大数据算法建立一套完整的社会思潮分析模型，通过建模和挖掘，收集社会思潮的各种行为和思想特征，通过对比相关性，如民粹主义和民族主义、民主主义的异同，有助于识别社会思潮的主要特征。关注网络的生态环境，关注网民思维的动态变化，尤其是在思维曲线变化较大的情况下，要认真分析其表现和原因。利用大数据的计算结果，关注社会思潮在重点领域的传播，在传播中识别领袖意见，从源头上遏制不良社会思潮的传播。

利用大数据建立社会思潮预警机制。大数据具有预测功能。分析社会思潮的关键是预测社会思潮的发展，采取有效的舆论管理措施，正确引导社会思潮的发展。社会思想的传播属于人与人之间的精神交流，具有思想影响的功能。注意思想的交流状态的社会趋势，把握沟通法律的社会趋势的思想，通过关注内容和思想交流的社会趋势，洞察背后的群体利益诉求，公共心理咨询，防止矛盾的加剧。社会思潮在无声的传播中侵蚀着主流意识形态。为了维护主流意识形态的安全，防止社会思潮的无形传播，预测社会思潮的发展趋势，有必要在中国建立一个利用大数据的社会思潮监测平台，以便于监测社会思潮的传播。实时监控的数据，为了提高数据分析的效率，有必要形成一个综合管理系统的数据收集、监测和处理，以便减少数据分析时间，发现敏感信息，发现隐患威胁意识形态安全的网络，并进行有效的数据分析。因此，利用大数据建立社会思潮应急机制至关重要。建立应急机制可以及时缓解社会舆论危机，化解社会矛盾，有利于社会秩序的稳定。通过实时监控大数据，对一些蓄意煽动群众的极端舆论进行有效管理，及时疏导群众不良情绪，引导舆论朝着积极健康的方向发展。有关部门要充分利用大数据平台，将政务公开，让公众了解政府的工作，平息谣言，防止形势进一步恶化。要充分利用大数据的快速性，提高工作效率，快速处理问题，及时解决问题，在最短的时间内解决危机。

三、运用大数据思维有效性引导历史虚无主义的创新意涵

习近平总书记指出："当代中国哲学社会科学是以马克思主义进入我国为起点的，是在马克思主义指导下逐步发展起来的。"①我国的意识形态有效引导同样是在

---

① 习近平. 在哲学社会科学工作座谈会上的讲话. [N]. 人民日报，2016-05-19.

马克思主义指导下进行的，这就要求我们党坚持唯物史观的基本原理，坚持与时俱进的指导思想。在信息技术飞速发展的时代，信息量大爆炸，大数据时代带来的科技变化不仅深刻地改变着人们的日常生活，而且影响着人们的生活、工作和思维。在大数据环境下，社会就像一个互联互通的大网，共享社会生活的各个方面、每个角落，于是数据成为人们认知社会的媒介。在大数据技术的支撑下，数据之间不是线性的、静止的、简单的因果关系，而是关联的、动态的、复杂的相关关系，这就需要应用大数据思维来认知这个新社会。运用大数据思维，将马克思主义理论教育与大数据技术有效结合，促进整体性、多样性、动态性、开放性和复杂性的思维变革，对于巩固马克思主义指导地位、提升主流话语权和维护意识形态安全等具有重要的现实意义。[①]因此，借助大数据思维，有助于创新历史虚无主义有效引导的意涵，主要包括：概念创新、特征创新和价值创新。

（一）概念创新

创新就是顺应时代发展的需要，以事实为基础，利用现有的物质条件和认知水平，改变原有的思维模式，把新的思维理念、工具方法转化为主体在新形势下所具有的理论和实践，其主要包括：创新主体、创新课题、创新媒介等三个方面。就本研究而言，基于网络大数据的历史虚无主义的有效引导，就是应用大数据技术和网络大数据资源，对历史虚无主义的关联性素材进行充分挖掘、梳理、二次开发利用的过程。创新主体是历史虚无主义有效引导，创新客体是大数据，而创新媒介则是基于大数据的思维、技术、理念等。就创新主体而言，有学者基于发展的角度认为历史虚无主义的演变会以更加隐蔽的方式存在，充斥于网络世界的每个角落，毒害网民的主流意识形态认知，歪曲网民的人生观、价值观和历史观。有学者基于人的"自由而全面"的发展角度认为对历史虚无主义的有效引导把落脚点放在人的思想、感情、行为上，构建一套行之有效的引导机制。还有学者基于时代需求的角度认为对历史虚无主义的有

[①] 付安玲，张耀灿.大数据时代马克思主义理论教育的思维变革[J].学术论坛，2016（10）：169-175.

效性引导应该紧跟时代变化，解决现实矛盾和问题，完善我们党意识形态引导机制。由此可见，上述对历史虚无主义的有效引导的界定，方法不同、角度各异，但是都有一定的道理和依据，但就整体而言，仍然还需进一步深化研究。笔者认为，对历史虚无主义的有效引导创新研究至少应包括如下三个因素。

首先，明晰创新的本质，就历史虚无主义有效引导而言，创新是为了更好地服务于我们党对社会主义意识形态的宣传，对主流意识形态的加强和对非主流意识形态的积极引导，以便纠正非主流意识形态的传播路径，同时，还需要注重"人"的因素。只有将大数据技术、大数据资源与人的思想性、情感性、历史观相结合，才能更好地对历史虚无主义进行有效引导。

其次，体现历史虚无主义有效性引导的学理性。历史虚无主义作为社会一种思潮，本质上属于意识形态范畴，就具有阶级性，代表一定阶级的利益。就我国当前情况而言，历史虚无主义否定中国历史、否定中华民族传统文化、否定中国共产党的领导地位、否定中国共产党党史、否定新中国史、否定马克思主义指导地位，因此，必须在学理上和实践中坚决抵制历史虚无主义蔓延、积极引导网民思想、快速有效地疏导网民情绪，用马克思主义意识形态观来纠正历史虚无主义。

最后，立足于网络空间这一特定场域。互联网时代，网络平台成为人们意识形态的聚集地、交汇地、集散地，也成为人们宣泄情感、表达思想的主战场，因此，探究网络空间自身的特征成为解决历史虚无主义传播的关键。就客体性而言，大数据不仅是网络资料，而且是新技术和新理念的混合体[1]。这就决定了其除了具有大数据普遍性的特征，还具有与意识形态相结合后的独特性特征。

（二）特征创新

1. 主客体融合性的特征

基于网络大数据的历史虚无主义有效性引导创新性研究，其典型特征就是融合了

---

[1] 中国信息通信研究院．大数据白皮书（2016 年）[EB/OL].2016-12-20，http://www.caict.ac.cn/kxyj/qwfb/bps/index_8.htm.

大数据资源、大数据技术和历史虚无主义这三个方面的认知，具体体现在对"传播"路径的有效引导上面。"融合"是一种浑然一体的状态，蕴含着对技术运用、资源开发和传播内容有机结合的一种充分状态，既顺应大数据时代特征，又满足了我们党加强对历史虚无主义有效引导的现实需求。一是从传播载体看，大数据的多样性与历史虚无主义主体载体的多元性相契合。通过梳理已有的研究成果，我们可以发现历史虚无主义的载体已经由传统的平面或口头载体转变为视频、音频等为代表的新媒体，呈现形式更加隐蔽和多样化，在潜移默化中影响网民的思想意识、侵蚀着马克思主义历史观、毒害着广大网民的心理健康。若要加强网络历史虚无主义的有效引导，就必须对分散在网络每个角落的言论、文字、视频、音频进行大数据过滤处理，从杂乱无章的大数据信息中甄别、筛选、重构出有用信息，因此需要加强大数据平台建设、强化大数据资源开发和利用。二是从传播速度看，大数据的快速性与网络传播的即时性相契合。网络空间历史虚无主义的传播迅速、快捷、扩散范围广，因此必须依托大数据技术对传播过程和信息传播渠道进行即时性疏导，对网络大数据进行动态分析，找到关键点及时反馈和做出引导方案，化解历史虚无主义的传播。三是从传播对象来看，大数据的精准性与历史虚无主义传播对象具象化特征相契合。现在大数据技术广泛应用于诸如微信、微博、都要等社交平台，大都以朋友圈、社群等方式扩散，这种具象化的网络传播使得网民情绪容易被调动起来，形成信息扩散的"暴风点"。大数据的精准性分析，有助于研判网民的思想变动趋势，做出准确的预测分析，继而提供有效引导方案。

2.具象化强关联性特征

要实现大数据与历史虚无主义有效引导的主客体融合，就离不开我们党意识形态教育工作者和广大网民的思想觉悟的提高，前者加强对意识形态有效性引导，后者及时自我纠正、帮助他人纠正、督促网友自觉维护文明健康的网络空间。就意识形态教育工作者而言，一是加强大数据技术支撑。大数据的开发和应用本身就需要强大的技术支撑，意识形态教育工作者需要发挥技术理性，规范意识形态传播路径和传播机制，只有充分发挥技术理性，才能更好地驾驭大数据，做出切合实际的数据分析。二是制定大数据的规章制度。作为我们党意识形态教育的工作者，除了具备良好的职业素养，还应配置相应的规章制度，以规范教育工作者流程化操作。三是培育大数据时代网络意识形态专业型人才。作为我们党意识形态教育工作者，也应该积极改变学习模式和交往方式，紧跟时代发展脉络，掌握最新技术，探寻更多的大数据治理手段和模式，推动我们党意识形态有效性引导的科学规范发展。对于广大意识形态潜在传播者的网民而言，意识形态传播不是抽象的虚无缥缈的，而是具象化地存在于网民的日常言语中、网络交流中、学习工作中。马克思主义的意识形态理论从来不仅仅是本体论、知识论的，而是理论本身就蕴藏着对于个体日常生活世界的关爱，蕴藏着关于意识形态的生存论内涵。作为有别于海德格尔等人的生存论，马克思主义哲学是以人的存在为哲学理论。"人的问题……一直占据马克思恩格斯思想的中心，但是，在他们的著作中，我们看不到那种对'抽象的''理想化的''大写的'人的一般呼唤或描绘，而是对各种具体的人及其境遇的描述。"①单就意识形态而言，马克思认为如若进行意识形态有效性引导，就必须诉诸对现实生活原则和关系的改变，在实践中超越作为观念的意识形态，回归生活世界的意识形态，从而在社会中实现个人确证自我、实现自我、发展自我。由此看来，意识形态的具象化反映在日常生活中、不经意间的言语中，因此，具象化便有了强关联性特征。

3. 坚持实事求是的特征

"实事求是"是马克思主义的根本观点，也是我们党一切工作的基础，自然也是我们党进行历史虚无主义有效性引导的指导思想。基于网络大数据的历史虚无主义有效性引导创新特征的指导思想是由大数据的本质决定的，因为大数据作为一种工具理性是对客观事物存在状态的记录和客观反映，本身就蕴含着"实事求是"的特征。一是由工具理性的本质属性决定。工具理性是一种定量化、规范化和精确化的方法论，这就决定了工具理性只能以客观事实为基准。二是由尊重事实的数据之间关联性决定的。大数据源于客观事实产生的信息记录，是对信息状态的基本反映，多个不同维度

---

① 衣俊卿. 现代性的维度 [M]. 北京：中央编译出版社，2011:12.

的大数据呈现复杂的、非线性的关联的特征。大数据的工具价值就体现于共享和交叉使用①，这些关联性相互依存、彼此论证、交叉共享，这就决定了其只能基于实事求是的态度，无法"掺假"。三是由大数据的"实用性和实效性"特点决定的。基于网络大数据的历史虚无主义有效性引导创新就是为了解决网络实现世界中存在的意识形态偏离问题的，因此，只能强化实用性导向，通过对日常生活中产生的客观数据进行大数据分析。除此之外，还应根据实际情况的变化作适时性调整，做到有效性引导的顺势而为，且依据大数据反馈的实效性进行二次疏导。

（三）价值创新

当今世界，大数据成为一种新型战略资源是不争的事实②，也成为这个时代最鲜明的特征。大数据时代的到来，使得整个社会以海量数据的方式呈现，这也直接决定了现存社会乃至未来社会的技术基础。技术基础的变化决定了社会生产方式的不同，根据马克思主义经典著作理论，生产力决定生产关系，而生产关系又决定了社会生产方式。③因此，为回应时代的变化，大数据时代政府治理模式、网络治理基础、网络舆情引导等都应该有所创新，以形成新形势下历史虚无主义有效性引导的创新价值。

第一，助力先进技术和方法，转变政府治理模式。政府治理模式本质上是一种行为方式，对社会进行管理的行为，包括目标、要素、结构以及要素之间的联系等。就联系方式而言，传统政府治理模式下的联系单一化，而数据社会下政府治理模式则转变为网络化。不同于传统的点对点、面对面的信息传递方式，大数据时代人们的思想交流主要通过网络空间、社交平台、各种社群朋友群进行传递，从而形成整体的网络系统。在这种整体的网络系统中，如何建立大数据支撑体系，对数据进行关联性分

① 杨倩 . 致胜大数据时代的 50 种思维方式 [M]. 北京：红旗出版社，2015:10-11.
② 陈潭，等 . 大数据时代的国家治理 [M]. 北京：中国社会科学出版社，2015:3-4.
③ 耿亚东 . 政府治理变革的技术基础——大数据驱动下的政府治理变革研究述评 [J]. 公共管理与政策评论，2020（4）：87-96.

析、减少偏差和纠错的概率，充分利用不同领域的数据关联性分析，助力政府对网络历史虚无主义治理模式的转型。大数据时代，借助云计算、人工智能、区块链等技术的精准定位和追踪，详细勾勒网络上历史虚无主义者的"数据画像"和"演变曲线"，参考网络平台提供的大数据趋势指数图，为政府治理提供前瞻性研判。

第二，提高"精度"和"效度"，夯实网络治理基础。传统的历史虚无主义引导主要是主流媒体的宣传，往往在实际工作中并没有及时地反馈宣传效果，这种大而广的"轰炸式"宣传因其"精度"不准确而导致"效度"低下。大数据时代，大数据的关联性分析具有资源优势、技术优势和思维优势，能够依据关联领域的"旁证"来纠正分析领域的误差，提高针对历史虚无主义蔓延的针对性疏导，通过及时反馈机制，有效降低历史虚无主义的"鲜度"和"热度"，挖掘二次数据的"深度"和"广度"进行再次有效性引导，从而夯实网络治理基础，打赢历史虚无主义网络治理阵地战。

第三，实施数据个性化疏导策略，践行舆情有效引导。大数据时代，网络舆情的有效引导必须融合"人的因素"，因为历史虚无主义的有效性引导本质上属于"人的意识"问题。本着"以人为本"的理念，我们党在进行网络舆情治理过程中要兼顾网民的"个人情感"因素，这也是新时代我们党意识形态治理面临的新问题。大数据时代历史虚无主义有效引导面临着多元化的文化环境、复杂化的网络空间，网民主体意识愈加凸显、心理需求愈加多样化，传统的"一边倒式"的理论宣传很难起到实际效果，因此，又必须要采取符合现代网民心理诉求的个性化引导模式。针对历史虚无主义的传播，我们党可以依据大数据深入分析网民的心理诉求，做到有差异地进行有效性引导和治理，既要关心他们心理成长，疏导他们心理隐疾，又要转变治理模式，因"人"而异地进行治理，能够给不同类型的网民做"个性画像"，推进个性化治理，打造"风清气正"的网络舆情空间。例如，美国部分学校就依据大数据技术，通过精确的算法模式，为每个学生制定了个性化的"播放列表"[①]，这就为针对学生的意识形态变化提供现实依据。

---

① [英] 维克托·迈尔 - 舍恩伯格，[英] 肯尼斯·库克耶 . 与大数据同行 [M]. 赵中建，张燕南，译，上海 : 华东师范大学出版社，2015:39.

第四节　对其他学科知识的借鉴

一、对历史学科知识的借鉴

历史学科是研究人类社会过去发生过的各种历史现象，并探寻其发生发展规律的科学[①]，按照马克思主义唯物史观的观点，历史学是对客观人类社会历史的主观认知。对历史学科知识的借鉴主要包括如下几个方面：一是对历史的根本看法。历史观的问题决定了认知历史的思维方式，有什么样的历史观，就有什么样的历史看法。二是历史研究的方法。历史研究的方法主要包括历史资料搜集、整理法和资料分析解释法等，前者侧重于对史料的搜集、分类、归纳等统计学知识的运用；后者侧重于史料的整理与历史过程的叙述。三是对历史的解释和分析方法。对历史解释的方法主要有阶级分析法和比较分析法，前者主要运用马克思主义阶级斗争推动历史的发展思想来分析历史现象；后者侧重于对不同时空条件下历史现象进行分析，以探寻历史发展的共性和特殊性。对历史学科知识的借鉴，不仅要注重历史研究方法，了解历史思想，还要学会利用马克思主义历史观来分析和解释历史现象，不断吸收史学研究最新成果，并结合最新时代发展特征，响应时代呼唤，创新历史分析和解释方法。

在大数据时代背景下，笔者认为对历史虚无主义有效引导的研究需要借鉴历史学科知识、研究方法和历史解释方法，主要体现在如下几个方面：一是习近平总书记的大历史观契合大数据预测性功能。传统的历史观是指对历史现象的看法，或对历史运动规律的概括。习近平总书记提倡的大历史观是指对历史内在逻辑和现象做对比，运

[①] 杜经国，庞卓恒，陈高华．历史学概论 [M]．北京：高等教育出版社，1990:2-3．

用马克思主义唯物史观分析，对历史现象做解释和分析，并对历史发展未来走向做预测性判断。这一特性正好契合大数据的预测性功能，也许单个历史事件具有偶然性，但是从众多历史现象中探寻历史发展规律就具有规律性，可以指导未来社会发展。二是"横向"和"纵向"的历史分析法契合大数据自身特征。对历史现象进行空间的"横向"分析，本研究主要表现为对美国、中国的同一历史时期的历史事件做对比分析；"纵向"分析主要表现为运用大数据技术对历史虚无主义现象近一百年的发展运动做分析和解释，并对未来发展做出预测。三是历史解释模式的创新。本研究借鉴了传统的历史解释模式，即解释＝事件最终发生的初始条件＋普遍规律。在此基础上大胆运用大数据的统计学知识，创新发展了历史解释模式，即大数据解释＝事件最终发生的初始条件+大数据统计学纠错+普遍规律+大数据预测性分析。总之，将历史事件与马克思主义基本原理相结合，运用大数据统计学功能做纠错性分析，再从普遍性原理推导出来的预测性发展动态，从而实现对历史虚无主义有效引导的创新研究。

二、对社会传播学知识的借鉴

传播是社会生活的一个不可或缺的范畴，基本形式包括人际传播、组织传播、大众传播。许多社会现象离不开传播行为的介入，而这些传播行为既是一定社会心理的反映，又会对社会心理产生深刻的影响。本研究侧重于运用网络大数据技术分析历史虚无主义的传播路径，构建历史虚无主义有效引导机制，就必然涉及舆论的网络传播问题。就媒体影响舆论传播而言，本研究可能借鉴了如下一些理论知识。具体来说：一是守门人理论。大众传播有选择地报道某些舆论而忽略另外一些舆论，这样就导致大众过多关注那些被报道的舆论。二是议程设置理论。同样是被媒介关注的舆论，但是被关注的重点不同，获得抢眼关注的舆论往往更容易走进大众的视野。三是框架理论。媒体对舆论客体的报道会有意识地渗透自己的主观认识，间接地促使大众形成特定的舆论倾向。就舆论影响社会公众而言，目前被学术界广泛接受的是德国学者诺埃勒–纽曼（Elisabeth Nolle-Neumann）提出的"沉默的螺旋"理论，主要内容是：社会会使背离它的个人产生孤独感；个人是恐惧孤独的；为了避免这种孤独产生的恐惧，个人会不断地估计社会接受的观点是什么；而估计的结果将影响个人在公开场合的行为，具体表现为如果一个人发现自己支撑的观点被大众所接受和支撑的，他就会更加乐意在公开场合表达这一观点。而如果感觉自己的观点不被社会广泛接受，那么就会表现为在公众面前沉默。而意见沉默的一方又会造成另一方意见的强势，如此循环反复，就会形成一方的声音越来越强势，另一方的意见则越来越沉默下去的螺旋发展过程①。这些社会传播学理论有助于解释历史虚无主义的网络传播现象，尤其是网络"意见领袖"的网络传播途径，为本研究做理论铺垫工作。

在网络交往的背景下，网民在虚拟世界的交往方式往往与现实世界的交往方式存在很大差异，其交往途径和信息传播路径也是不同的，必将对网民的心理造成一定的影响。笔者认为研究网民在虚拟世界的交往方式、交往心理、交往途径以及信息传播路径有助于了解网民在虚拟世界里的历史虚无主义传播形式、传播路径，为意识形态教育工作者提出预防性策略提供理论参考和实践指导。一是网络交往对网民的社会心理造成一定程度的冲击。网络交往不同于现实的社会交往，在虚拟的世界里，人们无法从容貌、穿着、举止等方式来判断对方传递信息的真实性，也就是网络世界的交往人们天生没有存在感、体验感和安全感。在存在感方面，网络虚拟世界的另一重身份如果与现实世界的身份差距太大，往往会造导致个体人格分裂或者出现多重人格，而且一旦虚拟人格固定下来就可能排斥现实人格，甚至拒斥现实生活。在体验感方面，网络世界的交往，人们缺乏传统现实世界主体之间交往的"亲身体验"感，使得交往双方都有可能尽量展示最理想化的自我，刻意隐瞒自身的缺点，造成交往的虚假性。在安全感方面，网络世界的虚拟交往占据大量现实世界的时间，这样势必造成现实世界的交往时间减少，从而导致人们在现实世界的交往和社会活动时间较少，弱化了现实的社会交往。二是网络交往对网民历史观的表达造成一定程度的影响。因为在虚拟世界的交往，人们往往具有虚假性，使得网民在表达自己的历史观等涉及意识形态领域思想认知的时候，会不自觉地不能约束自己的思想和情感表达，从而使得网络世界

---

① 周晓虹. 社会心理学 [M]. 北京：高等教育出版社，2008:235.

成为宣泄个人感情，表达对社会不满的窗口。或许缺乏现实世界的道德约束，网络世界的历史观表达方式更加夸张和更加不负责任，很多时候只是为了博眼球而罔顾历史事实，容易造成历史虚无主义的蔓延。

三是网络交往对历史虚无主义的网络传播路径的影响。网络媒体对舆论的传播路径有很大的影响，表现为社群传播、朋友圈传播等群际关系，这样就造成历史虚无主义在网络上的传播更加快捷、迅速，如若不能及时有效引导势必造成更大的消极影响。

三、对心理学知识的借鉴

"建构主义知识观认为知识既不是通过感觉也不是通过交际被动获得的，知识是由认知主体积极建构的，是个人与别人经由磋商与和解的社会建构，建构是通过新旧经验的互动实现的。"[①]建构主义学习观认为，学生是学习的主体，可以通过情景教学法和"支架"教学法实现知识自上而下地传递。前者侧重于师生之间的感情共鸣、让学生以亲身体验般的感性认知提高对知识的理解和运用。后者侧重于给学生提供知识的框架，让学生在框架内按照一定的逻辑关系将知识"同化"的过程，以达到融会贯通的目的，最后即便撤去框架学生依然能够领会知识的要义。建构主义者认为，学生是充满思想、意识、情感的主体，是个独立的有感性和理性认知的个体。他们认为，学生的学习新知识的过程就是建构知识的过程，是种积极有意思的建构过程。因此，教育工作者应注重对学生进行思想感情、学习经验的融合性"同化"教学，在实践中运用新知识，完成对新知识的建构。

在大数据环境中，我们党意识形态教育工作者要充分利用大数据平台，为网络空间建构一个良好的学习情景，同时还需要运用历史虚无主义有效性引导方法进行"支架"教学法，一方面以历史虚无主义的危害性为负面教育，另一方面树立社会主义核

---

① 施海庆．建构主义理概述 [EB/OL].http://teaehing.eiebs.com/Upload Files/2005/10/17//0173128646.doe，2005-10-17.

心价值观进行正面激励，提高网民的主体性意识，让网民主动建构自身的新知识的"增长点"。除此之外，意识形态教育工作者还可以利用AR、VR大数据技术创建生动、活泼、有趣的网络空间，将历史虚无主义有效引导转化为开放式网络空间，增强网民的情感依赖性、理性存在感，从而更加有效性地抵制历史虚无主义蔓延。

第二章

基于网络大数据的

历史虚无主义发展变迁及传播特征

Chapter Two

近年来，属于社会极端思潮的历史虚无主义不断涌现，引起了学术界的广泛关注，而历史虚无主义作为一种社会思潮，在现实社会中流行起来时，总与特定社会历史事件相关，这也不能不引起我们对历史虚无主义的重视。通过对历史虚无主义的追根溯源，不仅仅是为了弄清它的"前世今生"，更重要的是认清其本质内涵，辨识世界发展的主流和支流，为推动中国积极应对全球化时代出现的挑战和问题，从全人类发展的历史这本厚重的"教科书"中吸取教训，总结经验，着眼现实和启迪未来。

第一节 历史虚无主义的一般性意蕴

一、西方国家历史虚无主义的一般性意蕴

在西方社会，以马克思主义视角审视西方哲学思想的延续和发展，可以说虚无主义一直贯穿着整个西方文明史。从柏拉图的形而上学历史虚无论，到基督教虚幻的天国论，我们可以看到宗教试图编造完美的虚幻世界来麻醉现实中受苦受难的劳苦大众，陷入历史和现实的虚无主义。从法国启蒙理性主义，到德国古典哲学，我们可以看到人文理性主义试图取代"上帝"成为新的"救世主"，而对历史事实进行任意裁剪，陷入历史事实虚无主义。无论是19世纪德国历史主义思潮，还是德国兰克史学派，都在强调原始史料的考辨，只做历史事实的判断，忽略历史价值的判断，从而陷入历史价值虚无主义。后现代主义则更加直接，否定一切人类信仰，宣扬历史价值的多元化，反对历史规律性，走向历史本质虚无和历史规律虚无的道路。通过上面的分析，我们可以做出基本判断：历史虚无主义的本质是现时代人的物质和精神的异化。

（一）西方国家历史虚无主义存在方式

客观地说，历史虚无主义产生的物质根源是社会发展的不平衡性，客观存在物的急剧变化，带给人们理想和现实的冲突加剧，感性和理想的对撞剧烈，也就是"理想的彼岸"和"现实的此岸"碰撞，产生激烈而虚幻的"火花"。人类社会无论西方还是东方，都在思想懵懂之初，产生对未知的恐惧，总是在内心深处寻求虚幻"火花"的"灭火器"。相对来说，西方文化更注重出世，将自身的价值寄托于"理想的彼岸"世界，寻求来世美好生活的慰藉。这种文化特点注定了人们只能在柏拉图所说的"理念世界"里寻找"价值和逻辑"的高贵，只能满足于阿Q式的自我陶醉，这就为历史虚无主义的发展和蔓延提供了文化背景。而东方文化更注重入世，将自身的价值寄托于"现实的此岸"世界，寻求此生"功成名就"的理想，寻求"内圣外王"之道，加强内心修炼和外部应变之策，则不容易产生历史虚无的意识。但是，当这种内外差异比较大的时候，人们容易产生庄子所说的"游世思想"，使得现代虚无主义思想有了可乘之机。

希腊文明与希伯来（基督教）文明，是西方文明的两大来源。希腊文明与希伯来文明源于古代自然哲学，注重以知识为核心和空间思维；基督教文明以信仰为中心，注重时间性思维。从文化源头分析，无论是希伯来文明的空间思维，还是基督教文化的时间思维，都创造了一个"至善至美至高"的"彼岸世界"，以激励"此岸世界"中受苦受难的人们。因为这种完美的"彼岸世界"，历史沦为"上帝"和"精英"的专辑，而丝毫不记得历史的真正主体是普通大众，可以说西方文明从源头开始就虚无了历史。两千多年来的西方历史，无论是古希腊的哲学思想，还是中世纪的基督教道德观念，都建立在对"彼岸世界"的逻辑论证上，而忽略了历史的主体是实实在在的人，只有人民群众才是历史的主体。在马克思看来，整个西方历史陷入了历史价值虚无主义，本质是形而上学的历史虚无主义，是人的物质和精神的"异化"。

近代启蒙思想，用人类理性代替"上帝的万能"，用抽象的人性论来驾驭人类历史，用理性原则来编排人类历史事实，于是人类历史事实成为任意裁剪和编排的"边角料"。理性主义者寄希望于永恒的公理、原理、方法，依靠逻辑推理和演绎来评判历史，认为理性可以赋予人生意义，猜想人类历史的起源是"自然状态"，并把此状态当作真实的历史，于是人类社会真实的历史则变成了虚无的历史。这种历史理性主义的虚无论漠视历史规律，夸大理性的作用，把历史真实当作依靠理性创造的历史，尽管以理性主义为借口，但是在历史真实面前就是肆意编造历史，践踏历史真实。正如恩格斯所言："他们不承认任何外界的权威，不管这种权威是什么样的。宗教、自然观、社会、国家制度，一切都受到了最无情的批判；一切都必须在理性的法庭面前为自己的存在做辩护或者放弃存在的权利。思维着的知性成了衡量一切的唯一尺度……以往的一切社会形式和国家形式、一切传统观念，都被当作不合理的东西扔到垃圾堆里去了；到现在为止，世界所遵循的只是一些成见；过去的一切只值得怜悯和鄙视。只有现在阳光才照射出来，理性的王国才开始出现。从今以后，迷信、偏私、特权和压迫，必须为永恒的真理，为永恒的正义，为基于自然的平等和不可剥夺的人权所取代。"[①]

启蒙理性主义虽然虚无历史真实，但是在价值性上保持了自身的严谨性，与此相对立的是现代实证主义极力否定一切历史价值，以所谓的"价值中立"看待社会现象，拒斥一切价值判断。以19世纪德国兰克史学派为代表的历史实证主义，标榜真实史料、恢复历史、恪守中立等观念，只做历史事实的判断，不做历史价值的判断，导致历史价值虚无论。这样现代实证主义的历史观就变成"敌视人"的"无情的"的"禁欲主义者"，这样就导致历史研究的价值迷失，无法"以史为鉴"教化人们，失去了历史价值的社会传承功能。

正是古典历史虚无论、近代历史事实虚无论、现代历史价值虚无论带来的信仰错位，使得人们不再信任过去的历史遗产，不再评价过去的历史认知，走向人的物质和精神的全面异化，于是后现代主义的历史论便产生了。后现代主义历史论因为敞开历史怀疑主义，彻底走向历史虚无主义，表现为对历史本身的虚无化、对历史事实的虚无化、对历史价值的虚无化和对历史规律的虚无化。后现代主义否定过去一切信念、

---

① 中共中央马克思恩格斯列宁斯大林著作编译局. 马克思恩格斯选集（第 3 卷）[M]. 北京：人民出版社，2012: 719-720.

否定历史本质、否定逻辑思维、否定历史整体性，于是导致传统的历史观被解构，"长时段"史学主题被碎片化、轻量化，于是整个人类史成为当代史，正如胡适所言："历史成了任人打扮的小姑娘。"[1]

（二）西方国家历史虚无主义一般特征

西方国家的虚无主义是把已有的"意义、价值和真理"统统置于"不确定性"之下，其特征主义表现为价值取向上的消极性、文化传承上的否定性、思维方式上的矛盾性。

第一，价值取向上的消极性。所谓价值取向是指主体为了实现自己的价值目标，根据自身的需求和利益，对于价值方案和意向的甄选[2]。也就是说，主体罔顾客观事实，以自身利益和需求进行价值目标的认定和选择。所谓消极性是指主体的价值属性是"负向的"，非积极的、悲观的、破坏性的、否定性的。因此，历史虚无主义在价值取向上的消极性特征，是指虚无主义在价值目标和标准选择上的悲观主义，具有"否定"的特征，具体来说，主要表现为如下三个方面。一是在价值发展方面，历史虚无主义者反对历史进步，否定人类文明发展的历史进程。二是在价值判断方面，虚无主义者要么表现为萎靡不振，要么表现为狂妄悖傲，二者都是消极的，不利于事物的健康发展。三是在价值建构方面，历史虚无主义者一方面批判的合理性不成立，另一方面建构的合理性也是不成立的，于是就导致建构的价值体系是"消极的""未竟的"。

第二，文化传承上的否定性。历史虚无主义大都发生在社会转型期。所谓社会转型期，就是社会、经济、文化等方面发生重大重构。从实在论角度来说，社会转型期，新文化取代旧文化理应是"扬弃"的过程，但是，历史进程的发展是连续性与非连续性的统一，反映在个体上就会出现偏差、迂回甚至逆转。在文化传承方面，历史虚无主义者由于自身认知的不同自然也会出现偏差、迂回甚至逆转。从这个角度来说，历史虚无主义对文化传承的否定可以划分为：绝对否定、部分否定和文化根基问

---

[1] 邹诗鹏.现时代历史虚无主义信仰处境的基本分析[J].江海学刊，2008（02）：47-53+238.
[2] 程馨莹.历史虚无主义对当代大学生的影响研究[M].北京：中国社会科学出版社，2016:50.

题上的否定态度三个方面。一是历史虚无主义者对传统文化持绝对否定态度。历史虚无主义者在理论和行为方式上对传统文化的全盘否定，甚至对传统社会规范和真理也持极端的否定观点。二是历史虚无主义者对传统文化持部分否定态度。历史虚无主义者以自身的价值和需求为判断标准，对自己所提倡的意义、价值、真理和文化持全盘肯定态度，而对不符合自身价值和需求的传统文化则全盘否定。历史虚无主义者对自己肯定的传统文化，也会在一定程度上割裂它们与原有意义、价值、真理和文化的内在联系，以片面的视角看待传统文化。三是历史虚无主义者在文化根基上持有否定性思想。从根本上来说，历史虚无主义者对传统文化从整体来看是持否定性思想的，表现在叙述方式上，历史虚无主义者采用一种否定性言说方式，在思想内容上，历史虚无主义者宣扬否定性的价值观念。

第三，思维方式上的矛盾性。所谓的"矛盾性特征"是指历史虚无主义者在思维方式上是前后矛盾的，不是连续性的存在，本质上都是消极否定的。从整体上来看，历史虚无主义者在现实中的表现，要么是行为上的否定主流价值、意义和真理，要么是理论上的消解传统文化的价值、意义和真理，这就导致历史虚无主义者所虚无的主张最终也陷入"虚无"的境地，造成前后逻辑上的矛盾。

二、历史虚无主义在中国的一般性意蕴

在中国，历史虚无主义可以追溯到20世纪20年代以陈序经和胡适为代表的民族文化虚无主义。历史虚无主义伴随着西方殖民扩张的过程而渗透到中国，继而扩张到中国的各个领域。此后，经过一百年的演变，历史虚无主义伴随着现代性在中国大地不断变化着表现形式，危害中华民族复兴的探寻之路。尤其是互联网兴起之后，历史虚无主义找到"沉渣泛起"的新途径，通过网络大肆宣扬歪曲主流意识形态的观念，混淆视听，迷乱人们的心智，干扰社会主义现代化建设进程。

随着资本的全球化，历史虚无主义思潮重新泛滥，借助于微博、微信、百度贴吧等新媒体的传播途径，影响着社会的方方面面。新媒体作为信息传播媒介，具有传播快捷、交互性和多样性的特点。而且新媒体因平民化、门槛低、互动性等特征，极易在网民中传播。而今，伴随着抖音、快手等短视频平台的传播，新媒体时代人人都是麦克风，人人都是信息的传播者，人人都是信息的制造者和接受者，传播界限日益模糊，信息传播效率和呈现方式也大大改变，深刻地影响着生活方式和生产方式。

（一）历史虚无主义思潮在国内的一般性特征

我国的历史虚无主义来源于西方的虚无主义，成为西方敌对势力攻击我国国家政权的工具，也是西方对我国意识形态领域进行渗透的重要手段。历史虚无主义并非虚无人类全部的历史，而是从自身意识形态出发带有强烈的政治目的，假借虚无历史人物、历史事件以达到否定和歪曲中国共产党的执政地位，颠覆社会主义国家政权的目的。笔者通过微博、社交平台大V和公知、自媒体等网络平台的调查研究，发现中国历史虚无主义的一般性特征主要包括如下几个方面：

1. 否定我国历史人物，尤其是我们党的革命领袖

我国的历史人物，尤其是传统文化的英雄人物、中国革命中的战斗英雄、我们党的领袖，是我们民族的精神坐标，具有凝聚民心民力的感召力量，犹如灯塔指引着我们民族追求正义、追求崇高、追求梦想。历史虚无主义通过解构主义手法消解民族英雄的文化符号，意在消解我们民族的精神信仰，从根本上让人们怀疑自我认知、消解自我意识、消除文化自信，从而冲击我们民族的传统文化和解构社会主义核心价值观。例如，历史虚无主义者假借中华民族团结之名解构岳飞作为民族英雄，实则是解构我们的民族政策和民族意识。他们还以"科学"之名质疑邱少云在烈火中纹丝不动不符合生理学规律。更有甚者，有些人将毛泽东晚年的"过失"归结为毛泽东一生历史贡献的否定，甚至以攻击毛泽东为名实则攻击中国共产党的合法性，诸如此类，都是在刻意扰乱视听，挑战中华民族主义良知和底线。

2. 否定历史事实

历史唯物主义认为，"一切重要历史事件的终极原因和伟大动力是社会的经济发展，是生产方式和交换方式的改变，是由此产生的社会之划分为不同的阶级，是这些阶级彼此之间的斗争"①。历史虚无主义者站在现在的视角去看待历史，通过"假

---

① 中共中央马克思恩格斯列宁斯大林著作编译局.马克思恩格斯选集（第3卷）[M].北京：人民出版社，2012:760.

设"的方式表达他们的历史虚无主义观点，以"想当然"的态度去猜度历史，例如，"假设不搞五四运动"等等。这种主观臆论表面上是猜度历史事件，实则是以自己的主观臆测来否定中国新民主主义革命的历史必然性，否定马克思主义的指导地位，否定我们党的领导地位和社会主义道路的合法性。

3. 否定阶级斗争

阶级斗争是马克思主义革命理论的核心思想，也是我们正确解读历史事实的客观方法。中国历史上的王朝变更主要是通过暴力革命而确立的，通过和平年代的民众休养生息和大力发展经济而发展起来的。历史虚无主义者认为，革命斗争的阶级分析法已经"过时"了，需要用抽象的"人性"进行分析和解释历史事件。"人性"论是唯心主义观点，仅凭自己的喜好和想象，肆意编造历史故事、虚构历史事件、否定阶级斗争的分析方法，曲解革命斗争对我国经济社会的发展。

（二）历史虚无主义在国内影响力的空间分布

通过研究图2-1，我们可以发现我国历史虚无主义的空间分布主要集中在政治文化中心和沿海省份，这也契合了历史虚无主义的意识形态本质特征。历史虚无主义作为西方国家对中国进行意识形态渗透的工具，其本质是虚无中华传统文化与虚无中国共产党史、新中国史，进而动摇马克思主义信仰，质疑中国共产党的合法执政地位，妄图颠覆我国社会主义制度，这一政治属性决定了其攻击的主要对象是国家的政治文化中心，例如北京、湖北、山东、四川、河南等。北京作为我国政治文化的核心，难免首当其冲，正因如此，我们党必须坚定信仰马克思主义，以历史唯物主义史观来抵制历史虚无主义侵蚀。湖北和河南作为中部地区的政治文化中心，具有重要的战略地位，容易受到历史虚无主义的攻击。四川和山东作为西部和东部重要的政治文化中心，其政治文化对社会生活和经济发展起到至关重要的作用，也容易遭受历史虚无主义攻击。沿海省份，例如、广东、江苏、浙江、上海等地，经济发展迅速，对外开放程度较高，人们思想较为活跃，甚至对西方有些崇洋媚外，乐于接受外来事物和思想，受历史虚无主义的影响较大。另外，沿海省份靠近祖国边界，通信技术和手段较为先进，导致沿海省份的人们也容易接收到境外媒体的卫星信号，因此，这些沿海省份的人们会受到外媒历史虚无主义的蛊惑和诱惑，对我国社会主义主流意识形态产生不满、抱怨、愤恨等不良情绪。因此，对我国网络历史虚无主义进行有效引导，要首先选择政治文化中心和沿海省份，区分重点和差异，做到有的放矢，有针对性地引导。

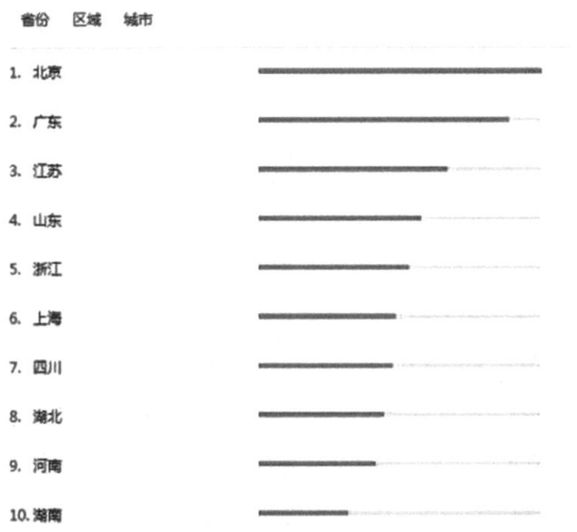

省份　区域　城市

1. 北京
2. 广东
3. 江苏
4. 山东
5. 浙江
6. 上海
7. 四川
8. 湖北
9. 河南
10. 湖南

图2-1　2011.1.1—2021.7.17历史虚无主义在国内空间分布态势图

数据来源：百度指数

通过研究图2-2，我们可以发现影响我国历史虚无主义变化态势的社会思潮主要有新自由主义、民主社会主义和民族主义，这三个社会思潮在中国的地域分布特征呈现为如下状态。

民主社会主义对历史虚无主义影响力从大到小的排名分别是：广东、北京、江苏、山东、浙江、上海、四川、河南、湖北、湖南。除了北京和上海外，这一排名基本契合我国各省份GDP从高到低的排名，这说明民主社会主义对历史虚无主义的影响与当地的经济发展水平有关。民族主义对历史虚无主义影响力从大到小的排名分别是：广东、北京、江苏、山东、浙江、上海、四川、湖北、河南、湖南。民族主义情绪受到对外开放程度和地区经济社会发展程度的影响较大，对历史虚无主义的泛滥起到一定程度的抑制作用。新自由主义对历史虚无主义影响力从大到小的排名分别是：北京、广东、江苏、上海、山东、浙江、四川、湖北、河南、湖南。新自由主义主要是指以私有化、唯市场化、唯自由化为代表的资本主义经济模式，更多地体现在经济领域，与地区经济发展状况呈现正相关性。历史虚无主义旨在虚无社会主义意识形态，而用新自由主义来填充空缺的意识形态，"破"与"立"结合，共同扰乱社会主义核心价值观。综合上述分析，我们发现历史虚无主义三个影响因素主要关涉的地区可以分为三个梯队：第一梯队是政治文化中心，例如广东、北京、江苏等；第二梯队是沿海省份，例如山东、浙江、上海等；第三梯队是中西部地区，例如四川、湖北、河南、湖南等。

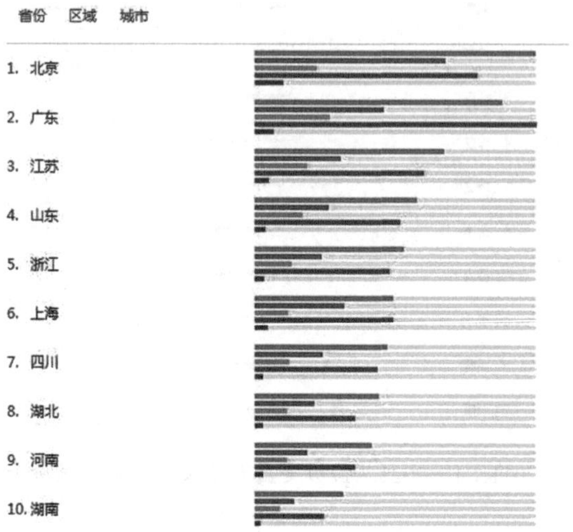

图2-2　2011.1.1—2021.7.17历史虚无主义在国内影响力分布态势图

数据来源：百度指数

第二节　历史虚无主义发展变迁的历史轨迹

一、西方国家历史虚无主义发展变迁的历史轨迹

利用爬虫技术对谷歌、Archive、国家数字图书馆、二手书店、亚马逊等书店中关

涉"虚无主义"的图书进行数据抓取和分析[1]，可以得出美国历史虚无主义书籍出现逐年增加的特征，见图2-3。通过搜索《福克斯新闻》《纽约时报》《华尔街日报》《华盛顿邮报》《洛杉矶时报》《纽约每日新闻报》等，以及CBS、NBC、ABC等广播媒体等对"虚无主义"的报道，利用折线统计图[2]对每年收集到的数据进行"拟态化"处理，呈现出媒体报道数量逐年增加，只在2016年后略有下降的态势。

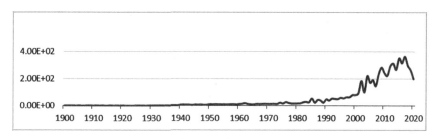

图2-3　1900—2020年美国历史虚无主义图书数量的变动态势

数据来源：谷歌

通过分析图2-4和图2-5，可以发现，美国虚无主义随着时间的延续，呈现出一定的发展变化的态势，例如，在1910—1920年的"一战"和1940—1950年的"二战"期间，历史虚无主义依然在发展。而根据笔者对历史虚无主义的研究，历史虚无主义起源于学术界，再蔓延到文化、社会、生活等不同领域，其发展变化态势受到当时的政治、经济、军事、文化等方面的影响，尤其是在社会转型期影响较大，由此，笔者可以得出结论：历史虚无主义受虚无主义影响，但是历史虚无主义与虚无主义本质上是完全不同的两种社会思潮。因此，笔者在界定美国历史虚无主义的时候，特指美国应用历史虚无主义对社会主义国家进行意识形态渗透，把历史虚无主义作为一种攻击社会主义国家的武器。

————————

① 数据分析技术补充说明：利用爬虫技术抓取相对应的关键词引入数据库，然后通过百度飞桨的 paddlenlp 文本分类进行数据处理，保留相关的数据，再通过 AC 自动机匹配技术用关键词全匹配正文，命中关键词就保留该条数据，得出具体数据量，最后通过时间排序统计得出某一时间段的变动态势图，后文数据分析技术与此技术大同小异。
② 折线统计图是指根据每年搜集到的统计数据制作的图表变化态势图，横轴代表年份，竖轴代表每年的统计数据，其余部分只是"数学模型"做出来的变化趋势，并不对应具体数字。为了使本研究的折线统计图完整，本研究选取的区间是 2000—2020 年。

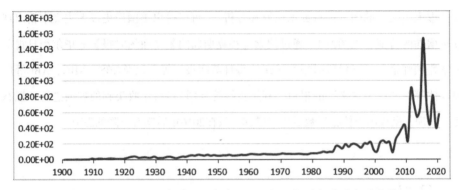

图2-4　1900—2020年美国历史虚无主义报纸报道数量的变动态势

数据来源：谷歌

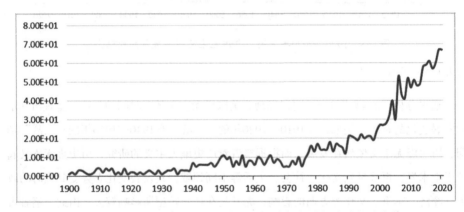

图2-5　1900—2020年美国历史虚无主义广播报道数量的变动态势

数据来源：谷歌

二、历史虚无主义在中国发展演变的历史轨迹

利用爬虫技术在谷歌、Archive、国家数字图书馆、二手书店、亚马逊、当当网、淘宝网、京东网、一单书站点、蓝创数字图书馆、贵州数字图书馆、重庆数字图书馆，清华大学图书馆（Gale集团专题数据库）、北京大学图书馆等网站对有关历史虚无主义的图书进行搜索，根据出版的年份类归档整理，得出历史虚无主义在中国发展演变的历史轨迹（见图2-6）。通过研究图2-6，笔者发现历史虚无主义在中国大致经

历了六个阶段的增长，其中2000年开始大幅度增长主要是因为国家进行了中华书籍电子化工程，可查的书籍呈现剧增态势。第一阶段是20世纪20年代，有关历史虚无主义的书籍开始出现，并一度作为进步书籍从西方引入，也被中国学术界认为中国历史虚无主义的起源阶段。第二阶段是20世纪70年代末，或许与"文化大革命"后社会上流行的各种"非毛化"思潮有关。第三阶段是20世纪80年代末，或许与当时的国际国内环境有关，尤其是文艺界兴起的否定中华民族历史的思潮有关。第四阶段是20世纪90年代，可能受到苏联解体和资产阶级自由化思潮的影响。第五阶段是21世纪前10年，呈现剧增的态势，主要是因为网络的普及和应用，各种历史虚无主义的图书电子化，于是能够查询到的图书快速增长。第六阶段是21世纪20年代，伴随着互联网的兴起与新媒体的普及，以美国为首的西方国家加紧对中国进行意识形态渗透，各种图书、报道、言论蜂拥而至。

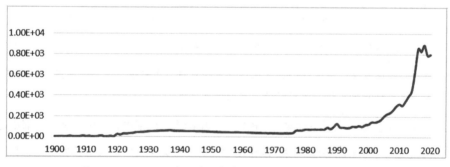

图2-6　1900—2020年国内历史虚无主义图书数量的变动态势

数据来源：Google Ngram Viewer[①]

利用爬虫技术，笔者通过搜集《人民日报》《中国社会科学院报》《光明日报》《文艺报》《中华读书报》《解放日报》《文学报》《社会科学报》《学习时报》《中国教育报》等全国各地报纸，制作出中国历史虚无主义报纸报道数量变化态势图（见图2-7）。通过研究图2-7，笔者发现在20世纪20年代至30年代，报纸上有关历史

---

① Google Ngram Viewer 是谷歌公司推出的数据库，收录了从 1800 年到 2020 年图书中的词频，包括英、法、德、俄、西、汉六种文字。

虚无主义的报道很少，历史虚无主义作为新引进而来的思潮并未受到当时社会大众的广泛关注。20世纪60年代有关历史虚无主义的报道增长了很多，可能与当时中国进行的"思想革命化"运动带来的历史虚无主义影响有关。20世纪80年代以后，有关历史虚无主义的报纸报道逐渐增加，可能是刚打开改革开放大门，人们的思想受到西方冲击较大的缘故。20世纪90年代初报纸上有关历史虚无主义的报道突然减少，可能与邓小平"南方谈话"有关，社会媒体上开始批判日益泛滥的历史虚无主义。21世纪初，有关历史虚无主义的报道又突然大幅度增长，可能是因为电子报刊的兴起，有关历史虚无主义的报道开始大幅增长。

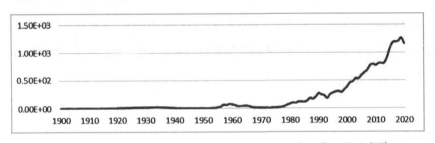

图2-7 1900—2020年国内历史虚无主义报纸报道数量的变动态势

数据来源：人民日报、中国社会科学院报、光明日报、文艺报、中华读书报、解放日报、文学报、社会科学报、学习时报、中国教育报等

利用爬虫技术，笔者通过搜集中国之声、中国人民广播电台、中华之声、都市之声、民族之声等等全国各地广播，制作出中国历史虚无主义广播报道数量变化态势图（见图2-8）。通过研究图2-8，笔者发现在20世纪20年代至30年代，广播上有关历史虚无主义的报道很少，主要是因为我国的广播于20世纪20年代刚出现，那个时候的广播节目主要以报道新闻的缘故。20世纪50年代广播上有关历史虚无主义的节目开始增加，主要是因为新中国的广播电台开始出现，有关历史虚无主义的报道开始增长，但是受到当时政治环境的影响，有关历史虚无主义的节目和报道较少，所以总体来说变化态势不明显。20世纪80年代末，广播上有关历史虚无主义的报道突然增长，可能与当时西方资产阶级思想涌入中国，而那个时候，人们面对新鲜思想没有很好的鉴别力有关。随后，邓小平"南方谈话"之后，在思想层面澄清了对历史虚无主义的认识，广播上有关历史虚无主义的报道大幅度减少。2000年之后，随着互联网的兴起，网络上出现各种音频节目，导致有关历史虚无主义的节目开始大幅度增长。

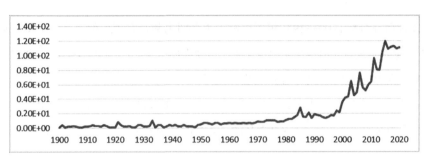

图2-8　1900—2020年历史虚无主义在国内广播报道数量的变动态势

数据来源：Archive、中国之声、中国人民广播电台、中华之声、都市之声、民族之声等

三、历史虚无主义在国内演变阶段及主要特点

通过研究分析历史虚无主义在国内图书数量变动态势（见图2-6），并结合图2-7和图2-8的数据，笔者大致将历史虚无主义在国内发展演变的历史轨迹划分为六个阶段。在中国，历史虚无主义是西方资本主义国家对中国进行意识形态渗透的恶毒武器，可以说，历史虚无主义在国内从诞生之日起就携带着资产阶级腐朽思想，是种政治攻击的手段。西方资产阶级在近代殖民扩张过程中，不仅实现了对殖民地的政治、经济、军事统治，还灌输了资产阶级思想，并随着现代性在全球扩散。俄国的十月革命和"五四运动"之后，中国先进知识分子积极探索救国之路，翻译和引进了很多西方的书籍和思想，历史虚无主义也趁机进入中国。笔者详细梳理了历史虚无主义在中国发展演变的每个阶段的不同特点和主要主张，将历史虚无主义在国内发展演变阶段划分为："全盘西化"虚无主义、"非毛化"虚无主义、"无视阶级"虚无主义、"否定革命"虚无主义、"否定中国共产党"虚无主义和"极端化"虚无主义。在此基础上，笔者以马克思主义为指导思想，尝试从经济、政治、文化等不同视角对不同的发展演变阶段做出学理性分析，以探求历史虚无主义在中国的传播路径和进行有效引导。

（一）20世纪20年代至30年代兴起的"全盘西化"虚无主义

通过研究分析1900—1940年历史虚无主义图书数量在国内的变动态势图（见图2-9），笔者发现这一时期的历史虚无主义呈现出如下特征：1900—1920年几乎没有，故图中数据为0；1920—1930年历史虚无主义图书数量突然增加；1922—1937年虚无民族文化的图书走势呈现缓慢增长态势；1937—1940年图中数据线陡然下降，数量减少。结合当时的政治、社会、文化等环境，笔者分析历史虚无主义呈现如下变化特征。

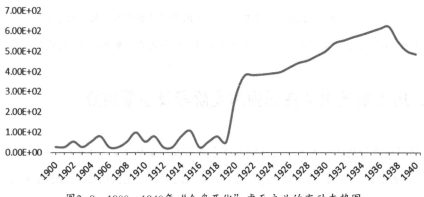

图2-9　1900—1940年"全盘西化"虚无主义的变动态势图

数据来源：国家数字图书馆等

一是"全盘西化"主张的提出。中国近代以来，无数仁人志士抛头颅、洒热血，谋求救亡图存之道，其中向西方先进国家学习成为当时的主流。其中一部分留美学者主张全面效仿西方，抛弃中华传统文化，全盘西化。还有一部分有识之士，受到俄国"十月革命"的影响，主张运用马克思主义思想改造中国，认为只有马克思主义才能救中国。这两种思想在当时的社会中都有一定的影响力，其中"全盘西化"论的支持者认为中国应该全面学习西方文化。他们认为中国近代已经开始学习西方技术，已经开始了中国现代化进程，文化上也必须朝着西方迈进；只有西方文化的个人英雄主义才能救中国；中国在政治上面需要采取西方的"宪政"制度，采取两党制甚至多党制。陈序经在其代表作《中国文化之出路》中将中国文化的出路总结为三种：复古、折中和全盘西化，经过对比研究分析，他认为唯有第三条路（全盘西化）才是我们当行或必行的途径。他认为西方文化比中国文化先进，主要体现在如下几点：一是从世界文化发展的趋势来看，西方文化优于中国文化。他认为西方的物质文化远胜于中国[①]，科学文化比中国先进，因此，他主张在文化方面全盘西方化。二是从理论方面来说，西方文化代表着现代化的趋势。西方自从"地理大发现"以来，一直主导着世界现代化进程，尤其是18至19世纪的全球殖民化运动。三是从纵向和横向的比较来看，纵向的文化比较，西方文化更具有发展的可能性；横向的文化比较，中国文化在衣、食、住、行等很多方面都不如西方。

二是"全盘西化"思潮的形成。20世纪30年代，中国思想界展开一场"本位文化"和"全盘西化"的大论战，这是属于特定时期的理论主张，表明中国知识界对中国未来发展道路的思想认识在深化。1934年陈序经发表一篇题为《中国文化之出路》的演讲，在思想界引发不小的争论，随后，1935年王新命、何炳松等发表《中国本位的文化建设宣言》的文章，他们主张应该从中国本位文化角度建设中国，发展中国传统文化，寻找救国之路。而胡适则反对这一观点，主张中国之所以落后是因为文化方面没有学习西方，应该将"充分现代化"视为中国救亡图存之道，认为改良主义适应中国社会现实。以胡适为代表的一批先进知识分子不仅主张文化领域"全盘西化"，而且主张在经济领域也适应西方资本主义制度，努力发展私有制，他们还主张在中国逐步实行民主制度，建立西方的民主政治制度，创建资产阶级民主共和国。经过一段时间的讨论，当时的社会上充斥着"全盘西化"思潮，得到很多人的支持。

三是"全盘西化"思潮的本质。运用马克思主义思想为指导，辩证地看待"全盘西化"论，不可否认的是，"全盘西化"论在主张现代化、反对中国守旧思想、探寻思想解放、反对国民党思想统治等方面具有一定的积极作用。但是，"全盘西化"论割裂中华民族文化历史进程和历史的连续性，落入民族文化虚无主义，丑化中国传统文化历史，转而盲目崇拜西方文化的症候，在其提出来之后就备受批判和抵制。从本质上来说，"全盘西化"论完全是对本国文化缺乏自信，对中国传统文化的悲观，对中华悠久的历史文化的虚无，是"民族文化"虚无主义。笔者认为，"全盘西化"论忽视中国文化发展的主流、抹杀旧民主主义革命和新民主主义革命的历史贡献、罔顾中国共产党领导下的人民反对帝国主义和封建主义的事实，是历史虚无主义一种表现形式。

---

① 陈序经. 东西文化观 [M]. 香港：岭南大学出版社，1937: 143.

（二）20世纪70年代末抬头的"非毛化"历史虚无主义

通过研究分析1940—1980年中国历史虚无主义有关"非毛化"历史虚无主义数量的变动态势图（见图2-10），笔者发现呈现如下变化态势。1940—1970年数据为零，1970年代末突然出现"非毛化"历史虚无主义，随后逐步增长，到20世纪80年代初有所回落，而到20世纪80年代末再次甚嚣尘上。结合当时的政治、社会、文化等环境，笔者分析发生如上变化的原因主要是如下几个方面。

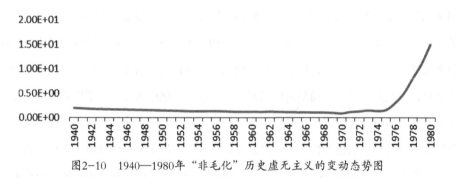

图2-10　1940—1980年"非毛化"历史虚无主义的变动态势图

数据来源：国家数字图书馆等

一是"极左"思潮和实用主义史学思想的影响。"文化大革命"时期，由于受到"极左"思潮和实用主义史学思想的影响，中国出现一些历史虚无主义事件，突出反映了当时认识的片面性。1976年毛泽东主席去世后，西方舆论界兴起了"非毛化"的讨论，极力夸大毛泽东主席"所犯的错误"，借此攻击我们党的领袖人物和毛泽东思想。更有甚者，利用国际和国内舆论刻意歪曲历史，放大毛泽东的"过失"否定其历史贡献，主张"去毛化"。"非毛化"历史虚无主义表面上是非议毛泽东功过，其实质却是刻意歪曲历史，否定毛泽东思想、功绩，表现为割裂、曲解、否定我们党的领袖人物，否定领袖的历史地位，污蔑社会主义制度。

二是特定的国内国际历史环境的影响。"非毛化"历史虚无主义的出现有其特定的历史背景，例如"文化大革命"造成了人民思想的不统一，以及国际敌对势力和国内一些别有用心的人的肆意造谣、污蔑和攻击等。"非毛化"历史虚无主义表现为：丑化毛泽东同志的英雄形象、否定毛泽东同志的历史功绩、否定毛泽东思想、否定毛泽东领导的中国共产党的执政地位。这一时期的"非毛化"主要集中在"文化大革命""大跃进"及"反右"运动时期的失误，也就是毛泽东同志领导的革命和建设实践。在1981年党的十一届六中全会上，邓小平高瞻远瞩，本着对历史负责任的态度对毛泽东同志做了实事求是的客观评价，社会上各种"非毛化"历史虚无主义言论才有所遏制，但是到了20世纪80年代末，社会上又出现"非毛化"历史虚无主义言论，这与当时的资产阶级自由化思潮泛起有关。

三是"非毛化"历史虚无主义的实质和引导。美国著名中国问题专家托尼·赛奇教授一针见血地指出"非毛化"历史虚无主义的危害，如果一味地否定毛泽东同志在中国思想界的影响，只会给中国带来灾难性后果。因此，不难看出，"非毛化"历史虚无主义的实质是通过否定毛泽东同志和毛泽东思想来否定中国共产党的领导地位和新中国的合法性。对此，我们党应该有清醒的认识，运用马克思主义客观存在决定客观意识的认识论进行有效引导。对历史人物的评价，不能脱离当时的客观环境和阶级，不能离开历史条件、历史过程，不能忽略历史的必然性和偶然性的关系，把历史困境中的挫折简单归咎于个人[1]，这是不符合马克思主义历史分析方法的。

（三）20世纪80年代后期再度泛起的"全盘西化"虚无主义

通过研究分析1980—1990年再度泛起的"全盘西化"虚无主义的变动态势图（见图2-11），笔者发现呈现如下变化态势。1980—1985年"全盘西化"虚无主义数据开始逐渐增长，1985年开始大量出现，持续增长，到1989年达到顶峰。结合当时的政治、社会、文化等环境，笔者分析发生如上变化的原因主要是如下几个方面。

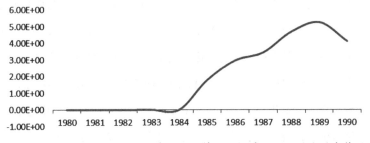

图2-11　1980—1990年再次泛起的"全盘西化"虚无主义的变动态势图

数据来源：国家数字图书馆等

---

[1] 习近平. 在纪念毛泽东同志诞辰120周年座谈会上的讲话 [N]. 人民日报，2013-12-27.

一是国际敌对势力的影响。20世纪70年代至80年代，国际上"西强东弱"总体态势明显，尤其是美国加紧对苏联和中国等社会主义国家进行意识形态渗透，国际上各种共产主义"渺茫论"、社会主义"失败论"甚嚣尘上。西方对华意识形态工作研究范式由中国革命历史的肯定式"革命史观"转向否定式"现代化史观"，这些思潮随着中国的改革开放而传入中国，以美国为首的西方国家对中国进行"和平演变"的图谋正在加紧部署。而国内，随着拨乱反正工作的全面展开，极少数历史虚无主义者假借"反思历史"之名，行虚无中华民族历史文化之实，主张"全盘西化"，妄图否定中国共产党的领导。

二是国内唯心主义论盛行。与20世纪20至30年代不同的是，这次"全盘西化"虚无主义从史学研究、文艺创作领域沉渣泛起，代表性事件是纪录片《河殇》的放映。"全盘西化"虚无主义随后扩散到社会生活的方方面面，主要有如下几种表现形式。其一是"无视阶级"的空谈历史。国内改革开放之初，社会上少数人假借"反思历史""反思阶级"之名，抛开阶级和阶级斗争思想，进行所谓的"历史正名"，造成人们历史观的模糊。其二是虚无中华民族与中华文明。当时有人竟然公开声称：对传统文化全面否定，认为中国传统文化早该后继无人。可见，那一时期，人们思想的混乱程度。其三是否定马克思主义唯物史观。受当时社会不良思潮的影响，有些人竟然认为地理因素决定了中华民族的没落，欧洲民族的兴盛，经济基础不是社会发展的决定性因素，这完全违背了马克思主义基本原则，属于典型的唯心主义论点。

三是假借对外开放时机。"全盘西化"再度泛起的突出特点是借口全方位开放，鼓吹走资本主义道路，是资产阶级自由化的表现。"资产阶级自由化本身就是对我们现行政策、现行制度的对抗，或者叫反对，或者叫修改。实际情况是，搞自由化就是要把我们引导到资本主义道路上去，所以我们用反对资产阶级自由化这个提法。"[①]反对资产阶级自由化，就是坚定不移走社会主义道路，坚持马克思主义指导思想，坚持四项基本原则，坚持中国共产党的领导地位不动摇。

---

① 邓小平.邓小平文选（第3卷）[M].北京：人民出版社，1993:182.

（四）20世纪90年代末蔓延的"否定革命"历史虚无主义

通过研究分析1990—2000年再度泛起的"否定革命"历史虚无主义的变动态势图（见图2-12），笔者发现呈现如下变化态势。1990—1992年"否定革命"历史虚无主义数据开始大幅度增长，1992年之后有所下降，但是数据依然较高，1997—2000年数据又开始增长，并达到峰值。结合当时的政治、社会、文化等环境，笔者分析发现"否定革命"历史虚无主义主要有如下几个方面特征。

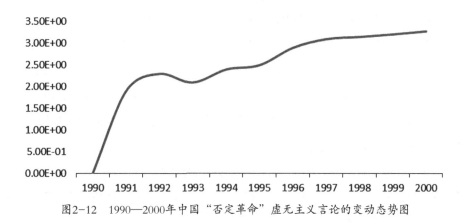

图2-12　1990—2000年中国"否定革命"虚无主义言论的变动态势图

数据来源：国家数字图书馆等

一是西方意识形态的渗透。20世纪80年代末，以美国为首的西方国家加紧对苏联和中国进行意识形态渗透，极力推行新自由主义思维，将西方霸权塑造成为"西方冲击"范式。在国内，历史虚无主义以"解放思想"的虚名，从文艺创造领域到中国近代史和中国共产党史等领域沉渣泛起，并向政治领域蔓延。随着苏联的解体，国际共产主义运动遭遇到前所未有的重大"信任危机"，反映到西方史学界，就是掀起了一场否定革命、鼓吹改良的历史相对主义思潮。这种"否定革命"虚无主义的出现，有其客观因素。20世纪90年代初，中国的改革开放正在如火如荼地展开，但是有关社会主义市场经济和计划经济的争论一直困扰着人们。1992年邓小平"南方谈话"之后，有关社会主义能不能搞市场经济的争论才尘埃落定。1997年，中国进行大规模国企改革，在社会转型期，大批国企职工下岗，社会上对改革的抱怨声音很大，历史虚无主义者就开始借助国际国内影响，打着"否定革命"之名，行阻挠中国国企改革之实。

这种把革命与改良完全对立起来的观点，是对中国近代以来的民众革命和社会主义革命的否定，将否定的矛头直指马克思主义革命观，这种脱离实际抽象地谈论革命和改良的观点毫无意义，最终沦为历史虚无主义。

二是"否定革命"历史虚无主义的主要论点。"否定革命"论者的观点主要有如下几种：其一是革命无用论。他们一方面鼓吹康有为、梁启超的改良既可以保持社会的相对稳定，又可以避免暴力革命带来的社会动荡和破坏作用，另一方面又认为革命带来的只有灾难，他们通过列举辛亥革命带给中国的无序、混乱、破坏，来否定中国历史上所有的革命，甚至对俄国十月革命也抱有怀疑的态度。其二是革命破坏论。他们认为革命可以破坏一切，但是不能创造一切，因此，革命是不可取的。这种把革命的"破"与"立"对立起来的观点，实质上割裂了事物的普遍联系性。在马克思主义辩证法看来，"破"与"立"是辩证统一的，"破"是为"立"扫清障碍，而"立"就是创造新事物，巩固"破"的成果。其三是打着马克思主义的旗号反对马克思主义。一方面，他们认为马克思主义就是"吃饭哲学"，改良主义就是马克思主义针对中国实际发出的号召，另一方面，他们又认为历史是在偶然中运动的，人作为主体，只能在这种偶然性的前提下发挥作用。很显然，这些观点严重违背马克思主义基本原理，沦为历史虚无主义。

三是"否定革命"历史虚无主义的本质特征。在马克思主义"阶级革命"论看来，"否定革命"论从本质上说就是"革命无用"论，就是唯心主义。"否定革命"论以偏概全，用某个具体失败的革命来否定人类历史上所有的革命，属于资产阶级妥协派，刻意扭曲革命的本质，为中国革命的合理性和历史必要性"翻案"，进而否定中国共产党领导的所有革命。伟大的革命导师孙中山认为："目前中国的制度以及现今的政府绝不可能有什么改善，也决不会搞什么改革，只能加以推翻，无法进行改良。"[①]

（五）21世纪前10年凸显的"否定中国共产党"历史虚无主义

通过研究分析2000—2010年再度泛起的"否定中国共产党"历史虚无主义的变

---

① 孙中山.孙中山全集（第1卷）[M].上海：中华书局，1981:52.86.

动态势图（见图2-13），笔者发现呈现如下变化态势。2000—2005年"否定中国共产党"历史虚无主义呈现大幅度增长，2005—2010年有所回落，但是数据依然很高。结合当时的政治、社会、文化等环境，笔者分析发现"否定中国共产党"历史虚无主义主要特征如下。

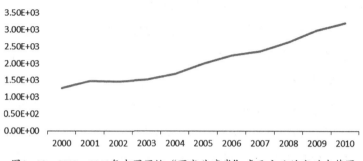

图2-13　2000—2010年中国网络"否定共产党"虚无主义的变动态势图

数据来源：QQ言论[1]

一是美国假借反恐之名在全球推行霸权主义。2001年"9·11"恐怖袭击事件后，美国以反恐为名，在全球推行西方意识形态，将全世界划分为"支持恐怖主义国家"和"反对恐怖主义国家"，"逼迫"全世界站在美国一边，以此加强对全世界的意识形态渗透。为此，美国对中国进行历史虚无主义的渗透也愈加隐蔽化，为其披上虚假的外壳，比如学术创新、理论反思、还原历史真相等。与此同时，21世纪初中国学术界也逐渐意识到历史虚无主义的危害，撰写文章披露历史虚无主义虚假性和对中国意识形态安全造成的危害。2005年，《光明日报》主办了一场名为"警惕历史虚无主义思潮"的座谈会，标志着中国学术界开始对历史虚无主义进行全面清算，座谈会上与会学者初步就历史虚无主义表现、危害和实质达成一定共识。

二是受"理论反思"风潮的影响。21世纪初，历史虚无主义的显著特征是以"学术创新""理论反思""还原历史"等隐蔽方式表现出来的，本质上是解构主义，意图对已经形成的历史事实进行"翻案"和"解构"，以达到否定中国共产党的目的。一方面，他们利用学术刊物、学术著作和学术研讨会，来"评估历史"和"篡改历史"，实质就是把我们党领导的中国革命、建设和改革开放的伟大事业颠覆成"灰色

---

[1] QQ 是 1999 年 2 月由腾讯自主开发的互联网即时通信软件。

历史"和"阴谋历史",以达到抹黑中国历史的真面目。另一方面,他们以"理论反思"的形式,借助影视剧及文艺作品歪曲历史,极力夸大我们党在社会主义建设中的曲折,以达到否定我们党领导的社会主义革命和建设成就的目的。21世纪初,历史虚无主义在国内虽然表现形式多样,无论多么隐蔽,但是实质却是"否定中国共产党"的领导,诋毁中国共产党在人民群众心目中的形象。

三是"否定中国共产党"历史虚无主义的批判和引导。针对假借"学术创新""理论反思""还原历史"等名义进行历史虚无主义渗透的现象,我们党必须严肃对待,进行学理性批判和引导。一方面,学术创作要以全面翔实的史料为基础,要尊重史料,尊重客观事实,保持历史研究的客观公正的态度,而不能以解构经典、颠覆崇高为目的,任意裁剪历史、虚构历史、拼接历史。另一方面,要加强社会主义政治底线、道德标准和法律红线的宣传,让这种挑战国家底线、扰乱历史观的违法分子受到道德的约束和法律的惩戒,以维护我们党的良好形象。

(六)21世纪10年代末泛起的"极端化"历史虚无主义

通过研究分析2010—2020年泛起的"极端化"历史虚无主义的变动态势图(见图2-14),笔者发现呈现如下变化态势。2010—2014年"极端化"历史虚无主义迅猛增长,2014—2017年开始下降,2017—2020年大幅度下降。结合当时的政治、社会、文化等环境,笔者分析发现"极端化"历史虚无主义特征主要有如下几个方面。

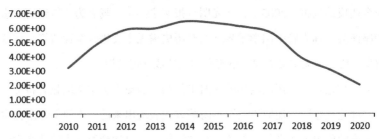

图2-14 2010—2020年网络"极端化"历史虚无主义的变动态势图

数据来源:微博[①]和微信[②]

---

① 微博于2009年8月14日开始内测,后迅速成为新的社交媒体。

② 微信是腾讯公司于2011年1月21日推出的一款手机聊天软件。

第一，"极端化"历史虚无主义的出现原因。国际上，2010年中国GDP超过日本成为全球第二大经济体，这让以美国为首的西方国家感觉到震惊和威胁。与此同时，美国加紧对中国进行意识形态渗透和经济围剿。国内方面，历史虚无主义泛起的原因有如下三点。其一经济体制方面。我国是公有制为主体多种所有制经济共同发展的经济制度，决定了马克思主义作为主流意识形态的同时，不可避免地存在非马克思主义的社会思潮。其二，随着我国改革开放向纵深推进，改革的广度和深度都前所未有，难免损害了部分集团的利益，以及思想领域存在的中西方文化冲突，这都会导致历史虚无主义的泛起。其三，2010年后，网络新媒体的出现为历史虚无主义的传播提供机遇和条件。尤其是资本控制的新媒体集团和网络平台，是历史虚无主义泛起的网络社会基础。

第二，"极端化"历史虚无主义的表现。2010年后，中国经济的快速发展令美国坐立不安，令美国感受到严重的威胁，美国进一步加紧了对中国的意识形态渗透。这一时期的"极端化"历史虚无主义突出表现为公开化和政治诉求，主要表现形式有如下几种。其一反污马克思主义者为历史虚无主义者、污蔑马克思主义为历史虚无主义。历史虚无主义者以杂志、网站、新媒体为平台，罔顾客观事实，偷梁换柱，对马克思主义基本思想、马克思主义基本原理与中国实际相结合的理论成果、中央文件精神进行刻意歪曲、抽象、剥离，做出违背历史事实的解读，这充分说明历史虚无主义的斗争已经发展到白热化阶段，凸显出历史虚无主义的政治诉求。其二以反批判的形式争夺意识形态领域的话语权。典型的手法是：反污马克思主义历史观是教条主义的历史虚无主义、攻击中国共产党史是历史虚无主义、利用网络新媒体对历史虚无主义者展开围攻。其三利用新媒体塑造社会舆论和社会心理。资本利用其操控的论坛贴吧、博客、微博、微信等新媒体平台，在网络空间肆意扩散各种历史虚无主义观点，表现为使用"控诉""曝光""鞭挞"之类的尖锐词语，抓取网民眼球，获得网络关注；以讲搞笑故事、编娱乐段子、录新奇视频等形式，扩散网络谣言，重塑社会心理，误导社会舆论，以达到消解社会主义意识形态的政治目的。

第三，"极端化"历史虚无主义的批判。针对2010年以来历史虚无主义领域出现的新特点、新形式和新内容，我们党必须在思想上保持清醒的认识、在行动上积极防范、应对策略上不断创新，坚决维护我国"风清气爽"的网络空间。一是坚持马克思主义的历史唯物主义。坚持以唯物史观回击历史虚无主义，是关乎我们党治乱兴衰、国家意识形态安全建设的根本问题。二是坚持用社会主义核心价值观引领社会思潮。

习近平总书记指出："培育和弘扬核心价值观，有效整合社会意识，是社会系统得以正常运转、社会秩序得以有效维护的主要途径，也是国家治理体系和治理能力的重要方面。历史和现实都表明，构建具有强大感召力的核心价值观，关系社会和谐稳定，关系国家长治久安。"①三是加强对资本的管控，借力新媒体唱响社会主义时代主旋律。面对新形势、新变化、新条件，要顺应形势，敢于创新运用新媒体，借力新媒体唱响社会主义主旋律，加强对网络历史虚无主义的有效性引导。

第三节　历史虚无主义发展变迁的立论依据

一、西方国家历史虚无主义发展变迁的立论依据

通过研究分析历史虚无主义在西方国家的影响力（图2-15），西方国家的历史虚无主义主要呈现如下变化态势。一是在西方国家中，美国的历史虚无主义表现最为明显。在美国、英国、德国、法国和意大利等五个欧美主要国家中，美国的历史虚无主义表现得最为明显，这或许源于美国的全球霸权战略。美国的历史虚无主义主要作为意识形态输出的手段，依托美元的全球霸权，在全世界输出资本主义制度和资产阶级价值观，尤其在2010年以后，中国的GDP超越日本成为世界第二大经济体，美国感受到自身的霸权被挑战，加紧对中国进行意识形态渗透。第二，英国的历史虚无主义变化态势与美国基本保持一致，且数值仅次于美国。作为美国天然盟友的英国，其外交政策有紧随美国的传统，也深受美国的影响。第三，从数值变化幅度来看，美国历史虚无主义思潮在不同的政府期间表现程度是不同的。在小布什政府时期，受"9·11"恐怖袭击事件的影响，美国将战略重心转移到反恐战争上，相对而言，美国的历史虚无主义数值不是特别高，且影响力变化较大，都说明美国在意识形态宣传方面政策的

---

① 习近平.习近平谈治国理政（第一卷）[M].北京：外文出版社，2014:163.

不稳定性。在奥巴马政府时期，美国历史虚无主义数值有所增长，尤其是在2010年，随着中国成为第二大经济体，美国的历史虚无主义突然大幅度增长，说明美国已经将中国作为遏制对象。在特朗普政府时期，随着美国民族主义势力抬头，美国已经将中国视为战略竞争对手，并在2018年发动对华贸易战、科技战，全面升级与中国的贸易摩擦，企图阻挠中国崛起。这一时期，美国的历史虚无主义数值整体有所提高，说明美国已经将历史虚无主义作为对中国进行意识形态渗透的主要方式。第四，确立以美国为首的西方国家历史虚无主义研究范式。通过研究欧美主要国家的历史虚无主义变化态势，笔者发现美国的历史虚无主义表现最为明显，为了简化本研究，笔者重点研究美国的历史虚无主义变化态势，实则确立的是以美国为首的西方国家历史虚无主义变化态势。

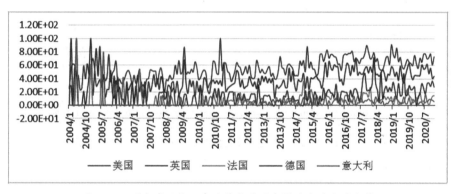

图2-15　历史虚无主义在欧美主要国家影响力的变动态势

数据来源：谷歌趋势

　　从谷歌趋势的分析结果来看（图2-16），美国历史虚无主义在20世纪的一百年间，其影响力一直维持在较低水平。但后期出现持续增长的势头，其中在两个时间点出现了爆发的增长。一是20世纪40年代，美国的历史虚无主义的影响力出现了小高峰，这大致是因为美国参加了第二次世界大战，战争极大地刺激了美国民族主义增长，随后美国将美式的政治理想和普世价值观传播到世界各地，输出美国的意识形态。二是20世纪90年代，美国历史虚无主义呈现大规模爆发式增长，这很有可能受到苏联解体给美国带来的"喜悦感"，充分暴露出美国民族主义那种"胜利诉求"的欲望。在美苏冷战期间，以美国为首的西方国家一直对苏联各加盟共和国进行"和平演变"式的意识形态渗透，这期间美国不断输出"新自由主义"思潮，扰乱苏联共产党人的马克思主义信仰，最终导致苏联的解体。为了加强意识形态的宣传和输出，西方资产阶级将苏联的解体归功于资本主义制度优越性战胜了社会主义制度，并在全世界范围内大肆宣传。进入21世纪，美国历史虚无主义呈现阶段式的"涨落"，仔细分析影响力变动态势图，笔者发现美国的历史虚无主义的变动态势与美国总统大选时间基本保持一致，尤其是2016年的美国大选。2016年前后，美国乃至整个西方世界民族主义和民粹主义势力抬头，美国总统大选出现"黑天鹅"事件——特朗普当选美国总统，受此影响美国历史虚无主义也迅速增长。历史虚无主义随后又出现大幅减少的状况，在来回震荡中有所回落，但是其影响力依然远高于20世纪的影响力，因此，笔者认为历史虚无主义已然成为美国对外进行意识形态输出的重要手段，有必要对其进行深入了解和探究。

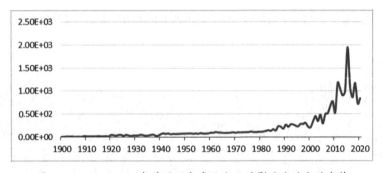

图2-16　1900—2020年美国历史虚无主义的影响力的变动态势

数据来源：谷歌趋势①

二、历史虚无主义在国内发展变迁的立论依据

在前面的章节中，笔者依据历史虚无主义在美国和中国传播的大数据图表，做了详细而具体的研究分析，从中能够发现历史虚无主义网络传播的特征和影响因素，有助于构建历史虚无主义有效引导的模型。据此，探究当前中国网络历史虚无主义传播的有效引导策略是非常必要的。首先，确定中国网络空间中历史虚无主义传播的影响因素，结合具体因素进行美国和中国的双相分析，以便明确影响因素对构建历史虚无主义网络传播模型机制的贡献权重。其次，根据前期研究成果，确定历史虚无主义网

① 在 Google 搜索网站搜索关键词的次数，并将其与时间相对应，代表被关注程度和影响力变动态势。

络传播的特点，从周期性、继承性和组织性等三个角度分析，以便寻找历史虚无主义网络传播的关键节点，为构建历史虚无主义网络传播模型机制做学理性储备。最后，结合最新研究成果，探索进行历史虚无主义网络传播有效性引导途径，为第五章构建历史虚无主义网络传播模型机制做方法论指导。

（一）国内网络空间中历史虚无主义传播影响因素

通过前文的研究分析，笔者发现国内网络空间中历史虚无主义传播主要受三个社会思潮的影响：民主社会主义、新自由主义、民族主义等三个方面。具体分析这三个方面，根据维度不同，又可分别得出不同的分类。从传播媒介来说，本研究将网络空间视为重要的传播媒介。从因素源来说，美国的意识形态与中国的意识形态是不同的，美国的意识形态是资产阶级利益的代表，对社会主义国家进行思想渗透的重要载体，而中国的意识形态是以马克思主义为指导代表最广大人民的利益，前者是对中国进行渗透的载体，后者是维护中国共产党领导下人民利益的武器，二者是针锋相对的斗争关系。从输入性和内源性来说，虚无主义和新自由主义都属于输入性的思潮，但是二者都与中国本土思潮相结合，演化和流变出新的模式和特征，为我们党进行有效性引导增添了难度。资本和民族主义，既有输入性的影响，又有内源性动力，前者可以分为国际垄断资本和国内新兴资本，二者相结合容易操控网络新媒体；后者主要是内源性动力发挥作用，受到国际民族主义的影响较小。

（二）国内网络空间中历史虚无主义传播特点

马克思认为，人是一切关系的总和。人的社会性表现为，只要存在人类社会，就存在社会关系和信息传递。历史虚无主义传播源于人的社会性，也就是说历史虚无主义的传播本质上是实践的。实践的历史性，意味着历史虚无主义的网络传播有发展变化、新旧更替的特点。一是周期性。历史虚无主义的实质性传播可以分为三个层次：理论意识传播层次、价值意识传播层次、实践意识传播层次。理论意识传播层次，属于历史虚无主义作为一种新理论被人们所认识，往往处于萌芽阶段。价值意识传播层次，属于历史虚无主义的价值取向被部分人们接受，深入人心，具有快速传播性。实践意识传播层次，属于社会实践行为。其中，价值意识传播层次是最重要的传播层次，也是我们进行历史虚无主义网络传播有效性引导的关键环节。二是继承性。历史虚无主义的传播总是需要汲取先前历史虚无主义的经验教训，在内容和形式方面有所创新，这就是国内历史虚无主义每隔一段时间都会变换新花样的原因。三是组织性。历史虚无主义最典型的组织性体现在特定阶级或阶层利益的反映。除此之外，历史虚无主义传播的组织性还体现在传播内容、传播方向、传播方式、传播步骤等方面，例如传播内容往往选取当时国内社会热点问题、舆论关注度较高的事件；传播方向往往针对辨析力比较弱的青少年；传播方式往往采用网民喜爱的自媒体、融媒体等。

（三）对国内网络空间中历史虚无主义传播有效性引导途径

马克思认为："'思想'一旦离开'利益'，就一定会使自己出丑。"[①]中国改革开放40多年来总结的一条宝贵经验：大力发展社会生产力的同提高中华民族精神文明相结合。同理性分析，对中国网络空间中历史虚无主义传播进行有效引导，必须同提高人们的生活水平和生活质量相结合。除此之外，对国内网络空间中历史虚无主义传播进行有效引导依然有一些经验值得借鉴。一是从总结历史经验中探索引导途径。根据国外社会主义国家和国内对待历史虚无主义的处理经验和教训，笔者认为可以得出如下有益途径：一是坚持中国共产党的领导、以马克思主义为指导、我们党要掌握媒体、树立马克思主义性质的主流意识形态——社会主义核心价值观。二是从现实生活的提炼中探索引导途径。历史虚无主义之所以具有很强的蛊惑性，很大程度上具有现实生活中的"内容丰富、形式多样、贴近群众"特性，这些都值得我们借鉴。我们可以运用实证分析法、社会归因法和系统分析法等研究社会思潮的一般性方法进行总结，以便找到带有规律性的历史虚无主义有效性引导途径、措施和方法。三是从制度

---

① 中共中央马克思恩格斯列宁斯大林著作编译局.马克思恩格斯全集（第2卷）[M].北京：人民出版社，2012:103.

建设和管理中探索引导途径。建立历史虚无主义有效性引导，既要加强教育，又要建立和健全制度管理，推进制度创新，形成有效的抵制非主流意识形态的工作机制，方为"治本"之举。

第四节　当前历史虚无主义传播特征和语言传播变动态势

就当前国际传播现状而言，历史虚无主义借助网络媒介，尤其是借助各类社交媒体，对中国进行意识形态的渗透最为明显。就当前历史虚无主义活跃的网络社交平台而言，主要集中于红迪网、推特、维基三大平台当中，而这三种平台则代表了当前国际网络环境较为典型的平台。通过前文的研究分析，笔者发现历史虚无主义带有明显的意识形态意蕴和强烈的政治色彩，主要通过西方世界对中国进行意识形态渗透来传播的，而中国对历史虚无主义进行坚决抵制，二者主要战场集中在思想领域，而且是潜意识思想领域。无论是西方国家，还是中国的网民，都受到这种社会思潮的影响。反映在中国国内，就是历史虚无主义突出表现为"以西方为中心"特征，具有明显的逻辑悖论。

具体分析图2-17，笔者发现如下变化态势。第一，就时间序列而言，历史虚无主义在推特、红网和维基三大媒体平台传播中，有关历史虚无主义的内容数量呈现波浪上升的趋势，其中在2008年和2016年出现两个较大的波峰，随后有所下降，并在2020年又呈现出略有回升的趋势。就历史虚无主义思潮的本质而言，其网络传播特征是借助网络热点话题发酵，尤其是重大事件而突然爆发出来，在一定程度上代表着网络空间中网民的思想。在2008年奥巴马当选美国总统，继承了前面几届政府的"既接触，又遏制"的对华政策。奥巴马政府认为中国的崛起对美国既是机遇，又是挑战，对中国的崛起始终保持警惕的态度。为此，奥巴马政府逐步将对华政策转向以经济合作和

军事对抗的双重标准，开始采取措施干扰中国崛起、制造麻烦、妄图阻断中国崛起的

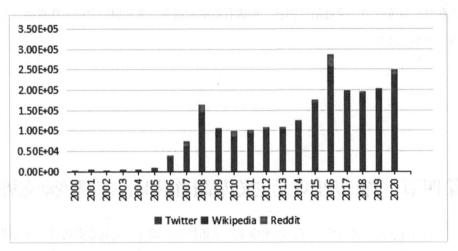

图2-17　2000—2020年西方历史虚无主义在各社交媒体出现的总频数①

道路，例如，干涉中国台湾和西藏事务，利用人权、宗教信仰、反恐等借口干涉中国内政。与此同时，奥巴马政府也在经济上开始防范并打压中国，在高科技领域防范中国，指责中国"盗窃"美国技术，污蔑中国操纵人民币汇率，妄图重新修订WTO（世界贸易组织）的贸易规则等。在意识形态领域，奥巴马政府利用资本和互联网的技术优势，加紧对中国进行意识形态输出。这一时期历史虚无主义因具有很强的隐蔽性和伪装性，成为美国攻击中国的社会主义意识形态的重要方式，因此2008年网络空间呈现出历史虚无主义思潮陡增的变化态势。在2016年美国商人特朗普利用民族主义思潮情绪当选了美国总统，在同一年英国国内民族主义高涨，发生了"英国脱欧"事件，这都说明西方世界的民族主义势力正在增加。根据前文的分析，西方民族主义情绪增加将影响历史虚无主义变化态势，西方资产阶级政府为了转移国内矛盾，需要树立一个外部竞争对手，于是西方媒体开始大肆攻击、污蔑中国，于是历史虚无主义便在网络空间流行起来。随后，历史虚无主义有所回落，而在2020年随着新冠肺炎疫情

———————————

① 此图为堆积柱状图，图形让我们既能看到整体推移情况，又能看到某个分组单元的总体情况，还能看到组内组成部分的细分情况。看图的方法是按照色块对应的年份，判断所占比例大小，判断变化趋势。

在西方国家的蔓延，西方资产阶级政府又开始"甩锅"中国，借用历史虚无主义攻击中国武汉抗疫、虚无中国人权、编造各种谎言抹黑中国的抗疫成就，西方社交平台上的历史虚无主义言论又有所回升，这需要引起我们党和政府的重视。

第二，就三大媒体平台有关历史虚无主义内容数量而言，很明显推特的数量远远高于红迪和维基平台。这说明，相较于红迪和维基两个平台，网民在使用网络平台发表言论的时候，具有偏向性和选择性，在发表和接受讯息方面，网民更愿意选择网民最为活跃的推特。通过前节分析，我们可以了解推特具有用户数量多、即时通讯、交互性强等优势，这样便于网络信息的传递和扩散。

第三，从历史虚无主义变化态势来看，历史虚无主义在推特、红迪和维基三大媒体平台传播中，其变化态势均与前面分析的总体变化态势基本一致，尽管历史虚无主义的内容数量在后面两个平台占比较小。通过前文研究分析，笔者发现历史虚无主义作为西方国家对华进行意识形态渗透的手段和工具，已经应用在各种不同的网络媒体平台中，全面全方位展开对华网络攻势，资本主义国家会利用一切可以利用的方式和手段对中国进行意识形态渗透，妄图颠覆中国共产党领导的国家政权，对此，应该引起我们党的高度重视。

一、当前历史虚无主义的传播特征

历史虚无主义具有丰富的内涵，从其理论本质而言，是资产阶级利益的直接体现。而随着现实情况不断变化，历史虚无主义思潮的内涵也增添了许多新的特质。历史虚无主义是极度抽象的，作为一种社会思潮，并不能通过直接观测而得到，更多是体现在一些具体的实践事例当中，借由一些具体的事例表现出来。然而，历史虚无主义者在煽动民众进行反社会主义和反共产党的领导时，抑或是在网络空间中传播历史虚无主义思潮时，往往不会直接宣称自己就是历史虚无主义者，更不会言明自己宣传的思想就是历史虚无主义思想，因此在网络空间中的传播具有隐性特征。因此，对于其的观测只能通过一些具体的、可观测的关联词对历史虚无主义进行评估，进而规避历史虚无主义者在我国网络空间的不正当传播。

同时，历史虚无主义作为全球流行的社会思潮，其表现形式会随着时间和地域的变化而随之改变，具有在不同时空场景内有着异质化的表现形式。从西方世界来说，历史虚无主义作为一种资产阶级意识形态，具有明显的反社会主义、反共产党、反马克思主义症候。最明显的例子就是弗朗西斯·福山提出来的"历史终结论"，认为"共产主义失败论"和"西方自由民主制度是人类意识形态发展的终点"，在全球影响深远、流传甚广。从中国国内来说，历史虚无主义除了受西方资产阶级思想的影响外，还受国内"极左"思想的影响，以及政治失意者、生活不如意者、思想反对者的影响，表现为全盘西化、否定阶级斗争、反思历史等方面的影响，具有传播思想毒瘤的"土壤"。综上所述，在当前国际网络空间之中活跃的历史虚无主义思潮具有丰富的内涵，因而在对其分析时理应因地制宜、因时制宜，按照时空实践特点来选用相应的关联词加以分析。

基于此，本研究总共选取了反/否定/虚无社会主义、反/否定/虚无中国共产党、反/否定/虚无阶级革命、反/否定/虚无马克思主义等几个关联词进行数据采集，来测量历史虚无主义思潮在国际网络空间中传播的总体态势。通过前文研究分析可知，推特是2006年开始上线运营的、红迪是2005年开始上线运营的、维基是1995年上线运营的，它们出现的时间不同，在此，特意做个说明。为便于比较整体和各组成部分的关系，下面的图示采取堆积柱状图，以方便我们对比研究。

（一）反 / 否定社会主义

在美国"社会主义"一词成为保守派攻击开明派的标签，具有鲜明的政治色彩和感情色彩，通常与国内的民族主义情绪呈现负相关性。国际共产主义运动在经历了20世纪中期的高潮之后，被西方国家视为意识形态敌对事物，尤其是20世纪90年代苏联的解体，更使得国际社会主义运动跌入低谷。国际共产主义运动跌入低谷后，助长了美国资产阶级意识形态，使得西方资产阶级更加相信是西方资产阶级普世价值观发挥了作用，瓦解了苏联的社会主义制度。在西方资产阶级眼里，"社会主义"是"专制、贫穷、落后"的代名词，成为竞争对手攻击的对象，"社会主义"成为反动的标签，例如，富兰克林·罗斯福的"新政"、杜鲁门的"公平施政"、奥巴马的医改方案和"让富人多掏钱"等都被他们的竞争对手贴上"社会主义"的标签，"反社会主义"成为美国政治斗争和对中国的意识形态斗争的旗帜。仔细观察图2-18，可以发现推特上2006年、2008年和2016年历史虚无主义呈现陡增的变化态势，这很有可能与美国的总统选举和国会的中期选举等重大政治事件有关，因为在美国每逢总统大选和国会中期选举，"社会主义"就会成为各竞选者调动国内民族主义情绪的工具，成为政治斗争的工具。

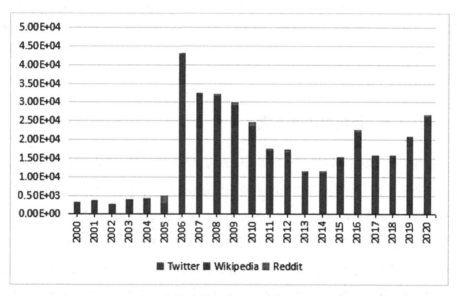

图2-18　2000—2020年反/否定社会主义在各社交媒体出现的总频数

研究分析图2-18，可以发现如下变化态势。第一，就反社会主义在各社交媒体出现的总频数变化态势而言，2006年三大社交媒体平台均突然出现很大的峰值，随后逐渐下降，到2013年达到谷底，然后反弹到2016年又一次到达高位。这说明"反社会主义"一开始作为西方资产阶级国家对社会主义国家的政治偏见和意识形态仇视而出现在媒体平台的，随着国际共产主义运动和国内民族主义情绪的变化而逐渐被贴上国内政治运动的标签。这一变化态势与推特上的变化态势基本一致，也印证了笔者前文的观点。第二，分析历史虚无主义在三大社交媒体平台的变化态势，历史虚无主义内容数量值在2014年均出现了波谷，说明2014年国际反华声音有所减弱，这可能与2013年的美国"棱镜门"事件有关。2013年美国公民披露美国政府对美国海内外公民和各国领导人的通话进行监听的丑闻，引起了世界各国对信息安全和隐私权的重视，也倒逼我国加强了对网络信息安全和隐私权的建设。为此，中美两国召开了网络安全工作会议，以提升我国网络防护能力。也就是在这一年，经过网络安全部门的治理，网络空间的诸如"反共产党""反社会主义"等政治敏感的词汇有所减少。第三，在2020年，三大社交媒体平台的"反社会主义"内容均有所增加，这可能与美国大选年和美国为新冠肺炎疫情防控失利"甩锅"有关。在美国大选年，政客会利用"反社会主义"与民族主义正相关的特性，大肆渲染对华敌对情绪以此调动美国民众的民族主义情绪，为自己所在政党造势拉选票。同理性分析，美国政府为了逃避新冠肺炎疫情防控失利的责任，也会借机明目张胆地将美国疫情"甩锅"给中国，充分暴露出资产阶级剥削压迫人民的本质。

（二）反/否定中国共产党

近些年来，随着中国经济地位和国际影响力的不断崛起，西方国家对中国的污名化越来越严重，西方国家对中国进行意识形态渗透呈现增加的趋势。在西方话语霸权中，以美国为首的西方国家，把中国和平崛起曲解成"中国威胁论"、把中国外交的积极有为曲解成"步步逼人"、把"说好中国故事"曲解成"中国模式输出"，致使中国共产党的国际形象受到严重损害，中国国际话语体系的构建受到阻碍。仔细研究美国主流媒体对中国共产党的印象，可以划分为如下几个阶段。第一阶段（1921—1941），认为中国共产党是美国在华利益的"破坏者"[1]。第二阶段（1941—1979），对中国共产党是仇视的态度和调整的阶段。第三阶段（1979—2016），对中国共产党的态度是既合作又斗争。第四阶段（2016年至今），对中国关系的态度是竞争为主合作为辅。由此可见，美国对华态度始终具有强烈的防范和抵制意识，即便在合作的"蜜月期"美国始终保持高度的对华意识形态渗透的态度，妄图从内部瓦解中国共产党领导的社会主义国家政权。探究美国对中国共产党的印象和认知态度产生的原因是破解美国对华进行意识形态渗透的关键所在，主要包括如下几方面因素。

---

① 李戴.美国对中国共产党的初步认知（1921.7—1941.12）[J].珞珈史苑，2011:348-379.

一是美国主流社会对中国共产党的认知信息来源失衡。美国对中国共产党的认知信息来源主要是美国政府官员、外交人员和驻华记者，他们对中国共产党的早期活动和政治纲领并不了解，存在严重的认知差异。在新中国成立前，美国政府官员出于自身利益的考虑，主要与中国国民党打交道，很少关注到中国共产党，这也导致信息来源失衡。二是美国资产阶级的资本利益驱动对中国共产党的报道和宣传片面化。美国早期的在华利益主要是资产阶级的在华贸易，以及带来的商品倾销市场，美国政府官员主要通过了解在华的商人来了解美国资产阶级的状况，了解中国共产党的，而中国共产党主要代表无产阶级的利益，这与资产阶级利益形成天然的区别和意识形态的片面化。资产阶级利用自身垄断国际话语权的优势地位，在资本利益的驱动下通过设置议程议题来引导国际舆论和美国主流舆论，这便形成资本与主流媒体相互影响的局面，进一步导致美国主流媒体对中国共产党的报道片面化。三是"山巅之城"的心理优势。根据前文的研究分析，美国的民族主义的典型代表是政治理想、向前看、胜利诉求，突出表现为"山巅之城"①的优越感。"山巅之城"的心理成为美国主流社会的意识形态，也是美国社会仇视中国共产党的心理根源，对符合美国主流价值观的则表现认同，对不符合美国主流价值观的则恐惧和排斥。四是美国社会集体无意识的反映。荣格提出集体无意识，是指美国社会遗传的群体性心理，认为全世界都应该向美国学习其普世价值观，采用美国的政治体制，美国以宣传的"救世主"的心态拯救全世界。这种集体无意识心理，使得美国主流媒体对中国共产党的整体印象一直有抵触和轻蔑情绪，再加上美国人的"救世主"心态，自然滋生美国对华进行意识形态渗透的行为。

仔细研究分析图2-19，我们发现推特、红迪和维基三大媒体平台传播中，"反/否定中国共产党"出现的频率呈现如下变化态势。第一，就整体变化态势而言，"反/否定中国共产党"在三大社交平台出现的频率刚开始出现数值很高，之后逐渐下降，到2016年达到最低点，随后再次升高。第二，就推特变化态势而言，"反/否定中国共产

---

① "山巅之城"：出自《圣经·马太福音》，书中认为犹太民族是世界上最优秀的民族，是被上帝选中作为全球的领导者，天生具有领导世界的义务和责任。

党"内容出现频率刚开始出现的2006—2008年数值较高,随后逐渐下降,到2016年达到最低点,随后再次升高。第三,就红网变化态势而言,"反/否定中国共产党"内容从2005年开始出现时的数值较高,随后逐渐下降,到2016年达到最低点,随后再次升高。第四,就维基变化态势而言,"反/否定中国共产党"内容从2000年至2010年数值较高,且基本保持不变,随后逐渐下降,到2016年达到最低点,随后再次升高。而对于会出现不同变化态势的原因,主要包括如下几个方面。

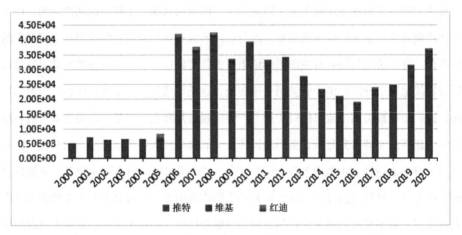

图2-19 2000—2020年反/否定中国共产党在各社交媒体出现的总频数

第一,在美国"中国共产党"一词从中国共产党成立之日起就具有鲜明的政治色彩,被美国视为"共产主义威胁论"和美国利益的"破坏者"。时至今日,"中国威胁论"和"中国崩溃论"依然盛行,在西方资产阶级眼里,"中国共产党"是"专制"的代名词,这也就不难理解为何三大社交平台出现之初的时候,"反/否定中国共产党"的内容出现频率较高的原因。第二,"反/否定中国共产党"的内容出现频率在2016年时候达到最低点,或许与特朗普政府利用美国的民族主义情绪,发动对华贸易战、科技战,妄图阻碍中国崛起的道路有关。随着时间的推移,"反/否定中国共产党"这种政治意蕴强烈的字眼非但不能引起民众的关注,反而容易造成民众的反感,因此,特朗普政府将矛头转向事关民众生活的贸易,同时加紧对华进行意识形态的渗透。除此之外,还有一种可能性,2006年是美国的总统选举年,美国民众更关注大选,而非政治斗争。第三,在2020年,三大社交媒体平台的"反/否定中国共产党"内容均有所增加，这可能与美国大选年和美国为新冠肺炎疫情防控失利"甩锅"有关。在美国大选年，政客会利用"反/否定中国共产党"与民族主义正相关的特性，大肆渲染对华敌对情绪以此调动美国民众的民族主义情绪，为自己所在政党造势拉选票。

（三）反／否定阶级革命

自俄国十月革命爆发后，人类历史上第一次将马克思主义理论变为现实，实现了无产阶级专政，对全世界的资产阶级产生极大的震撼，也令全世界的资产阶级感到恐惧。美国资产阶级对社会主义革命一直都是采取否定和敌视的态度，对社会主义政权进行意识形态抨击。美国资产阶级政权一方面对苏联和我国等社会主义国家进行意识形态抨击，另一方面也在美国国内加紧镇压无产阶级革命，掀起"反共"高潮，以抵消社会主义对美国国内的影响，正如列宁所说的那样："现在英、法、美集团都把消灭布尔什维主义，并摧毁它的主要根据地苏维埃共和国当作其主要任务。为此，它们准备筑起一道万里长城，像防止瘟疫一样来防止布尔什维主义。"[①]美国敌视和否定社会主义的根本原因主要是如下几个方面。

第一，两种经济制度的根本矛盾。以美国为首的西方国家实行的是资产阶级所有制，而社会主义国家实行的是公有制，从根本上否定资产阶级私有制，令西方资产阶级政权异常恐惧，因为经济所有制的不同会威胁到资产阶级的自身利益。第二，"山巅之城"的心理优势。根据前文的研究分析，美国的民族主义的典型代表是政治上理想、向前看、胜利诉求，突出表现为"山巅之城"的优越感。美国资产阶级认为他们是"自由世界"的领袖，有义务领导全世界，将"文明"和"自由"带给落后的社会主义，而社会主义只能接受美国的"施舍"。第三，宗教的影响，美国人大都信奉基督教，心中有个大神"救世主"，而社会主义信仰的马克思主义是无神论，这势必造成两种精神信仰的冲突。

仔细研究分析图2-20，我们发现推特、红迪和维基三大媒体平台传播中，"反／

---

① 中共中央马克思恩格斯列宁斯大林著作编译局.列宁全集（第35卷）[M]. 北京：人民出版社，1985.159-160.

否定阶级革命"出现的频率呈现如下变化态势。第一，就整体和推特变化态势而言，"反/否定阶级革命"在三大社交平台出现的频率除了2011年和2016年之外，整体呈现出逐渐下降的变化态势。第二，就红迪变化态势而言，"反/否定阶级革命"内容出现频率基本保持一致，没有什么变化，寡然无味感。第三，就维基变化态势而言，"反/否定阶级革命"内容从2000年至2011年数值逐渐增加，随后则逐渐减少。究其原因，主要包括如下几个方面。

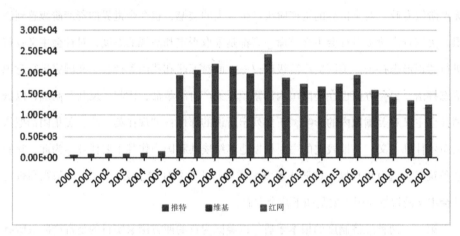

图2-20　2000—2020年反/否定阶级革命在各社交媒体出现的总频数

第一，在美国"阶级革命"一词从俄国十月革命成功建立第一个无产阶级专政的政权之日起就具有鲜明的政治色彩，被美国视为"共产主义威胁论"和美国利益的"破坏者"，因此美国一直试图对社会主义国家进行意识形态渗透，企图颠覆社会主义国家政权。但是随着时间的推移，民众对政治越来越感到厌恶，他们更关心自己的生活质量和生活水平，因此，对诸如"反/否定阶级革命"的言论越来越淡漠，这或许是"反/否定阶级革命"内容在整体和推特社交媒体平台逐渐降低的原因。第二，"反/否定阶级革命"的内容出现频率在2011年时候达到最高点，或许与美国击毙恐怖主义头目本·拉登有关。美国自2001年"9·11"恐怖袭击事件之后，立即发动阿富汗战争，并借助反恐战争在全球推行美国的意识形态，凡是不支持美国反恐战争的国家都被视为"支持恐怖主义国家"。"9·11"恐怖袭击事件，极大刺激了美国国内的民族主义情绪，民众一致要求政府捉拿恐怖袭击事件的幕后主谋，而美国政府也借助国内高涨的民族主义情绪在全球推行美国的普世价值观。2011年美国搜寻本·拉登的藏身地，并击毙了"9·11"恐怖袭击事件的幕后真凶，极大地鼓舞了美国的民族主义情绪，而美国政府则将这一事件塑造成为美国普世价值观的全球胜利，顺势加大了对"反/否定阶级革命"内容的宣传，妄图用恐怖主义抹黑社会主义，进而加紧对我国社会主义进行意识形态渗透。这一事件说明，美国资产阶级极其善于利用重大事件，煽动国内民族主义情绪，利用反恐战争的影响力抹黑中国，进行意识形态的欺骗性宣传。

（四）反/否定马克思主义

美国资本主义国家对社会主义国家一直都是采取否定和敌视的态度，一方面对社会主义国家信仰的马克思主义思想进行意识形态抨击，另一方面在美国国内采取措施严格管控马克思主义思想的传播和发展。在美国所谓的思想自由和言论自由，都是有条件的自由，并非其标榜的那样。美国作为老牌资本主义国家，实行的是生产资料私有制，从根本上否定马克思主义公有制思想，为了维护资产阶级的利益，美国社会提出"麦卡锡主义"。"麦卡锡主义"是指美国议员麦卡锡提出的反共、反马克思主义、迫害美国共产党的议案，并由此掀起一场全美范围轰轰烈烈的反马克思主义的运动。麦卡锡主义肇始于1950年，一直延续到1954年，波及美国社会生活的各个方面，其影响至今可见。以"麦卡锡主义"为分界线，美国反马克思主义思潮可以分为三个阶段。

第一阶段，"麦卡锡主义"时期之前，全面清洗共产党员。这一时期，美国政府借助各种理由打压共产党员，不允许在社会上宣传任何有关马克思主义的思潮，严禁马克思主义言论，并设立"黑名单"限制马克思主义者工作、言论、结社自由。第二阶段，"麦卡锡主义"时期，煽动反马克思主义言论。这一时期，美国政府不仅严管马克思主义信仰者，还大力渲染马克思主义威胁论，将马克思主义塑造成"红色威胁"和"破坏者"形象，并强制人们使用反马克思主义的语言，甚至签署反共产党的誓言，整个美国都笼罩在反马克思主义的阴霾之中。第三阶段，"麦卡锡主义"时期之后，对马克思主义思想人人自危、噤若寒蝉。这一时期，美国社会犹如笼罩在黑暗之中，在政府的高压之下，人们对马克思主义唯恐避之而不及，甚至达到人人自危、噤若寒蝉的地步。到20世纪80年代之后，整个美国社会风气稍微好转，但是依然对各个行业的共产党人设置很多限制条件，甚至进行调查和攻击，马克思主义思潮受到严重压制和禁锢。

仔细研究分析图2-21，我们发现在推特、红迪和维基三大媒体平台传播中，"反/否马克思主义"出现的频率呈现如下变化态势。第一，就整体和推特变化态势而言，"反/否定马克思主义"呈现出波浪变化态势，其中在2008年和2016年数值突然增加。第二，就红迪变化态势而言，"反/否定马克思主义"内容呈现波浪式变化，其中在2008年达到波峰，在2016年达到波谷，随后有所增加。第三，就维基变化态势而言，"反/否定马克思主义"内容出现频率呈现波浪式变化。第四，就2016—2020年的变化态势而言，反马克思主义思潮有所增加。至于变化原因，主要包括如下几个方面。

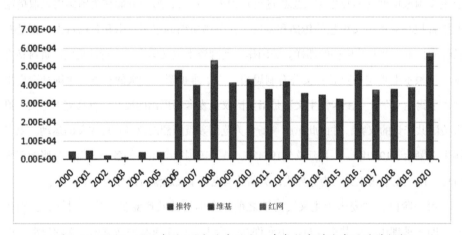

图2-21　2000—2020年反/否定马克思主义在各社交媒体出现的总频数

第一，宗教的影响。美国人大都信奉基督教，心中有个大神"救世主"，而社会主义信仰的马克思主义是无神论，这势必造成两种精神信仰的冲突。第二，民众的反马克思主义的情绪受到现实生活的影响。在美国由于受到"麦卡锡主义"的影响，政府对马克思主义的打压扩大到对异己分子的政治报复，甚至对不同政见者的打击报复，引起了很多民众的不满和厌恶。但是随着时间的推移，民众对政治越来越感到厌恶，他们更关心自己的生活质量和生活水平，因此，对诸如"反/否定马克思主义"的言论越来越淡漠，这或许是"反/否定马克思主义"内容在三大社交媒体平台呈现波浪变化态势的原因。第三，网络信息监管的影响。在2014年我国和美国联合召开网络信息安全会议，随后我国加大了对网络信息的监管，严格把控诸如"反社会主义/中国共产党"等政治色彩浓厚的思想渗透到我国互联网。美国资产阶级意识形态眼看之前的意识形态渗透方式和影响效果逐渐式微，便改变意识形态方式，将攻击的矛头直向马克思主义，妄图增强对我国进行意识形态渗透的效果，如此，也就不难理解2014年以来"反/否定马克思主义"内容在三大社交媒体平台传播呈现逐渐增强的变化态势。

值得警惕的是，当今的美国充斥着各种反马克思主义的期刊，为其披上学术研究的外衣，大肆鼓吹和渲染"马克思主义威胁论"。一些历史虚无主义者甚至歪曲事实，虚构理论，用恩格斯、马克思、列宁、毛泽东的著作相互反对和攻击，这种利用马克思主义著作反对马克思主义思想的做法，是极其恶毒的，具有险恶用心和政治目的。一些历史虚无主义者企图妖魔化毛泽东、邓小平，把他们描述成斯大林式的"独裁者"和"阴谋家"，妄图重新把中美关系拉入到冷战时代，用冷战思维对抗中国社会主义。受种族主义的影响，美国一些历史虚无主义者把中国的"奋发有为"外交政策歪曲成对外侵略和扩张，在国际上散布社会主义谣言，损害社会主义国际形象。针对此，我国应该加快构建国际话语体系，拓展国际话语权，加大对外宣传，塑造社会主义和平、发展、公平、正义、民主、自由的正面形象。与资产阶级国家"虚假的自由"不同的是，我国的思想自由是以思想责任为前提的，意在提高人民群众的觉悟，提高群众性组织的参与性和有效性[①]。

二、当前历史虚无主义在社交媒体的语言传播和国家传播变动趋势

历史虚无主义作为当前全球范围内传播的重要社会思潮，从其价值内涵来看无疑

---

① [美]诺尔曼·马科维兹，李淑清，美国高校的马克思主义、社会主义和共产主义史教学 [J].世界社会主义研究，2018（6）:57-63+95.

是一种极其抽象的概念，之所以在全球范围内造成了广泛的传播，主要是因为在不同地区传播时使用了特定的话语体系与语言形式。从近十年的发展趋势来看，汉语一直是高居榜首，紧随其后的便是英语，而法语和西班牙的出现总量相对较少。

（一）历史虚无主义在社交媒体语言传播变动趋势

从图2-22的数据来看，历史虚无主义使用语言最多的四大语言分别是：汉语、英语、法语和西班牙语。从整体来看，汉语和英语的使用频率呈现波浪变化，在2012年、2016年和2020年呈现陡增的变化态势，其余年份则变化比较平稳。究其原因，主要是汉语和英语的使用范围广泛、使用人口众多，与中美两国的政治变化态势有关。汉语的使用人口大约15亿，使用范围主要是中国大陆，港澳台大约14.5亿，还有分布在全球的华人华侨大约0.5亿，合计大约15亿。英语是全世界使用范围最广的语言，超过110个国家和地区将其作为官方语言，使用人口大约3.6亿。就历史虚无主义思潮的传播而言，本研究前面界定为以美国为首的西方国家对中国进行的意识形态渗透，因此，主要是美国散布针对社会主义中国的历史虚无主义思潮，而中国则进行抵制，捍卫马克思主义信仰。通过前节研究分析可知，历史虚无主义作为一种意识形态的社会思潮，具有强烈的政治属性，意图歪曲社会主义信仰，动摇中国共产党领导的基础，颠覆社会主义国家政权。为此，美国每逢大选年，美国政客就会借中国为自己拉选票，散布"中国威胁论"，利用历史虚无主义思潮对中国进行意识形态的渗透，也就不难理解图2-22中语言的使用频率呈现波浪变化的缘故。仔细研究分析特朗普在推特发文中涉及历史虚无主义内容的热度图（见图2-23）、特朗普在红网发文中涉及历史虚无主义内容的热度图（见图2-24）、特朗普在维基ea发文中涉及历史虚无主义内容的热度图（见图2-25），我们可以发现在2016年其出于总统竞选的需要在互联网空间大肆散播历史虚无主义内容，通过攻击抹黑中国为自己的总统竞选造势，以调动国内民族主义情绪，为自己拉选票。

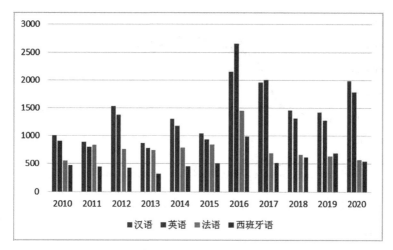

图2-22　近十年有关历史虚无主义的文字报道的趋势热图

数据来源：https://web.archive.org

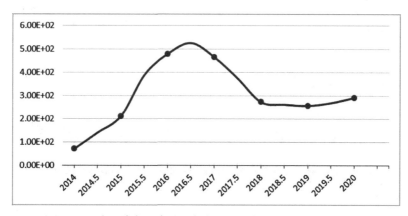

图2-23　特朗普在推特发文中涉及历史虚无主义内容的热度图

数据来源：推特

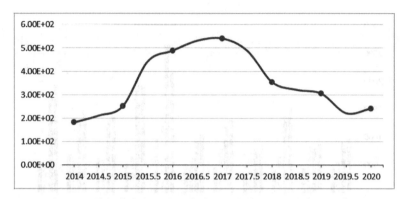

图2-24　特朗普在红网发文中涉及历史虚无主义内容的热度图

数据来源：红迪

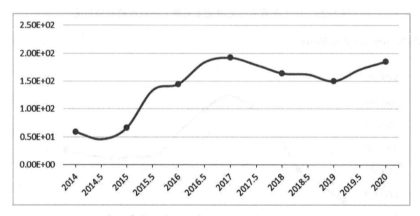

图2-25　特朗普在维基发文中涉及历史虚无主义内容的热度图

数据来源：维基

从数据层面来看，汉语使用量一直呈现稳步上升的态势，并且居高不下。汉语使用量如此之高，并不仅仅是因为互联网在中国的迅速崛起，主要是因为在历史上西方国家和日本对中国进行过长达一个世纪的侵略历史，致使长期以来西方资产阶级思想、文化对中国影响深远，从而造成国内部分民众有强烈的"崇洋媚外"思想，乐意接受一切西方思想。汉语在全球范围内拥有近15亿的使用人群，占全球人口的20%，主要集中在大中华区和海外华侨。再者，自从中国改革开放以来，受经济全球化和国内反思"极左"思想的影响，国内一些政治失意者和生活不如意者也容易滋生历史虚无主义思想。

　　法语的使用范围主要是法国和法属殖民地，而西班牙语，作为在全球的使用人口达到5.7亿，是全球使用率第二高的语言，仅次于汉语，主要是拉丁美洲和南美洲地区使用。在历史虚无主义传播过程中，西班牙语和法语的使用频率明显少于汉语和英语，主要是因为历史虚无主义的政治属性决定的，主要是以美国为首的西方国家对社会主义国家进行意识形态渗透，而法国和西班牙在历史虚无主义传播方面则明显减少很多，因此，其使用率并不高。

（二）关涉历史虚无主义的社交媒体中国家传播变动趋势

　　通过研究分析图2-26，我们发现历史虚无主义节目内容涉及的国家主要是中国、美国、英国和意大利，这种变化态势契合了上文历史虚无主义传播使用语言的分析，进一步验证了笔者研究的准确性。同时从数据来看，在当前国际网络空间中所传播的历史虚无主义思潮的内容当中，英语成为最主要的语言载体，而汉语则主要运用于中国网络传播的语言载体。特别是近些年来，英国和美国作为使用英语的主要国家，是散布历史虚无主义思潮主要国家，同时也在一定程度上受到历史虚无主义的影响。综合全球国家来看，中国无疑是受到历史虚无主义毒害最严重的国家。特朗普成为美国总统之后，不断地在网络中散播历史虚无主义言论，造成历史虚无主义思潮进一步在全球泛滥。在国际网络空间中历史虚无主义通过英语得到广泛传播，主要是因为在全球范围内，许多使用英语的发达国家正在经历着此前从未有过的变局，一方面他们将历史虚无主义作为对社会主义进行意识形态渗透的手段，另一方面西方国家内部也逐渐泛起历史虚无主义，造成社会的进一步撕裂。例如，在美国，历史虚无主义成为"暴民政治"的工具，通过否定美国印第安人和黑人的历史贡献来达到种族歧视的目的，进一步加剧了美国社会的撕裂。历史虚无主义的泛滥已经使得原有的发达国家改变了自身的发展轨迹，这样所造成的结果便是在当今世界的舆论场域内充斥着大量有关于历史虚无主义思潮相关的信息内容，自然在网络空间中会伴生而出海量以英语为载体的言论。

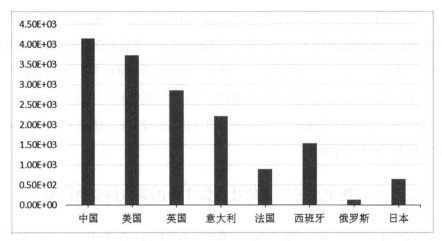

图2-26 报道历史虚无主义节目中涉及国家趋势图

数据来源：https://web.archive.org

其次，我们还可以看到网络中许多历史虚无主义节目内容相当一部分涉及法语和西班牙语，可能是受美国和英国的影响，法国和西班牙早期都进行过大范围的殖民，在全球拥有广大面积的影响力，为了维持其影响力而对使用法语和西班牙语的地区进行历史虚无主义渗透，扰乱本地区的主流意识形态，瓦解当地的民族解放思想和独立意识，使得这些国家和地区心甘情愿地沦为法国和西班牙的势力范围。由此可见，历史虚无主义不仅是资本主义对社会主义进行意识形态渗透的工具，也是宗主国对原殖民地国家进行意识形态渗透和思想操控的工具，瓦解原殖民地国家的民族解放意志和谋求独立自主发展的意识，增强原殖民地国家对原宗主国的精神依赖性，沦为它们的附庸国。

再次，就历史虚无主义涉及影视节目内容而言，其内容在国家传播的变化态势影响力较大。例如，日本虽然没有被西方国家长期殖民，但是其自明治维新之后，实行全面"脱亚入欧"的战略，其生活方式、思维方式和价值观念都发生很大的变化。尤其是近代以来，日本依靠学习西方国家先进的管理经验和科技，而日益发展壮大起来，这反过来刺激日本向西方国家靠近。自"二战"结束以来，日本受到西方腐朽思想的操控，社会上开始流行"佛系"文化、"伪娘"文化、"丧"文化等，这显示日本整个社会深受西方国家意识形态的渗透和影响。从本质上来说，日本也是历史虚无主义的受害者，尤其是在对待日本侵略历史的态度方面，至今，日本从未真正反省其对亚洲国家的侵略历史，右翼势力不时地参拜靖国神社，美化侵略历史，为侵略历史辩护。如果日本任由历史虚无主义发展下去，势必造成日本与周边国家的摩擦不断，造成国家关系的紧张，甚至未来爆发战争。

最后，就历史虚无主义影响较深的苏联而言，俄罗斯虽然也是资本主义国家，但却是受其影响最大，因为其前苏联深受历史虚无主义毒害。苏联的解体，尽管有其国内的很多因素，例如，政治上体制僵化，大搞个人崇拜，苏共党内民主被严重破坏，官员腐败，领导不力等；经济上实行单一公有制，只重视重工业、轻视轻工业，忽略了老百姓的生活感受，失去了民心。但是，也有国际外部因素的影响，西方国家尤其是美国的和平演变是导致苏联解体的重要原因，其中历史虚无主义扮演主要作用。赫鲁晓夫在《关于个人崇拜及其后果》的报告中大肆攻击、抹黑、解构斯大林的历史贡献，造成苏联人民的思想混乱，使得苏联人民陷入混乱和迷茫之中。到了戈尔巴乔夫时期，历史虚无主义再次泛起，伴随着新自由主义在苏联大地上肆虐，从根本上动摇了苏联社会主义意识形态和马克思主义的指导地位，究其原因，主要包括如下几个方面。具体来说：第一，历史虚无主义不仅解构了苏联的史学和文学领域。那一时期，苏联出现大量史学研究成果和文学作品，矛头直指苏联的苏共共产党的领导和社会主义制度，解构了苏联人民对社会主义制度和马克思主义的精神信仰。第二，苏联的媒体对历史虚无主义推波助澜。苏联的社会主义媒体使出浑身解数散布否定苏联革命史和苏联史消息，吸引大量民众围观，造成民众对马克思主义信仰的迷失。第三，历史虚无主义与新自由主义相互配合。历史虚无主义解构了苏联的思想和精神信仰，而新自由主义则在经济领域摧毁苏联的经济基础。历史虚无主义消解人们的精神信仰，为新自由主义扫清障碍。两者从本质上来说，都是资产阶级意识形态的体现，都是反社会主义的思潮，都具有极强的破坏性。

苏联解体后，俄罗斯的经济一落千丈，其所实施的新自由主义经济政策，不仅没能拯救俄罗斯经济，反而加剧了社会资源向个别寡头垄断，造成严重的社会财富流失。而西方国家承诺过的经济援助和北约不再东扩的安全保障也不再遵守，反而变本加厉地推进北约东扩，进一步蚕食俄罗斯生存的地缘政治空间。面对国内经济凋敝、人民生活困苦、国家失去尊严的窘境，俄罗斯人民开始反思苏联解体的原因，并怀念苏联时期的国家辉煌，以及国家富强带来的民族自尊。"高扬爱国主义旗帜，反对历史虚无主义，是俄罗斯总统普京鲜明的立场，也是俄罗斯应对国内外压力的巨大精神财富。"①为此，俄罗斯采取了很多措施抵制历史虚无主义恢复民族自豪感，具体来说：第一，清除史学和文学方面的毒瘤，重塑苏联时期的民族英雄形象。俄罗斯拍摄了一批苏联时期的民族英雄的影视作品，鼓励史学界和文学界创作有关民族英雄题材的作品。第二，颁发"劳动英雄"奖，凝聚民族自豪感。第三，设立法定纪念日，缅怀革命先烈。例如，国家颁布法令设立"祖国保卫者日"等爱国主义纪念日，升华民族自豪感。第四，发动民间力量，设立纪念英雄先烈的项目。俄罗斯发动和鼓励民间项目，例如，"不朽军团"项目，重塑"苏联记忆"，安抚苏联解体给俄罗斯人民造成的心灵打击，保护民族尊严。俄罗斯的上述措施，有效地消除了社会上历史虚无主义的影响，凝聚了民族向心力，维护了民族尊严，也对我国防范和引导历史虚无主义提供了借鉴和参考价值。

---

① 李瑞琴 . 重塑"苏联记忆"，捍卫民族英雄——俄罗斯反对历史虚无主义的国家战略 [J].
世界社会主义研究，2018（4）:65-72.

第三章

基于网络大数据的历史虚无主义在国内变动特征、泛起领域、产生原因和实质

Chapter Three

第一节　当前历史虚无主义在国内影响力的变动特征

一、当前历史虚无主义在国内变动的整体态势

通过研究图3-1，我们可以发现当前历史虚无主义在我国呈现如下变化态势。第一，从波谷来看，我国网民对历史虚无主义的关注度逐渐提高。仔细研究图3-1，我们可以发现高于2008—2013的波谷数值低于2014年至今的波谷数值，而又高于2006—2008年的波谷数值，可以随着我国网络治理的规范化意识增强，网民对历史虚无主义的认知也在增强。第二，从波峰来看，我国当前有关历史虚无主义的波峰出现在两个重要时间点上：2010年和2016年，且2016年前后的波峰数值高于2010年前后的波峰数值，这一整体变化态势契合美国对我国进行意识形态渗透的两个重要时间点。2010年我国GDP首次超过日本，成为全球第二大经济体，美国认为中国对其全球霸权构成了威胁，于是开始将战略重点转移到东亚地区。与此同时，美国高调介入我国南海争端，加紧对中国进行诸如历史虚无主义等的意识形态渗透。2016年前后，美国大选年，特朗普借助美国民粹主义势力抬头，加紧对中国进行贸易战和意识形态领域的争夺战。第三，从波形变化频率来看，当前我国历史虚无主义的变化态势趋于稳定和理性。在2010年之前，我国网民对历史虚无主义的关注程度变化比较大，时而强烈关注，时而极不关注。2010—2016年这一关注度的变化幅度稍微降低，而2016年至今的关注度则趋于平稳，这说明网民对历史主义的认知趋于理性，不再盲目信任网络传言，有了自己的判断意识和鉴别力。

究其原因，或许与我国逐步加强对网络信息内容的治理有关。为了落实中央提出的依法治国的方针政策，国家网信办开始以法治网，加强对网络信息内容的治

理。第一阶段（1994—1999年）新生阶段。这一阶段主要是加强对网络治理的研究，实现了网络法律从无到有的变化，提出了网络信息管理的"九不准"的雏形。第二阶段（2000—2007年）形成阶段。这一阶段主要是加强对网络内容的管理，协调各部门，实现了"齐抓共管、各司其职"的治理格局，网络信息治理也从新媒体向自媒体的深入。第三阶段（2008—2013年）成熟阶段，伴随着微博、微信、百度贴吧等即时通信平台的出现，网络信息从集中式生产向多元主体创造的过渡，极大地增加了网络信息内容的治理难度，也预示着加强网络信息内容的治理趋势已经刻不容缓。这一时期，国家网信办制定并出台了多部网络治理的法规，我国网络治理步入成熟阶段。第四阶段（2014年至今）转型阶段。这一时期，网络信息治理主体由网络媒体向社会管理转变，实现人人参与、人人有责的监管氛围，管理范围也扩大到整个网络信息内容生态，并对网络灰色地带进行立法。

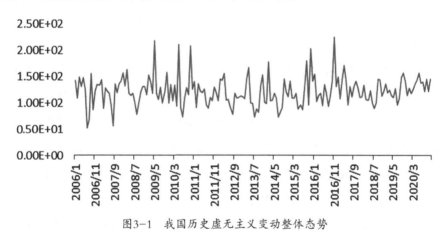

图3-1　我国历史虚无主义变动整体态势

数据来源：百度指数[①]

二、当前历史虚无主义在国内影响力的变动态势

通过研究分析图3-2，笔者发现当前历史虚无主义在国内呈现出增长的变化态

[①] 百度指数是百度公司于2006年提供的数据服务平台，主要用以研究关键词的搜索趋势和变化特征。

势，其影响力很大、范围广、波及面宽等特征。通过仔细分析图3-2，笔者发现历史虚无主义变化曲线图的波谷逐渐增长，这说明数值变化越来越高，历史虚无主义整体变化态势增长。总体来说，当前普通民众对历史虚无主义的危害思想意识薄弱、感受不强烈、认知不明确。得出如上判断结果的依据主要是如下几个方面。

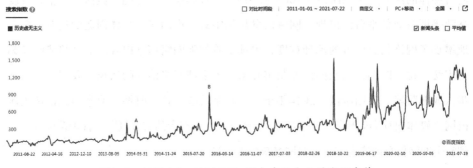

图3-2　2011.1.1—2021.7.22 历史虚无主义的变化态势

数据来源：百度指数

第一，专业学术期刊的调研结果。根据《人民论坛》杂志社2011—2020 年度社会思潮最新调查研究（见绪论表-1），其中8年历史虚无主义一直占据我国社会思潮的前十位，可见影响极大。其中，2013年和2015年一直稳居第二位，2018年和2019年有所回落，这可能受到中美贸易战的影响，网民更多关注于中美经济领域问题。但是2020年，历史虚无主义再次抬头，进入社会思潮前十位，可见历史虚无主义在网络空间里"生命力"顽强、随时可能会再次爆发。

第二，网络社交媒体的放大效应。根据中国互联网信息中心发布的2020年《第47次中国互联网络发展状况统计报告》显示，我国网民规模达到9.89亿，其中使用手机上网的比例高达99.7%，这说明随着信息技术的发展，互联网、手机、平板电脑等智能设备的日渐普及，网民上网的方式也趋向轻便式。伴随着上网方式的轻便式，各种以抖音、B站为代表的新媒体、以微博、微信为代表的社交媒体以及网络平台不断涌现，使得网络空间信息数据量飞速发展。在此情况下，近几年出现的大规模网络舆情事件大都与历史虚无主义有关。比如，"毕福剑视频"事件、诋毁"狼牙山五壮士"事件、侮辱"邱少云烈士"事件等都引发大规模网民围观，造成极其严重的网络影响。这说明，历史虚无主义不但影响力大、影响范围广，而且具有很强的社会经济"土壤"，很容易借助某一热点事件而突然爆发，形成重大的网络舆情事件。

第三，高校组织的专业调研问卷。有学者就高校大学生和教师对历史虚无主义观点和特征的认知程度做了调查研究，研究发现：自认为对历史虚无主义思潮"非常了解"和"比较了解"的学生人数为15.7%，而"不大了解"和"不了解"的人数占60.7%[①]。由此可见，作为受过高等教育的大学生和教师对历史虚无主义的认知都缺乏掌握，普遍性呈现出"不了解"的状况，可以想象普通民众更谈不上了解和把握。

通过前述的研究可知，历史虚无主义泛起与国际和国内政治关联性比较大。通过仔细分析图3-2，历史虚无主义变化态势图的波峰在2015年9月、2018年7月和2019年6月都呈现陡增态势，说明受重大事件影响而突然爆发。2016年特朗普上台之后，发动对华"贸易战"，从此，中美贸易战拉开大幕。马克思认为经济基础决定上层建筑，分析国际政治首先要分析国际经济基础的对比。2015年美国突然加紧针对中国的意识形态领域渗透，说明美国对华政策开始转变，两国的"国际秩序"之争已经展开。2015年中国开始在国际舞台全力推进"一带一路"和亚洲基础设施投资银行，并取得重大进展。而美国为了阻止中国发展，推进"亚太再平衡"战略，开始紧锣密鼓地讨论对华新战略。2015年美国政要陆续抛出"中国威胁论"，主张对华遏制战略取代之前的接触政策。著名的人士有美国国防部顾问白邦瑞出版的《百年马拉松》一书，在书中指责中国对美国实施了战略忽悠计划，极力渲染"中国威胁论"，建立尽快调整对华战略。美国两党借"中国威胁论"，开始在社会上大肆炒作中国话题，主张采取对华遏制战略，这充分显示出美国对中国的快速发展的焦虑情绪，也助长了美国对华进行意识形态渗透的嚣张气焰。

---

① 余双好.当代社会思潮对高校师生的影响及对策研究[M].北京：中央编译出版社，2012:26.

第二节　历史虚无主义在国内泛起领域、特征

历史虚无主义自出现以来，就一直侵蚀着国内的主流意识形态，其在社会上的危害程度取决于与主流意识形态的博弈，此消彼长、时隐时现，贯穿于中华民族救亡图存的抗日战争、寻求人民解放的解放战争、轰轰烈烈的社会主义改造、如火如荼的社会主义建设和独立自强的中华民族伟大复兴的历史进程中。研究历史虚无主义发展演变的历史轨迹，笔者发现历史虚无主义在国内的发展演变大体表现在如下五个方面：史学领域、政治领域、文艺领域、思想领域和网络领域。

一、史学领域

通过研究分析1900—2020年历史虚无主义在史学领域的变动态势图（见图3-3），笔者发现呈现如下变化态势。在史学领域，历史虚无主义肇始于20世纪30年代，随后有所下降，但是在20世纪60年代至70年代和20世纪80年代至90年代呈现出两个增长高峰，进入21世纪有所回落。究其原因，具体来说：一是虚无中国古代史。20世纪20年代至30年代，学界围绕中华文明起源"本土说"和"西来说"展开争论，并主张中国"全盘西化"，到20世纪下半叶，学术界就中华文明起源的认知又经历了"一元说"到"多元说"的过程。[①]二是虚无中国近代史。在20世纪60年代至70年代和80年代至90年代，由于社会处于"文化大革命"和改革开放阶段，社会处于转型期，社会思想变化较快，容易造成思想的混乱，历史虚无主义呈现出多种样态：侵略有功论、否定革命论、历史人物翻案论等。三是虚无中国共产党史。21世纪后，

---

① 王东平. 中华文明起源和民族问题的论辩 [M]. 南昌：百花洲文艺出版社，2004.

互联网上出现一些否定中国共产党领导的改革开放和中国特色社会主义道路的声音，例如，割裂改革开放前后两个历史时期的关系，否定中国革命、建设的历史贡献等。

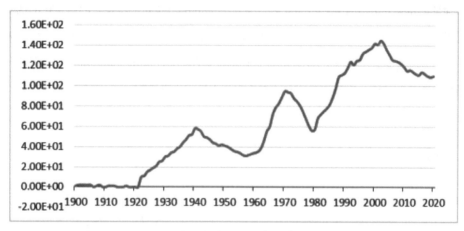

图3-3　1900—2020年历史虚无主义在史学领域的变动态势图

数据来源：百度

二、文艺领域

通过研究分析1900—2020年历史虚无主义在文艺领域的变动态势图（见图3-4），笔者发现呈现如下变化态势。在文艺领域，在20世纪30年代和60年代出现两个小高峰，可能与当时的政治环境有关。在20世纪70年代末，随着《苦恋》的发表，历史虚无主义在文艺领域快速蔓延，几乎渗透到音乐、美术、戏剧、电影、电视剧、曲艺等所有领域。21世纪以来，历史虚无主义在文学、电影、电视剧等方面依然盛行，给社会风气造成恶劣影响。历史虚无主义在文艺领域的表现形式，主要有如下几种形式。一是文学历史虚无主义。这一时期的文学作品不能客观描述历史，而是随意评说历史、任意践踏历史、肆意消解历史，更有甚者抹黑历史英雄人物、崇拜西方文学、人为地割裂文学艺术与人民群众的联系，使得文学无法客观反映中华民族优良品德和人民群众的思想诉求，丧失了文学艺术作品源于生活本质。例如，在《为二十世纪中国文学写一份悼词》中就将伟大的爱国主义者鲁迅批评为"贪生怕死"的走狗。二是电影和电视剧中的历史虚无主义。电影和电视剧中的历史虚无主义主要表现形式有：戏说之风盛行、颠倒历史是非、任意捏造历史事实等，这种无视人民群众、无视阶级革命的艺术创作方式任意误导青少年，扰乱人们的历史观和是非观。例如，在电视剧《孝庄秘史》中孝庄太后自称谥号，就属于常识性错误。三是综艺节目中的历史虚无主义。在一些综艺节目中，有的嘉宾不了解真实的历史，仅凭主观臆断对历史事件和历史人物任意评说，极易误导观众，在青少年中造成不良影响。

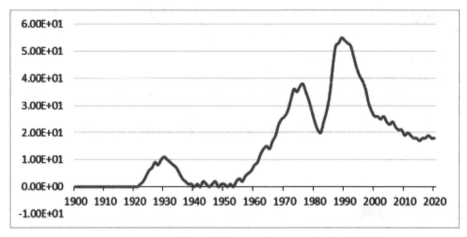

图 3-4　1900—2020 年历史虚无主义在文艺领域的变动态势图

数据来源：百度

三、政治领域

通过研究分析 1900—2020 年历史虚无主义在政治领域的变动态势图（见图 3-5），笔者发现呈现如下变化态势。在政治领域，历史虚无主义在 20 世纪 60 年代有个小高峰，可能与当时的思想革命化运动有关。在 20 世纪 80 年代末，历史虚无主义在政治方面的影响力大幅度增长，90 年代中期达到高潮，进入 21 世纪略有下降。政治领域的历史虚无主义，从主观主义出发，表现为否定新中国的历史、否定中国共产党的历史、否定改革开放史和社会主义史，其实质是否定新中国成立的合法性、新中国成立的进步意义和中国共产党的领导合法性。根据图 3-6 可以看出，1989 年春夏之交的政治风波，使得政治历史虚无主义达到高潮，也暴露出历史虚无主义的险恶政治目的。为此，我们要站在中国共产党的立场和人民的立场，采取全面的分析方法，正确看待中国共产党发展进程中的得失，看到中国共产党历史的本质和主流是推动社会发展、谋求人民幸福。

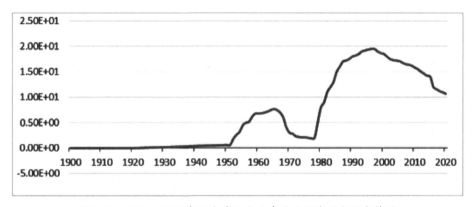

图 3-5　1900—2020 年历史虚无主义在政治领域的变动态势图

数据来源：百度

四、网络领域

通过研究分析1900—2020年历史虚无主义在网络领域的变动态势图（见图3-6），笔者发现呈现如下变化态势。网络历史虚无主义在20世纪90年代中期开始出现，逐渐增长，2003年开始大幅度增长，2010年又迅猛增长，主要原因如下几个方面。一是1994年互联网第一次接入中国，同年网络搜索引擎投入使用，1995年到2000年，中国互联网开启了第一波高潮式发展。二是2003年随着新媒体概念的提出，Web2.0的升级以及一些互联网巨头的兴起，中国互联网开启了腾飞模式。尤其是大数据概念的提出和大数据技术的应用，直接改变了传播媒体的信息传播模式，网络交流和网络信息传递异军突起，与此同时，网络历史虚无主义则利用互联网平台，改变传播方式和手段，在网络空间里兴风作浪，快速蔓延到社会经济生活的各个方面。三是

2009年随着微博的上线、移动互联网的普及，网络历史虚无主义也利用互联网的社群模式进行扩散和传播，解构网络语言，争夺网络话语权，使得网络空间成为历史虚无主义的重灾区，亟待进行网络空间历史虚无主义的有效性引导。通过上述分析，笔者发现，互联网技术的每一次变革都给来人们信息传递和交流的快速便捷，也使得网络历史虚无主义快速蔓延，因此，加强对网络空间历史虚无主义的有效引导就显得非常重要而有意义。

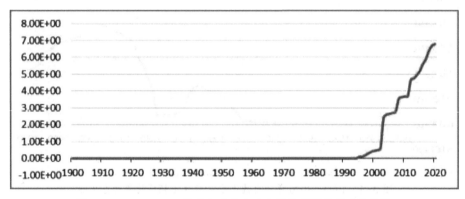

图 3-6　1900—2020 年历史虚无主义在网络领域的变动态势图

数据来源：百度

　　网络成为历史虚无主义传播的主要渠道，究其原因主要有如下三个方面。第一，网络成为历史虚无主义扩散的主战场。21世纪以来，随着信息技术的进步，尤其是大数据的广泛运用和微博、微信、抖音等社交媒体的出现，网络正在改变着信息传播结构、传播形式和传播效力。网络的准入门槛低，传播速度快，允许网民自由发表言论，网络成为社会问题的"放大器"，故而成为历史虚无主义扩散的主战场。第二，网络舆情成为历史虚无主义的重要载体。从社会心理学方面来说，历史虚无主义是在一定的社会心理基础上形成的，又通过心理、情感、思想的调控反作用于社会心理。网络空间作为一种新兴的媒介，为现实世界里的人们思想交流提供广阔的舞台和空间，促成了网络舆情的形成。网络舆情是社会舆情向网络延伸的产物，自然与历史虚无主义有着千丝万缕的联系，已经成为历史虚无主义发展变化的风向标。第三，网络空间中历史虚无主义传播的特点。互联网信息技术形塑下的历史虚无主义传播具有隐性化、弱辨析性、欺骗性等特点，使得网络空间的历史虚无主义的监管比较困难，导致历史虚无主义传播更加肆无忌惮。在传播模式方面，网络空间中历史虚无主义表现出与平面媒体不同的传播特点，具体表现在：传播爆发点依托社会热点，叙事方式生活化、娱乐化、丰富化，传播界限无边界、无国界、无类别。

综合上述，通过研究分析图3-3、图3-4、图3-5和图3-6，经过纵向对比，笔者发现历史虚无主义在史学、政治、文艺、思想等领域的影响在21世纪都呈现下降的态势，而唯独在网络领域的影响力却在快速增长，这为我们研究网络历史虚无主义传播路径，构建历史虚无主义网络传播机制，预判未来走势以及进行有效性引导非常重要，这一部分内容将在本文第四章集中阐释。

第三节　历史虚无主义在国内滋生的原因分析

马克思恩格斯指出："一切划时代的体系的真正内容都是由于产生这些体系的那个时期的需要而形成起来的。"①历史虚无主义思潮在我国的产生及泛起演变有一定的客观和主观因素，有一定的历史现实根基。辨识历史虚无主义在中国产生的原因，是进行历史虚无主义网上有效治理的基础，只有系统地梳理历史虚无主义在我国产生的影响因素，才能在进行有效治理的时候对症下药，给出行之有效的治理措施。为此，有必要对中国历史虚无主义特点和原因的关联性关系做进一步研究，从学理性来说，特点是表征，而原因是深层因素，是影响事物运动发展的根本要素。本书是对历史虚无主义网上传播进行有效治理的研究，主要依据是历史虚无主义在网上的传播特征。抓住历史虚无主义在网上的传播特征，也就找到了解决历史虚无主义产生的原因。具体来说，历史虚无主义产生的原因有许多方面，比

---

① 中共中央马克思恩格斯列宁斯大林著作编译局.马克思恩格斯文集（第3卷）[M].北京：人民出版社，1995:544.

如，有历史因素、国际社会因素、当前中国国情以及党内情况以及当下社会思潮的影响等。

一、历史虚无主义的特点与原因的关系探究

通过前述的研究，笔者发现自从20世纪20年代至30年代出现以来，我国的知识精英、专家学者、有识之士孜孜不倦地对历史虚无主义在国内发展演变的特征做了大量探究性工作。可以说，这方面的研究成果尤为突出，可谓是汗牛充栋。认清现象、辨析本质，才能在众多材料中找到解决历史虚无主义在国内泛滥的钥匙。为此，笔者认为唯有探究历史虚无主义泛起在国内的根本要素，才能找到解决中国历史虚无主义泛起的合理方案，继而制定有效性治理策略。因此，有必要探究中国历史虚无主义泛起的根本要素和核心影响因素，以便为后文研究历史虚无主义发展演变动态做核心要素分析和理论铺垫，以便收到"事半功倍"的研究效果。

笔者选取了1990—2020年间的大量文献，就我国学者对历史虚无主义在国内的特点和泛起的原因做大数据分析（见图3-7），这种定性的数量分析有助于探究"特点"和"原因"的比重关系，为下一步探究根本要素做学理性铺垫。笔者发现在2002年之前，我国学者对历史虚无主义特征和原因的研究数量大体上是一致的，可以说专家学者并未对此二者的研究态度有何不同。众所周知，从学理性来说，特征是表征，而原因是深层因素，是影响事物运动发展的根本要素。为此，2002年至今，我国的专家学者把注意力集中在历史虚无主义在国内泛起的原因上，可谓是抓住了问题的本质。在这期间，需要强调的是2013年，我国专家学者对历史虚无主义在国内泛起原因的研究达到顶峰，如图3-7所示，数值远远高于对特点的研究，这充分说明我国的专家学者对现象性研究的深入、深刻，产生一大批有价值的科研成果。因此，笔者认为，为了找到解决中国历史虚无主义有效性治理的策略，有必要加强对历史虚无主义在国内泛起的原因研究，只有系统梳理历史虚无主义在国内泛起的原因，找到根本要素，才能有的放矢、对症下药，更加快捷地制定有效性引导的策略。

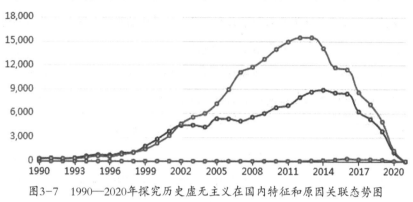

图3-7 1990—2020年探究历史虚无主义在国内特征和原因关联态势图

数据来源：百度

二、历史虚无主义在国内产生的原因

只有系统梳理历史虚无主义在国内泛起的原因，找到根本要素，才能找到对历史虚无主义网上传播进行有效治理的策略。历史虚无主义作为一种政治思潮其泛起的原因有很多方面，本研究主要从国际、国内、近代史影响、情感和传播媒介等五个角度进行分析。

（一）东欧剧变造成的思潮冲击

科技的进步和生产力的发展将全世界联系起来，随着经济和交往的日益加深，社会思潮的国际性也愈加突出和明显，并且伴随着经济、政治、文化的国际交往而相互影响。研究历史虚无主义的网上传播，也受到国际大环境的政治格局、经济状况和文化价值等方面的共同影响，有必要从国际视野出发来探究其泛起的国际背景。从国际政治格局方面来说，东欧剧变造成了西方社会思潮的冲击。20世纪90年代初，苏联和东欧社会主义国家在国际资产阶级自由化思潮和国内历史虚无主义等多重因素的影响下，主动放弃了共产主义信仰和社会主义意识形态，使国际共产主义运动遭遇到重大挫折。东欧剧变带来的直接影响是造成国际共产主义信仰的迷茫，一方面资本主义国家加紧对社会主义国家进行意识形态的渗透，鼓吹社会主义的沦落，另一方面造成对社会主义持有信念者的迷失和对国家共产主义运动希望的渺茫。资本主义国家利用国际话语权加紧对中国进行"和平演变"的宣传，鼓吹西方普世价值观，造成对我国主流社会主义意识形态的冲击。与此同时，以美国为首的西方资本主义国家对我国进行多方位的思想渗透，例如，鼓吹西方的自由民主试图在政治领域瓦解人们对社会主义意识形态的信仰。随着经济全球化和文化交往的加深，西方国家也不断输出资产阶级的消费观念，试图将资本主义腐朽的物质主义、享乐主义、虚无主义施加给我国青少年，造成人们消费观念的混乱。这种消费方式逐渐渗透到历史领域，历史虚无主义者把历史当作"任意打扮的小姑娘"，肆意解构历史的主体性和客观性，进一步造成历史虚无主义的泛滥。

（二）国内社会转型期各种思想交锋

我国自1978年开始实行改革开放以来，我国社会、经济、政治、文化等各个领域都发生了翻天覆地的变化，我国社会正经历着人类历史上最大规模的社会转型，自然带来社会彻底性的变革。在社会转型期，经济结构发生重大转变带来社会分工的转变，各种矛盾便会集中爆发，自然也就容易滋生各种非主流社会思潮。人，作为社会意识和历史的主体，具有能动地认知社会和历史的意识。在转型期社会，社会矛盾的出现和叠加，使得人们的原有思想认知被解构，且尚未形成成熟的新的思想认知架构，很容易滋生非主流、非规范的自主认知。这些掺杂着各种各样的自我情感的认知，很多是不符合特定历史条件下的客观事实，潜移默化着人们对主流意识形态的认知，甚至对国家道路的怀疑，这就为历史虚无主义的出现提供了温床，具体来说主义有如下三个方面：一是唯物史观知识的缺乏。在社会转型期，人们对历史上的人和事会有新的认知和判断，如果人们夹杂着个人情感，以唯心史观为指导就会造成历史评价方法的错位，也就滋生了历史虚无主义。恩格斯认为："唯物主义历史观及其在现代的无产阶级和资产阶级之间的阶级斗争上的特别应用，只有借助辩证法才有可能。"①相反，历史虚无主义者由于缺乏了唯物史观的方法论，导致对历史人物和历史事件的价值判断出现严重偏差，容易造成思想方面的混乱，也会反过来滋生新的历史虚无主义。二是历史虚无主义的内容迎合部分人的心理。社会学家认为人们天生就具有极强的"猎奇心理"，对新生事物充满好奇心和探求欲。历史虚无主义者正是利用了人们对正统教育的审美疲劳，变换内容和形式以便吸引人们的注意力。为了达到出新出奇的目的，历史虚无主义者罔顾历史事实，任意捏造、编织、解构历史人物和历史事件，再掺杂着各种主观因素，得出一些似是而非的结论，以博取人们的眼球。三是社会主义的优越性的充分体现需要较长时间的历史过程。虽然我国经过40多年的改革开放，社会经济取得举世瞩目的成就，但是，我国目前尚处于社会主义初级阶段，生产力还不够发达，社会物质产品还不够丰富，社会主义制度的优越性还不能得到充分体现，而且还需要较长的历史过程。一部分人对社会主义制度的认知存在偏差，幻想着可以跨入共产主义，实现"按需分配"，一旦理想与现实有差距，就会产生怀疑心理，甚至否定社会主义制度的优越性，这就导致历史虚无主义的滋生。

（三）中国近代史导致人们的道路不自信

所有过往，皆是序章。历史记忆对人们的思想认知、民族自信和道路自信有极为重要的影响，可以说在某种程度上塑造着民族性格。翻开中国近代史，丧权辱国、割地赔款，人民遭受三座大山的压迫，在长达百年的时间里，中国由"天朝上邦"沦落到"东亚病夫"，被蕞尔小国欺凌至此，致使国人的民族自信心和对中国发展道路产生极大怀疑。再者，在西方思想和文化的侵蚀下，国人又一边倒地崇拜西方，甚至出现了"全盘西化论"，对西方资本主义道路的盲目崇拜和对自己发展道路的极度怀疑。从1840年到1949年的百年里，中国出现一大批亲西方的知识分子，对中国文化和发展道路产生了否定和怀疑。这一时期的代表人物有胡适、陈序经等，他们认为中国

---

① 中共中央马克思恩格斯列宁斯大林著作编译局.马克思恩格斯选集（第3卷）[M].北京：人民出版社，2012:746.

的出路"一切政治，社会，教育，经济，物质方面，精神方面，理论上和事实上，都无一而非渐趋于西洋化。"①正是在这种思想和文化氛围的影响下，人们对中华民族的传统文化产生了不自信心理，逐渐导致一部分人丧失了传统民族精神，打击了民族自信心，丧失了对自己社会发展道路的自信。还有部分群体将中国社会的发展道路寄希望于资本主义制度，产生了崇洋媚外的思想，甚至将此上升到文明层面，认为中华文明不如西方文明，这也导致了历史虚无主义思潮在中国的蔓延，也为历史虚无主义的产生提供了社会心理的温床。

（四）个人情感的非理性成为推手

马克思认为历史是具有自我意识的机体发展过程，也就是说，作为历史主体的人也具有自我意识。在社会实践中，人的发展是有一定意识的，而人原有的意识也直接影响着人的社会实践，对社会实践具有反作用，包括理性认识和非理性认识。非理性认识是"在社会实践活动中形成、发展并能动地参与社会实践，反映并反作用于社会存在的非条理化、非规范化、非逻辑化、非程序化、非秩序化的社会精神现象"②。直接影响着人的评价活动，自然包括对历史的评价活动。

一般而言，人对历史的非理性评价活动主要包括如下几个方面：唯心史观的历史评价、个人爱憎好恶的历史评价和个人意志的历史评价。一些历史虚无主义者评价历史上的人物和事件，不是以客观历史事实为标准，而是以自己的价值观为尺度，甚至是个人的极端主义世界观为原则，罔顾历史事实，并以此为依据攻击马克思主义唯物史观。其中不乏一些学术不正的学者，错把个人人生观和价值观当作"科学理论"大肆宣扬，这样只会得出违背历史真相的"歪理邪说"，在客观上误导舆论，给历史虚无主义提供理论基础。还有一部分历史虚无主义者以所谓的"纯粹的"个人爱憎好恶的情感为出发点，对历史人物和历史事件进行捏造、编织、虚构，甚至直接攻击党和国家领导人、社会主义制度、共产党的领导等根本问题。例如，有人或许因为历史原

---

① 罗荣渠 . 从"西化"到现代化（中册）[M]. 合肥：黄山书社，2008:385-386.

② 吴宁 . 社会历史中的非理性武汉 [M]. 武汉：华中理工大学出版社，2000:32.

因受到冲击，就把个人情感带入到历史评价中，故意放大毛泽东晚年的错误，而选择性忽略毛泽东在中国革命中做出的伟大贡献，对毛泽东思想和毛泽东本人提出质疑，甚至进行人格攻击，继而否定我国的社会主义制度。在评价历史人物和历史事件的时候，有一种情况不得不提，就是人的意志。有的历史虚无主义者意志薄弱，仅仅只根据眼前的资料和现象就武断地做出结论，由于历史评价是复杂而多方面的，历史资料也会因为时间的推移而更新，这就需要评价者需要具备坚强的个人意志，不断地反复评价，排除自身心理素质、客观环境、当时的情绪等不利因素的干扰，这样才能做出正确的历史评价。

（五）自媒体网络传播推波助澜

在传统媒体时代，信息传递呈现集中式，有统一的信息传递源，这就便于国家统一管理。而自媒体时代，特别是微信、微博、论坛、抖音视频等直播号的不断涌现，人人都有话语权，信息传递呈现迅速、互动和多样的特点，这就极大地拓展了信息的传递渠道和传递方式，自媒体的影响力也在极大地增强。一方面，自媒体给历史虚无主义的传播创造了广阔的空间。自媒体出现后，网络舆论平台成为各种意识形态争夺的对象，而自媒体信息传递呈现的"几何倍数"增长速度为历史虚无主义的网络传播提供了便利，很容易形成网络舆情，继而引发更大规模的传播。另一方面，网络监管手段和治理模式有待创新。历史虚无主义者善于利用网民心理，迎合网民的喜好诉求，把历史虚无主义内容包裹在各式各样、千奇百怪的段子、视频、文字、音频等里面，这就给国家网络监管带来很大的难度，再加上网民普遍对网络意识形态话语权意识模糊，不容易区分社会思潮，对各种社会思潮带来的危害更没有预见性，这在一定程度上也为历史虚无主义在网上的传播和治理带来挑战。因此，加强对网络意识形态教育工作者的理论和技术培训非常有必要，同时还需要加强对网民网络意识形态以及各种社会思潮的培训，并积极探究各种社会思潮对历史虚无主义带来的影响。

第四节　历史虚无主义在国内的实质及其危害

我国实行改革开放之后，西方资产阶级自由化思潮涌入我国，与我国本土的政治气候相结合，给人们的思想造成严重困惑和干扰。对此，邓小平一针见血地指出："搞资产阶级自由化，就是走资本主义道路。"①必须坚持四项基本原则，与资产阶级自由化思潮做斗争。党的十三届四中全会后，我们党首次使用"历史虚无主义"这一政治概念②，认为在相当长一段时期内都应该坚决地抵制和反对历史虚无主义。历史虚无主义自诞生以来，在西方资本主义腐朽思想和我国社会转型期滋生的怀疑主义的影响下，尽管其呈现方式随着时代的发展而多种多样，但是其作为资本主义思想的本质没有改变。习近平总书记深刻地揭示了历史虚无主义的政治本质，就是资本主义对社会主义在意识形态领域的斗争，他指出："古人说'灭人之国，必先去其史'。国内外敌对势力利用历史虚无主义思潮对中国进行意识形态渗透，其根本目的就是要搞乱人心，煽动推翻中国共产党的领导和我国社会主义制度。"③

一、当前历史虚无主义的实质

（一）世界观：主观主义唯心史观

世界观是人以特定的位置、特定的时间、特定的方法对世界和事物的基本看法

① 邓小平.邓小平文选（第3卷）[M].北京：人民出版社，1993:124.
② 江泽民.江泽民文选（第1卷）[M].北京：人民出版社，2006:94.
③ 习近平.习近平谈治国理政（第1卷）[M].北京：外文出版社，2014:113.

和观点，世界观直接决定人的思想和看法。历史虚无主义则坚持以实用主义为基础的主观主义的唯心史观，认为历史是"任人打扮的小姑娘"。历史虚无主义从根本上否定历史规律、否定历史的整体性、否定历史的客观性，以解构主义手法拼接、重塑历史，以政治需要为目的进行"选择性虚无"的政治思潮。第一，历史虚无主义是政治思潮。历史虚无主义"选择性虚无"特征表明，历史虚无主义以自身政治价值为尺度对历史进行剪裁、拼接和重塑，不是文化范畴，而是政治范畴。一方面，他们对社会主义传统文化历史、中国共产党史、新中国史、人民军队历史以及英雄人物、领袖人物和事件进行虚无，另一方面，他们对历史上已经定论的反对人物、反动事件以"重评历史""探求历史真相"为名为历史翻案、美化反对历史人物和历史事件。第二，与客观主义的唯心史观的区别。客观主义唯心史观，虽然认为历史发展是有客观规律的，但是却认为这种规律是受到某种神秘力量或精神的支配。客观主义唯心史观认为，历史发展规律不是人类活动决定的，否定人类活动的实践价值和意义，只能接受神秘力量（比如神、上帝等）的命运安排。第三，与英雄史观的区别。虽然历史虚无主义认为历史发展命运本质规律，是由少数英雄人物决定的，或者是偶然的历史事件决定的，但是从本质上来说，历史虚无主义虚无一切历史人物和历史事件，这二者差距较大。而英雄史观则认为历史是由英雄人物的意志决定的，否定人民群众的历史主体地位，扩大了历史英雄人物的作用和价值。因此，可以说，历史虚无主义和英雄史观在对待历史英雄人物方面走向了两个不同的极端。

历史虚无主义的唯心史观的思想否定社会存在决定社会意识的客观规律、否定实事求是的研究宗旨、放弃全面、联系的历史研究原则、否定阶级分析的研究方法，否定人民群众在历史上的主体地位，虚无了历史的本来面目。具体来说，历史虚无主义的唯心史观本质主要体现在如下几个方面：第一，用主观意愿来认识历史，违反社会存在决定社会意识的哲学方法。唯物史观认为，"在自然界和历史的每一科学领域中，都必须从既有的事实出发"[1]来研究，而不是从历史虚无主义者的主观意愿来虚

---

① 中共中央马克思恩格斯列宁斯大林著作编译局.马克思恩格斯文集（第9卷）[M].北京：人民出版社，2009:440.

构。历史虚无主义者将这种主观意愿的研究方式运用在文学、艺术、娱乐等不同行业，任意拼接、剪裁、重塑历史人物和历史事件，严重违背马克思主义哲学思想。第二，以虚构的手法肆意撰写历史，违背实事求是的研究原则。历史虚无主义者从自身政治目的出发，随意捏造、编制、撰写历史事件的过程和结果，将历史建立在假设的基础之上，运用所谓的推理、联想、猜测等任意改写历史，这种看似合理的假设推理，实则是痴人说梦般的异想天开，毫无历史价值。第三，以片面、孤立的眼光看待历史，放弃全面、联系的历史研究原则。历史研究要充分占有历史资料，对历史资料运用整体、全面、联系的研究原则，将历史事件放在历史大环境中才能进行全面把握。而历史虚无主义者罔顾这些研究原则不顾，对史料往往"取其一点，不及其余"地做任意妄断，如此不是研究历史，而是纯粹地消遣历史，具有极大的破坏性。除此之外，历史虚无主义者还无视事物之间的联系，孤立抽象地看待历史。如果孤立、抽象地看待历史，忽视历史的宏大叙事，可以选择无关宏旨大要的历史片段，以抽象的人性论看待历史联系，那么历史研究就变得毫无标准、毫无意义了。相反，马克思主义认为历史研究必须占有详尽的史料，分析历史发展形式，探究史料之间的联系以及相互作用，这样才能还原历史真相，科学地研究历史事实。第四，以抽象的人性论评估历史，否定阶级分析的研究方法。在阶级社会里，阶级斗争是社会生活的重要内容，展现着阶级社会里人们的思想和行为背后的逻辑，因此，在史学研究中阶级斗争的分析方法是研究分析社会现象的有效武器。而历史虚无主义者否认这一方法，以所谓的"客观主义"和"价值中立"为抽象人性论辩护。历史虚无主义者假借"客观主义"和"价值中立"的真实目的，一方面是为历史反动人物翻案，另一方面是诋毁、歪曲和重评历史英雄人物，实质上掺杂着历史虚无主义者自身的价值判断，掩盖了其意识形态的本质。

（二）方法论：伪科学方法论

有什么样的世界观，就有什么样的方法论。方法论是认识世界和改造世界的工具，是以解决实际问题为目标的理论系统，具有一般原则性作用。唯物史观是研究历史的科学方法论，也是历史本体论和历史认识论的统一。而历史虚无主义是反科学的，脱离实践基础的，具体来说：思想方法上表现为形而上学、本体论上表现为缺位本体论、认识论上表现为解构认识论。

第一，历史虚无主义在思想方法上表现为形而上学。历史虚无主义否定历史的整体性、总体性和联系性，从本质上属于以形而上学的方式对待历史。恩格斯指出，形而上学一旦跨入人类社会以及历史的认识领域，"它就会变成片面的、狭隘的、抽象的，并且陷入无法解决的矛盾，因为它看到一个一个的事物，忘记它们互相间的联系；看到它们的存在，忘记它们的生成和消逝；看到它们的静止，忘记它们的运动"①。相较于唯物辩证法，形而上学对待历史主要表现为如下两个方面：一方面，历史虚无主义割裂必然性与偶然性的辩证关系，看不到偶然性的历史事件和历史人物出现所体现的必然性，造成历史似乎完全是偶然性的表现。马克思主义唯物辩证法认为，必然性通过大量的历史偶然性表现出来，并为自己开辟道路。这并不是忽视历史主体的主观能动性，而是反对把这种能动性看作一种随意的创造，强调制约历史主体的客观历史条件，强调历史发展的客观进程。历史虚无主义抛弃唯物辩证法，搞形而上学必然反对马克思主义的历史辩证法。正如恩格斯所说："唯物主义历史观及其在现代的无产阶级和资产阶级之间的阶级斗争上的特别应用，只有借助于辩证法才有可能。"②另一方面，历史虚无主义抛弃唯物辩证法，注定无法得出全面、客观的历史结论。研究分析历史人物，不在于历史人物是否犯过错误，也不在于他们的品德、情感、修养是否完美，而在于他们的行为和后果是否符合历史发展的规律，是否促进和推动了历史的发展。那种仅仅从历史人物的生活琐事和人品道德出发，就试图否定历史人物的历史功绩和历史贡献的做法，是片面的、孤立的形而上学行为。历史虚无主义者打着"历史反思"的旗号，对中国共产党领导下的社会主义革命和建设取得的历史成就采取一概否定的态度，而对共产党领导下的社会主义革命和建设的探索道路上的一点曲折采取夸大和歪曲的态度。历史虚无主义把偶然看成必然，把支流看作主

---

① 中共中央马克思恩格斯列宁斯大林著作编译局.马克思恩格斯选集（第3卷）[M].北京：人民出版社，2012:396.

② 中共中央马克思恩格斯列宁斯大林著作编译局.马克思恩格斯选集（第3卷）[M].北京：人民出版社，2012:746-747.

流，仅仅根据拼凑的旁枝末节的史料对历史进行主观猜测和解读，还冠以"还原"和"重评"历史的幌子，实则是片面、静止和孤立的观点看历史。

第二，历史虚无主义的本体论上表现为缺位本体论。马克思主义唯物史观是人民群众本体论，认为历史是由人民群众创造的，人民群众是推动历史发展和社会进步的原动力。而历史虚无主义则认为历史是任意打扮的小姑娘，不知道历史研究为谁服务，这样就缺失了研究的主体，成了偶然性、随意性的结果。历史虚无主义的缺失主体论，使得历史研究的价值缺失和世界本源的缺失，导致历史研究的终极指向缺失，最终沦为思想意识的自我迷失。历史虚无主义的缺失本体论，把历史视为随意性结果，会导致两个方面的严重后果。一方面，无视历史主体，颠覆马克思主义历史观，会造成历史概念的不确定性，导致人人都可以书写历史的后果。另一方面，不尊重人民群众的主体作用，忽视社会生产力对社会经济、政治、文化等上层建筑的决定性作用，会造成社会发展随意性、偶然性、无序性的后果，解构了人类社会发展和历史进步的本质，不利于人类社会的健康有序发展。

第三，历史虚无主义的认识论上表现为解构认识论。认识论是指个体对知识和知识获得所持的信念，有什么样的认识论就有什么样的结果。解构主义是相对于结构主义而言的，是在对结构主义的批判过程中建构起来的认识论。解构主义认为符号能够反映客观存在，重视个体的价值而忽视整体的意义。历史虚无主义在认识论上属于解构主义，认为历史是随意的、零散的、偶然的、不可知的，将历史视为碎片化的存在，将传统客观存在的历史肢解成支离破碎的碎片，随意丢弃在垃圾桶里，却无法用科学的认识论建构起真实存在的历史真相。历史虚无主义在认识论上的解构主义，其运用的伎俩主要通过如下几种方式。一是解构既有历史事实。历史虚无主义者并非完全意义上的解构历史，而是以自身价值和利益为取向，用带有自己意识形态的语言构建新的叙事方式，导致人们对传统历史事实的认知虚无和迷失。二是借用"中性""中立""客观"等幌子为自己的解构主义行为辩护。历史虚无主义打破正统认识思维，表现为虚假的"游戏"，导致历史就像任人摆布的积木，使得历史丧失严肃性和整体性。解构主义只关注细枝末节，看不见历史的整体性和联系性，使得历史发展缺少理性，更无法预判未来，最终导致整个人类历史的发展落入虚无主义的窠臼。

（三）政治思潮：反马克思主义思潮

历史虚无主义尽管在不同的历史阶段有不同的表现形式和特征，但是其作为一种政治思潮的本质却始终如一，就是反马克思主义思潮。我国是社会主义国家，以马克思主义为指导。马克思主义是我们国家的立国之本、思想之源。历史虚无主义在政治思潮上是反马克思主义思潮，其本质上就是反对我国的指导思想，是反社会主义的思潮。在行动上，历史虚无主义反对中国共产党的领导，图谋建立资本主义制度。

第一，区别马克思主义、非马克思主义和反马克思主义三者之间的概念。从广义上说，马克思主义包括马克思主义哲学、政治经济学和科学社会主义三大部分。马克思主义，作为科学的理论体系，具有开放性和创造性品质，包括马克思主义思想继任者在实践中不断发展、创新、壮大的观点和学说体系。就中国的实际而言，马克思主义包括中国共产党人将其理论运用到中国的具体实践中，进一步丰富和发展了的中国化马克思主义。按照马克思主义辩证法观点，马克思主义是在同各种非马克思主义和反马克思主义思潮斗争中不断完善和发展的。非马克思主义是指，其基本观点似是而非、模棱两可、文过饰非，表面上认可马克思主义基本原理，实质上却与马克思主义基本原理不完全相符合的社会思潮或理论观点，其中有的观点可能是正确的，但是有的观点可能是荒谬的。而反马克思主义则是指，其基本观点与马克思主义基本原理针锋相对的社会思潮或理论体系，包括否定马克思主义基本原理和敌视马克思主义。

第二，马克思主义与非马克思主义、反马克思主义的辩证关系。马克思主义与非马克思主义、反马克思主义之间的斗争策略是灵活的，多样的，既有继承性和批判性，又在斗争中谋求发展。第一，马克思主义批判地继承和发展了非马克思主义的优秀思想成果。非马克思主义的一些观点和思想并非一无是处，马克思主义要在实践斗争中批判地借鉴其优秀思想成果，摈弃其非马克思主义的思想，以便汲取养分发展马克思主义。第二，马克思主义是在同反马克思主义的斗争中发展壮大的。马克思主义自诞生之日起，就一直在与各种反马克思主义的思想做坚决的斗争，并对各种反马克思主义的社会思潮和错误言论做坚决的斗争，在不断地批判错误思潮中发展了马克思主义。历史实践表明：反马克思主义社会思潮会干扰人们对马克思主义思想的认知，侵蚀人们对马克思主义的信仰，因此，马克思主义必须同各种反马克思主义做斗争，并在不断斗争中发展壮大马克思主义。最后，马克思主义的发展也体现了批判和斗争精神。马克思主义是在批判性基础德国古典哲学、英国的古典政治经济学和法国的空想社会主义理论基础上发展起来的，并在实践中同资本主义思想斗争不断完善和发展，尤其体现在马克思主义中国化的实践过程中。例如，列宁认为马克思主义代表广大无产阶级的意识形态，而资产阶级思想则视马克思主义为"有害的宗派"。

第三，中国共产党的政治信仰。"十月革命"为中国带来马克思主义，让处于黑暗中的中国人民看到光明和希望。建党伊始，早期的中国马克思主义信仰者同自由主义、资产阶级改良主义、封建主义做斗争，在一片黑暗中拨云见日，坚定地选择了马克思主义。早期的中国马克思主义者不仅对外同国民党反动派进行艰苦卓绝的斗争，而且对党内的教条主义进行批判，坚持理论联系实践，用以指导中国革命。在抗日战争时期，中国共产党以民族大义为重，坚决同日本法西斯主义做斗争，同右倾投降主义、"左"倾冒进主义做斗争，捍卫了马克思主义，得到广大人民群众的拥护和支持。在进行社会主义革命和建设时期，针对社会上出现的各种错误思潮，毛泽东同志非常形象地将马克思主义比喻为香草，而将各种非马克思主义和反马克思主义比喻为毒草，他认为毒草只能处于被统治地位[①]，指出了马克思主义的支配地位。邓小平同志掷地有声地指出：坚持四项基本原则是同各种错误的社会思潮做斗争的锐利武器。进入新时代以来，针对社会上各种改头换面的社会思潮，习近平总书记多次强调坚定不移地坚持马克思主义指导地位不动摇，同时进行理论创新、技术创新、形式，敢于对各种形式的反马克思主义"亮剑"，维护我们党的指导思想的纯洁性。

（四）本质：意识形态功能

从实践层面来看，中国社会主义意识形态的曲折发展也是导致历史虚无主义泛滥的主要原因。新中国成立后，中国共产党领导在意识形态领域与各种非主流意识形态

---

① 毛泽东.毛泽东文集（第 7 卷）[M].北京：人民出版社，1999:197.

进行艰苦卓绝的斗争，在经过辨析、识别、抵制和达成共识等一系列甄别工作之后，马克思主义为指导的社会主义意识形态才得以巩固和发展。历史证明，一旦忽视我国社会主义意识形态建设，包括历史虚无主义在内的各种非主流意识形态就容易滋生；国外意识形态渗透严重的时候，正是我国历史虚无主义容易泛起的时候。在意识形态领域，社会主义意识形态不去占领，就会被其他意识形态占领，因此，我们党必须加强社会主义意识形态建设。为了能够让中国民众更好地理解和感受马克思主义意识形态的理论体系，中国社会主义意识形态的核心是社会主义核心价值观。概括来说，社会主义意识形态经历了初步确立、曲折发展、严重挫折、积极探索和发展新阶段等五个阶段。

第一，初步确立时期（1949—1956年）。新中国成立初期，我国经济领域存在公有制和私有制并存的格局，再加上受封建主义残余思想的影响，这就决定了我国各种意识形态并存的状况。针对此种情况，我们党决定实行"三大改造"，在经济领域基本确立社会主义制度，继而在思想战线领域展开几次大规模论战，初步确立了以马克思主义为指导的社会主义意识形态。一方面，在全社会广泛宣传马克思主义理论、普及马克思主义唯物史观、开展学习中国共产党党史等教育工作。在稳步推进社会主义"三大改造"的同时，在思想理论界也轰轰烈烈地批判旧中国遗留下来的反动文化，全国各地陆续开展学习马克思主义意识形态的活动，对于普及马克思主义思想起到重要的宣传作用。另一方面，伴随着新中国的成立，文艺界也亟须创作一批马克思主义为指导的文艺作品，体现新中国新风尚，树立新风，展现新中国文艺工作者的精神面貌，体现为人民服务的宗旨。随着文艺作品的普及，马克思主义思想得到迅速传播，推动了马克思主义思想深入普通百姓。

第二，曲折发展时期（1957—1966年）。20世纪60年代初期，国际共产主义运动受赫鲁晓夫全盘否定斯大林的影响，造成国际共产主义的思想产生混乱，一时间人们不知道共产主义将走向何方。同一时期，以美国为首的西方国家借机在国际上煽动反共反人民反社会主义思潮，丑化共产主义领导人，批判共产主义政策路线，造成共产主义在世界范围内的信任危机。严重的国际环境也给中国国内的社会主义意识形态带来影响，造成我国在意识形态领域的斗争扩大化，对文艺战线的批判过失化，但就整体而言，我国意识形态建设依然取得一定的成绩，全国人民思想空前团结，可以说在曲折中发展。

第三，重大挫折时期（1966—1976年）。由于受到当时国际国内客观形势的影响，尤其是共产主义运动遭遇曲折，"文化大革命"在这种特殊环境中产生，使得我国社会主义意识形态建设遭遇重大挫折。这一时期，我们党对思想道德、文艺战线、理论战线的批判都出现扩大化倾向，尤其依然坚持阶级斗争的思想，历史虚无主义和反科学主义盛行，给社会经济发展造成一定的影响，但是也不能全盘否定这一时期毛泽东同志的思想。例如，毛泽东同志提出的"打破旧世界，建设新世界"，有助于我国加强在意识形态领域建设。毛泽东同志提出"三个世界划分"思想，为我们处理国际事务提供了很好的理论思维，帮助我们判断当今国际格局的走势。

第四，积极探索时期（1978—2012年）。"文化大革命"结束以后，为了解放思想，统一认识，1978年5月11日，《光明日报》发表《实践是检验真理的唯一标准》的文章，由此，全国上下掀起了一场"真理标准"的大讨论。自此以后，人们的思想从"两个凡是"中解放出来，社会上出现人人学马克思主义、讲马克思主义、用马克思主义风尚。但是，随着改革开放的进一步推进，允许私有制一定程度地发展，意识形态领域出现资产阶级思想，社会上形成多种意识形态并存的局面，给人民造成思想认识上的混乱。在此背景下，邓小平深刻指出，历史虚无主义和资产阶级自由化思潮的社会危害，并多次纠正党内和社会上软弱涣散的思想倾向，坚持四项基本原则、坚持中国共产党的领导、坚持社会主义道路不动摇，把当时混乱的思想认识统一到社会主义意识形态上来。与此同时，以邓小平同志为核心的党的第二代领导集体逐步形成中国特色的社会主义，也形成了社会主义意识形态的核心要义，奠定了我国意识形态发展的基本框架。

第五，发展新阶段（2012年至今）。2005年，我国理论界开始清算历史虚无主义流毒，对历史虚无主义危害、实质、特征等进行"口诛笔伐"，这一时期的历史虚无主义又开始借助网络传播、转变范式传播、假借学术探究传播，以期继续在网络空间里"兴风作浪"。为此，我们党必须构建社会主义意识形态思想体系，并将抽象理论形象化、生动化、具体化，使之能够为广大民众所记住、熟知、运用，进一步占领意识形态空间，把诸如历史虚无主义等非主流社会思潮挤出去、抵制住、消灭掉。2012
年在中国共产党第十八次全国代表大会上，首次提出社会主义核心价值观的24字概
括，直接、生动、形象地表达了马克思主义思想，也标志着我国社会主义意识形态建
设进入新发展阶段。

　　一般认为，意识形态按照地位从低到高的层次分别为：认知—解释、价值—信
仰和目标—策略等三个层次的要素。他们分别说明"是什么""该如何""怎么办"
的问题，具体来说。认知—解释层面说明"是什么"，即意识形态的发展演变历史、
主张和思想，反映的是具体的社会制度和观念。价值—信仰层面回答"该如何"，即
意识形态的标准和理念，反映的是人们在实践中的价值选择。目标—策略层面是解决
"怎么办"，即意识形态实现的具体途径和手段，反映的是人们在意识形态指导下
的具体思想倾向和行为模式。在这三个层面的作用下，意识形态发挥"统治阶级意
志"的作用，而历史虚无主义正好契合意识形态的三个要素，具体来说如下（见图
3-8）。

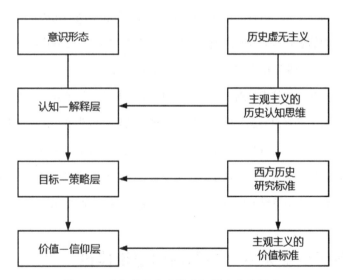

图3-8　历史虚无主义的意识形态作用图示

数据来源：自制

　　从认知—解释层面来说，历史虚无主义认为历史是人的主观愿望下的偶然性事
件的集合，是可以随意解构的历史事件，这种随意性迎合了现代人的精神需求。从价

值—信仰层面来说，历史虚无主义认为历史资本主义普世价值观是最正确的，理应成为全世界人们的价值观。历史虚无主义以"西方历史研究标准"为"真理"进行"议程设置"，凡是符合"西方历史研究标准"的都毫无理由地加以赞美，凡是不符合"西方历史研究标准"的一概否定，历史成为西方资产阶级蒙蔽人们的武器，以便消解主流意识形态。从目标—策略层面来说，历史虚无主义主要虚无中华传统文化、社会主义革命和建设史、中国共产党史，以及重要的历史人物和历史事件，以达到混淆视听的目的。历史虚无主义这种以主观主义的价值标准为出发点，肆意歪曲、虚构、编造历史细节解构历史的宏大叙事，根本目的是否定中国共产党的领导、否定社会主义制度、否定社会主义意识形态。

历史虚无主义的意识形态作用模式告诉我们，如若要颠覆社会主义意识形态，就必须占领社会主义意识形态的"价值—信仰"层面，实现思想领域的占领。但是，"价值—信仰"层面属于社会主义主流意识形态的阵地，一旦受到资产阶级意识形态的攻击，必将全力反击和抵抗，这样不便于资产阶级意识形态的传播。于是，历史虚无主义选择首先攻击"认知—解释"层面，以历史细枝末节和坊间的花边新闻来解构正统的历史，扰乱人们的思想认知和对主流意识形态的信仰，继而将这种价值观的渗透策略标准化，通过政治主张来消解人们对社会主义的信仰，实现搞垮中国共产党领导的政治图谋。当今时代，互联网技术日新月异，在应对全球化和信息化带来的各种网络思潮中，我们要坚定社会主义意识形态信仰，坚决同各种社会思潮做斗争，正如学者所言"意识形态的阶级性和实践性的特征决定了它是当今社会主义和资本主义两种制度斗争的主要阵地。意识形态与政党具有内在联系，坚定不移地维护马克思主义对我国意识形态的指导地位、反对意识形态指导思想的多元化是共产党提高执政能力的根本要求"[①]。

二、当前历史虚无主义在国内的逻辑悖论

通过前面研究分析，可以发现历史虚无主义在国内赖以生存的理论基础是"西

---

① 田改伟 . 试论我国意识形态安全 [J]. 政治学研究，2005（1）：28-39.

方中心论"，在本质上唯心史观，其根本危害是对我国进行意识形态渗透，否定马克思主义指导、否定社会主义道路、否定中国共产党的领导，以达到颠覆社会主义国家政权的目的。习近平总书记指出："'灭人之国，必先去其史。'国内外敌对势力往往就是拿中国革命史、新中国历史来做文章，竭尽攻击、丑化、污蔑之能事，根本目的就是要搞乱人心，煽动推翻中国共产党的领导和我国社会主义制度。"[①]从现实意义来看，2021年美国加紧对中国进行贸易战、科技战，拉拢西方盟友对中国进行"围剿"，导致中美关系紧张，与此同时，美国对我国的意识形态渗透也在加强。在互联网络空间，诸如历史虚无主义等各种非主流社会思潮对我国意识形态领域的安全造成严重挑战。对此，我们需要正确认识历史虚无主义的逻辑悖论，意识到其意识形态的本质，警惕其对我国中华传统文化、中国共产党党史、新中国史造成的危害。因此，加强对历史虚无主义的研究，不仅仅是理论创新问题，还是一个实践问题，具有深刻的现实意义。

历史虚无主义在国内的理论基础是"西方中心论"，其核心思想是西方的政治、经济、思想、文化等各个方面全面优于东方，并自信地认为东方应该模仿借鉴西方的发展道路、政治制度、经济制度、文化习惯等。历史虚无主义者认为，我国社会主义发展道路上遇到的困难和问题，都可以通过效仿西方政治制度、经济制度和思想文化来解决，他们只看到西方国家的优点，看不到我国社会主义现代化建设取得的巨大成就，否定社会主义革命和现代化建设成就。这种"只见树叶，不见森林"的自我欺骗式偏见，存在着严重的逻辑悖论，表现为："学术研究"悖论、"历史相对主义"悖论、"去意识形态化"悖论和"超阶级性"悖论等四个方面。

（一）"学术研究" 的悖论

学术研究理应是以严谨而严肃的态度对所占有的文献和史料进行严格的整理、论证、加工之后的发现和创新，都是"言之有据、言之有理"科学论证的结果。而历

---

① 中共中央文献研究室 . 十八大以来重要文献选编（上）[M]. 北京：中央文献出版社，2014:113.

史虚无主义往往依据自己所谓的"主观臆断"凭空捏造结论，而且这种结论具有强烈的意识形态指向，对历史人物和历史事实进行消解和解构，以达到扰乱人们对历史价值观和历史事实判断的目的。为了达到这一目的，历史虚无主义者往往采取"先入为主"的历史价值观预设，并依据这种虚假的价值观预设寻找史料、截取史料、片面化解读史料，甚至拼接、虚构、捏造史料，进行所谓的"学术研究"。这种学术研究沦为历史虚无主义者攻击马克思主义和社会主义的工具，一种虚假的学术"幌子"，其本质带有强烈的政治倾向和意图，具有非常明显的社会危害性。历史虚无主义是打着"严谨历史研究"为名的"非客观性"的研究。[①]"学术研究"是历史虚无主义最大的欺骗性，为历史虚无主义戴上"反思历史""探求历史真相""重新评价历史""解放思想"等学术陷阱为其造势，博取世人的关注和眼球。历史虚无主义的这种"学术研究"和"理论探讨"，根本经不起仔细推敲和科学论证，往往是从伪命题出发，借题发挥，炮制出对马克思主义和社会主义批判和对立的言论，最后得出自相矛盾的结论。

（二）"历史相对主义"悖论

"历史相对主义"认为历史研究是以史学家的史料为论据的，往往具有既不真实又不完全的特点，这就决定了历史研究不具有科学意义上的客观性，而是带有各种偏见和倾向。与此相反，历史客观主义认为历史是客观发生的不以人的意志为转移的客观事实，可以通过观察、实验和理论演绎等方法论来反映和建构的。对历史的研究态度不同，自然得出不同的结论。马克思主义的唯物史观是以历史客观主义态度来对待历史，而历史虚无主义是以历史相对主义态度来对待历史，表现为对历史史实的质疑和对主流历史的虚无。历史虚无主义在对待历史研究成果方面具有非常强烈的双重标准，一方面对主流历史价值观领域的研究成果进行质疑和否定，认为主流历史研究

---

① Thomas P. Bernstein. Mao Zedong and the Famine of 1959-1960:A Study in Wilfulness[J]. *The China Quarterly*, No.186, 2006, p.401.

具有政治偏向和价值倾向，另一方面对自身的研究成果则宣称没有政治偏向和价值倾向，为自己的研究成果贴上"客观性"和"真理性"的标签。

（三）"去意识形态化"悖论

历史虚无主义以"价值中立"标榜自己的研究去意识形态化，是真正的"客观性"和"真理性"。但是历史虚无主义本身作为西方国家对中国进行意识形态渗透的工具，自身代表的是西方资产阶级的利益，具有非常明确而强烈的意识形态色彩。历史虚无主义的意识形态化还体现在反对、解构和虚无主流意识形态方面，打着"去意识形态化"的旗号解构马克思主义和社会主义，继而否定中国共产党的领导。马克思、恩格斯在《德意志意识形态》中指出，任何想反对现有统治阶级的阶级 "为了达到自己的目的，就不得不把自己的利益说成是社会全体成员的共同利益"， "赋予自己的思想以普遍性的形式，把它们描绘成唯一合理的、有普遍意义的思想"①。同理性分析，历史虚无主义代表的是资产阶级的利益，为了维护资本主义制度，在全世界推行资产阶级价值观和思想，把自己的意识形态标榜 "真理性"的科学理论和超意识形态的存在，以此来掩盖自身的政治诉求，迷惑和扰乱马克思主义信仰和社会主义制度，为解构现有的主流意识形态服务。

（四）"超阶级性"悖论

历史虚无主义通过贬低无产阶级以及无产阶级革命史，对中国共产党领导的无产阶级革命史进行解构，妄图掩盖其资产阶级利益的阶级指向。这种标榜自身"超阶级性"的客观真理，一方面主张历史研究 "告别革命论"，以否定马克思主义唯物史观，另一方面蓄意割裂中国共产党领导的无产阶级革命史观中的"革命性"和"现代化"，忽视中国共产党领导的社会主义革命和建设事业成就、历史逻辑和价值逻辑。

---

① 中共中央马克思恩格斯列宁斯大林著作编译局 . 马克思恩格斯选集（第 1 卷）[M]. 北京：人民出版社，2012: 256.

马克思、恩格斯在《共产党宣言》中指出："至今一切社会的历史都是阶级斗争的历史。"①历史虚无主义打着"超阶级性"的幌子，为资产阶级利益服务，为在全世界推行资本主义意识形态做掩护。历史虚无主义所谓的"超阶级性"的提法，具有资产阶级普世价值同性质的欺骗性和遮蔽性，以资本主义"意识形态"来解构马克思主义阶级斗争和革命论，消解中国共产党的革命历史观，企图掩盖其资产阶级意识形态的政治诉求。

三、当前历史虚无主义在国内造成的危害

历史虚无主义以否定历史和现实为过程，编造、歪曲、虚构未来，打着"探求历史真相"和"还原历史"的幌子，散布资产阶级意识形态。随着互联网的崛起，尤其是新媒体的出现，历史虚无主义变换各种形式在网络空间里兴风作浪，伪装的手段也日益高明，给我国意识形态领域的安全造成严重威胁。当前，历史虚无主义再度泛起，通过各种手段对我国进行意识形态渗透，侵蚀了我国社会主义制度，对此，我们必须意识到："其根本目的就是要搞乱人心，煽动推翻中国共产党的领导继而我国社会主义制度。"②

（一）解构中华文明，消融民族精神

历史虚无主义首先在历史领域否定和解构中华正统历史人物、历史事件、历史事实，尤其是近年的一些影视剧，例如《甄嬛传》《如懿传》等，打着"穿越""创新""奇幻"等幌子对历史事实进行错误改编，造成人们对历史事件的歪曲认识。其次，历史虚无主义对文学领域进行解构、虚构、捏造，一些作品违背道德和法律底

---

① 中共中央马克思恩格斯列宁斯大林著作编译局.马克思恩格斯选集（第 1 卷）[M].北京：人民出版社，2012:400.

② 习近平.在纪念中国人民抗日战争暨世界反法西斯战争胜利六十九周年座谈会上的讲话[N].人民日报，2014-09-04.

线。历史虚无主义试图在不同领域，通过不同的方式否定中华5000年文明史，瓦解民族文化，影响民族自信心，继而消融民族精神，导致民族虚无主义的滋生。

（二）消解主流意识形态，模糊马克思主义信仰

长期以来，西方敌对势力一直对我国实施"西化"，不遗余力地推行西方资产阶级普世价值观，对我国进行意识形态的渗透。通过历史虚无主义的意识形态作用示意图（见图3-8），我们可以得知，历史虚无主义本质上就是反马克思主义的意识形态，其宣扬极端个人主义、历史主观主义、享乐主义，严重扰乱人们的马克思主义信仰。历史虚无主义编造、虚构历史细节，以戏谑、嘲讽、调侃历史英雄人物，例如毕福剑事件、刘胡兰、雷锋等都成为受害者。历史虚无主义以错误言论，误导少数网民，以少数网民的跟风炒作为名头，意在裹挟民意，散布反马克思主义言论，逐步消解社会主义主流意识形态，模糊马克思主义信仰，企图进一步动摇我国主流意识形态，否定人们对中国共产党的政治信仰。

（三）动摇政治信仰，否定中国共产党的领导

历史虚无主义的意识形态作用的最终指向是中国共产党以及领导的中国社会主义革命和建设，妄图虚无中国共产党的领导人物、党史国史事件和历史上的重大结论，以达到动摇人们对中国共产党的政治信仰的企图。首先，历史虚无主义虚无中国共产党的领导人物、英雄人物、楷模人物。历史虚无主义者采用求全责备的做法，利用历史上的细枝末节，以偏概全地用道德标准或现代视角对历史特定环境里的人物"攻其一点、不及其余"，例如，他们攻击毛泽东同志的历史功过。对此，邓小平曾做过专门的论断："我们党总结历史经验不能丢掉毛泽东，否定毛泽东就是否定中国革命大部分的历史。"[1]因为毛泽东同志是我们党历史上的伟大领袖、精神核心、伟大旗帜，丢掉了这个伟大旗帜就否定了我们党的光辉历史，就会造成思想领域的混乱。其

---

① 邓小平.邓小平文选（第3卷）[M].北京：人民出版社，1993:271-272.

次,历史虚无主义针对事件只作价值判断,而且是西方资产阶级的价值判断,不做事实判断。历史虚无主义者抓住我们党在中国革命和社会主义建设历史上的个别失误,抓住细枝末节大做文章,用偶然性代替必然性、用局部代替整体、用阶段性代替连续性,妄图消解人们对重大历史事件的正统认知,干扰人们的思想认知。最后,历史虚无主义用谎言攻击一些重要的历史结论。针对我们党历史上已经做过的结论,历史虚无主义者以资产阶级历史主观主义的价值判断标准,妄图推翻历史结论,为历史结论"正名"。这种做法目的就是制造社会舆论的混乱,以便混淆视听,造成社会思想混乱,动摇中国共产党的政治信仰,继而否定中国共产党执政的合法地位。

第四章

基于网络大数据的历史虚无主义在社交媒体传播的总体态势与传播模式机制分析

Chapter Four

从纵向历史的角度看，历史虚无主义的出现并不是一蹴而就的，而是经历了一个漫长的发展过程。当社会主义登上历史舞台之后，历史虚无主义作为资本主义针对社会主义进行意识形态渗透的方式而存在。例如，在导致苏联解体的众多因素中，历史虚无主义是至关重要的一个。早在20世纪初，随着资产阶级的兴起，与之相对应的是近现代史上众多民族国家快速兴起，而作为统治阶级的资产阶级在全球范围内逐步推行资本主义制度，并且建立强大的国家机器用以维护自身统治。自此之后，出于维护社会秩序的需要，资产阶级通过掌控宣传媒体而控制了国际舆论，在本国乃至世界范围内树立了与资产阶级利益相匹配的意识形态，进而引导社会思潮的走向。在这一过程中历史虚无主义思潮开始逐步出现并得以传播，其总体表现为西方文化的输出。

在20世纪80年代，随着经济全球化的加剧，历史虚无主义伴随经济和资本流通传播到全球各地，尤其在苏联形成泛滥风气。这一时期的历史虚无主义，披着"反思历史"和"学术研究"的外衣，迎合了当时社会上"极左"的思想，蛊惑了很多民众，在社会上逐渐泛起，但是针对其危害性却并未引起我们党相应的警惕。进入20世纪90年代，特别是网络媒介的出现，为历史虚无主义思潮的传播提供的理想的"沃土"。因为网络空间具有较强的自由开放性，改变了以往的信息传播结构，媒介传播格局逐步呈现多中心化的趋势，也就是说任何人都可以借由网络终端在网络中自由的表达自己的观点，极大地削弱了由传统媒体所建构的媒介传播格局，演变成"人人皆为信息源"的传播现状，提升了个人信息的传播影响力和范围，进而造成了历史虚无主义思潮的广泛传播。这就使得历史虚无主义者抑或是社会团体，可以在网络空间中自由的传播其思想主张，进而借由网络媒介扩大自己的影响力，当更多的受众开始接触到这些网络中的信息时，自然会受到这类思潮的影响，并开始自发在网络当中聚集起来，短时间形成规模庞大的群体。认同历史虚无主义思潮的群体对其进行二次传播，甚至将这类思潮转化为实际行动反馈于实践当中，形成抵制社会主义主流价值观的情绪。

但是，历史虚无主义思潮一旦反馈于现实社会，一般都会形成"暗流涌动"的反社会主义的潜意识，而盲动易受控制则是反社会主义潜意识的重要特征，因此，境外反动势力联合境内部分历史虚无主义团体组织，在网络当中设置相关议题，利用传媒学的"议程设置"进一步促进历史虚无主义思潮的传播，久而久之就会凝聚为相应的反共产党领导的群体，为境外反动势力和自己攫取巨大的政治资本。当前西方国家依然掌控着意识形态话语权，诸多政客在公开场合配合国际媒体扩散历史虚无主义思潮，意图在全世界推行资本主义制度。根据迪博（TIMBRO）智库的报告显示，历史虚无主义已然活跃于当前西方世界和社会主义国家，只是其价值指向差异很大，前者是把历史虚无主义作为武器攻击社会主义国家，对社会主义国家进行意识形态渗透；后者主要抵制敌对社会思潮的影响，肃清境内外敌对社会思潮，维护社会主义主流价值观。在可以预见的未来，历史虚无主义依然是西方资本主义国家对我国进行意识形态渗透的重要方式，只是其表现形式会更加多样化、隐蔽化、零散化，通过影响民众的思想潜意识来达到抵制社会主义主流价值观的目的，甚至形成反对社会主义、反对共产党的领导社会思潮，进而颠覆社会主义国家政权。进入21世纪，互联网技术赋权使得历史虚无主义在网络空间中发挥着巨大的影响力，加强对其在网上传播模式机制的研究变得尤为重要。

第一节　历史虚无主义在社交媒体传播的属性分析

一、历史虚无主义在社交媒体传播的主要媒体源变动趋势

就当前历史虚无主义在国内传播情况而言，历史虚无主义泛起主要源于西方资本主义国家，尤其是美国对我国进行意识形态渗透，并与国内非主流社会思潮沆瀣一气，共同对历史虚无主义的泛起到推波助澜的作用。通过研究分析我国当前历史虚无主义数据媒体源（见图4-1），我们可以发现当前历史虚无主义活跃的网络平台主要

集中在微博、客户端、微信、门户网站等四大网络平台中。这四大网络平台代表了我国网络环境的主要空间，占据了我国网络空间的91.77%，而其他所有的平台只占据了8.23%的网络空间，其中视频占据0.05%，外媒占据0.01%。下面笔者就历史虚无主义网络媒体源进行分析，以期探究历史虚无主义在国内网络空间传播的主要通道，并为第五章进一步历史虚无主义在社交媒体上的传播模式机制作铺垫。

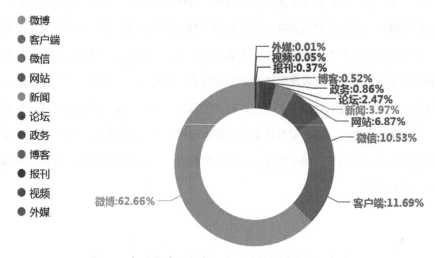

图4-1　我国当前历史虚无主义的数据媒体源示意图

数据来源：新浪大数据研究院

微博，灵感最初来源于美国推特，是指网络用户用以发布、分享、传播即时简短信息的社交平台。微博自2009年上线以来，其与网民沟通的高效率引起广大网民、政府机构、社会名人的青睐，截至2023年3月微博月活跃用户达到5.93亿，成为网民重要的信息渠道。微博平台的特点，主要包括如下几个方面：一是便捷性。网民可以在微博客户端既可以浏览别人的信息，又可以发布自己的信息，还可以作为观众参与编辑或者转发公众信息。尤其是移动客户端出现以后，网民发表和分享信息更加快捷，信息传递速度更加迅速。移动客户端的出现，使得"人人都有个麦克风"成为现实，也使得网络信息传递呈现轻量化、碎片化等特点，给网络治理带来重大挑战。二是传播性。由于微博的技术门槛较低，使得网民都可以在微博上发表信息，其草根性强，给广大网民提供一个展示自我，关注公众话题、人人参与讨论的平台，从而改变了传统媒体信息传播模式。三是原创性。微博上面的信息文字少，内容简练，容易抓住网民眼球，原创性强，有助于在网络空间树立自身形象，具有重大意义。四是泛娱乐化。为了抓住观众的眼球，微博用户讨论的话题和实时信息，传播内容和方式都具有泛娱乐化特点。例如，恶搞、娱乐、明星感情等搜索热度一直很高，而民生政治新闻被淡化。

微信，是腾讯公司于2011年推出的社交服务平台，以智能终端为依托运用平台。相较于微博，微信的即时通信更加迅速和便捷，通信方式更加多样化，有文字、语音、视频和图片等新媒体。除此之外，微信还设置了很多交友、办公应用、政府服务等小程序，大大增强了其实用性，增进了网民之间的联系。微信产生大量网络信息，对传统媒体信息传递方式产生极大的影响。微信提供的基于移动终端的朋友圈、公众平台、信息推送等特色服务，极大增进了信息的群落传播，给网络意识形态治理带来新的挑战。

客户端，通常是指与服务器相连接的本地服务程序。这些运用程序，基于互联网通讯，需要网络中服务器提供相应的服务，建立特定的网络通信连接，以便实现客户端的正常运行。[①]例如，数据库软件，智能手机运用软件、电子邮件服务等。随着互联网技术的发展，根据计算机连接方式的不同，大致可以分为客户端——服务器端和浏览器端——服务器端两大类。目前常用的客户端有：Web客户端、游戏客户端、移动客户端等。

短视频，2016年出现以抖音为代表的一批短视频社交软件，他们或以视频音乐创作、或以微电影制作、或以创新性资讯短视频，或以好玩搞笑视频等为特色抓住00后一代心理特征，带给用户有别于一般意义上的新媒体震撼的视觉和听觉体验。其中快手全球注册用户高达7亿，是一款基于社区智能移动终端的APP。以抖音和快手为代表

---

① 曲艳红．基于信息技术的教学方法 [M].哈尔滨：哈尔滨工业大学出版社，2015:250.

的短视频之所以能够在短时间内迅速走红，深受年轻人的喜爱，究其原因主要是满足了年轻人渴望平等、彰显个性的性格特点，以及追求丰富情感的心理特点。短视频的出现有助于缓解现代人的心理压力，但是短视频的爆红同样也带来一些乱象，主要表现为如下几个方面：第一，让人上瘾的15秒视频设计。抖音和快手的短视采用黑色背景、自动横屏、轻便下滑实现视频切换等设计，大大增强了用户的体验快感，再辅助于有趣的视频内容和经典的背景音乐给用户带来超强的震撼体验，很容易抓住用户的注意力，让人上瘾不能自拔。第二，信息茧房的形成。随着大数据技术的发展，在短视频中，后台大数据中心会根据用户的兴趣和爱好依据一定的算法，及时推荐用户喜爱的短视频，进一步增强用户黏性，加速信息茧房的形成。在信息茧房中，"我们只听我们选择的东西和愉悦我们的东西的通讯领域"[1]。这种智能算法给年轻人带来严重的隐患，一方面助长了用户喜好的信息传播，形成信息认知的偏见而不自知，另一方面智能算法会给年轻人带来信息识别和筛选的依赖心理，使得用户不愿意做选择和判断，从而导致主体失去总体性视野，久而久之容易造成人格心理认知的残缺和人格的不健康。第三，虚妄的精神愉悦。抖音和快手等短视频通常以搞笑、夸张、娱乐等内容为主，博取用户的眼球，如果允许这种短视频长久地占据年轻人的生活，渗透到年轻人生活的各个方面，势必造成年轻人沉溺于娱乐狂欢中，那么就在一定程度上消弭年轻人在现实生活中的奋斗意志，从而陷入虚妄的精神愉悦中。第四，内容不良的精神污染。短视频上充斥着大量低俗献媚、扭曲夸张、哗众取宠，甚至解构历史、戏说历史、违背法律底线的内容，这些不健康的精神污染很容易对年轻人的世界观、人生观造成影响，干扰他们对主流意识形态的信仰，对社会主义核心价值观造成冲击。

外媒，主要是指境外媒体，尤其是互联网上对我国进行意识形态渗透的境外传播

---

① [美] 凯斯R.桑斯坦.信息乌托邦：众人如何生产知识 [M].毕竞悦，译.北京：法律出版社，2008:8.

媒体。通过前文研究分析，历史虚无主义主要是以美国为首的西方国家对我国进行意识形态渗透的工具，对我国社会主义核心价值观造成干扰和冲击，因此，我国的历史虚无主义泛起在一定程度上受到西方国家历史虚无主义的影响。随着互联网的兴起，西方国家主要通过网络对我国进行历史虚无主义的渗透，利用我国社会转型期经济发展不平衡等矛盾，在思想领域煽风点火捏造历史，图谋解构我国历史，扰乱我国社会主义主流意识形态。虽然外媒的影响占比比较低，但是其影响力和破坏力都非常大，再加上我国长期以来遭受西方国家的殖民和侵略，导致至今我国仍有很多人崇洋媚外的思想，因此，欲加强对网络历史虚无主义的有效引导，必须加强对外媒的监管，抵制西方历史虚无主义思潮对我国主流意识形态的侵蚀。

二、当前历史虚无主义在国内自媒体空间的传播特征

"自媒体"是指基于网络社交平台的传播方式，主要是指网民可以直接在网络终端发表自己的观点和思想，并根据自己的意愿选择性地发布带有主观意志的事件。常见的社交媒体主要有微博、微信、百度贴吧等。相较于传统媒体集中式的信息发布，自媒体极大地拓展了网络空间的边际，使得任何网民都可以成为信息发布源，给现代生活带来了便利，但是也承载了公众的社交功能，当然也给网络历史虚无主义的传播和扩散提供了便利条件。"自媒体对于历史虚无主义思潮的传播起到了推波助澜的作用，借助自媒体这种新型传播媒介，历史虚无主义思潮获得了前所未有的发展空间。"①概括来说，自媒体条件下历史虚无主义思潮的传播特征主要表现为如下几个方面。

第一，传播速度迅捷化、网络化。在自媒体条件下，信息传播速度极快，信息量极大，极容易形成网络影响力。在自媒体空间里，每个网民都成为媒体源，信息被发

---

① 陈清，刘珂．自媒体时代历史虚无主义传播的特点、危害及对策 [J]．广西社会科学，2016（3）：57-61．

布之后，会在朋友圈形成第一轮快速传播，而且只需要在短短几秒钟之内通过点赞、转发、评论等方式就可以使得信息迅速发酵。然后，再通过网络大V、"意见领袖"们的"二次加工"，在网络空间形成极具号召力的"网络事件"，加快了历史虚无主义思潮的传播扩散。

第二，传播内容隐匿化、主观化。近些年，历史虚无主义借助于自媒体的技术赋能和传播内容的隐匿化得以快速传播，成为我国影响力广泛的一种社会思潮。历史虚无主义者热衷于以"学术研究""揭秘历史""重评历史""还原历史"为幌子，通过解构、虚构、捏造等手段淡化中华民族历史事件、妖魔化民族英雄、虚无我们党的领导人，妄图掩盖历史真相、虚无历史事实、扰乱公众认知，以达到其不可告人的政治目的。历史虚无主义者还主观地肆意拼接、剪接、虚构历史，用稀奇古怪的字眼来博取观众的眼球，使得网民在不知不觉中接受他们的观点和错误思潮。

第三，传播范围广泛化、及时化。随着互联网技术的进步，自媒体的技术也在不断创新，从之前的微博、微信、百度贴吧，到现如今的短视频，其影响力也在不断扩大，为历史虚无主义的传播提供新的途径和渠道。历史虚无主义传播的渠道更加多元化，突破了时空的限制，影响范围也进一步扩大。历史虚无主义言论一经扩散，便不再局限于学术圈，而是进一步扩散到文学、影视、艺术等不同领域，混淆视听，扭曲网民的社会主义价值观和历史观。由于科学技术的进步，历史虚无主义一旦在网络空间蔓延，其便会爱很短时间内迅速传遍整个网络，及时性影响效力大，造成巨大的破坏力。

第四，传播方式碎片化、娱乐化。现代社会，人们的生活节奏快，容易滋生浮躁、紧张等不良情绪，使得人们更加倾向于接受简洁、零散的信息片段，而对大部头的信息避而远之。为了迎合现代社会人们的这种阅读习惯，历史虚无主义者以碎片化、娱乐化等方式制作和生产这种"离奇古怪"的历史虚无主义内容，并强调"碎片化""快餐化"阅读方式。而这种"碎片化""快餐化"阅读方式又契合了历史虚无主义拆解、虚构、扭曲的历史虚无主义叙事方式，为其碎片化和娱乐化的传播提供了受众基础。历史虚无主义这种历史叙事方式，解构了客观历史的宏大叙事，将有机统一、逻辑严密的历史事实虚无成"任人宰割的绵羊"，以此混淆视听、解构社会主义主流意识形态，最终达到动摇马克思主义信仰、质疑中国共产党的执政地位的目的。

第五，传播对象年轻化、大众化。历史虚无主义在娱乐化包装下，呈现形式多种多样、搞笑轻松，很容易抓住年轻人的心理，其背后表达的思想具有很强的蛊惑性和诱导性，对年轻人具有很大的"杀伤力"。年轻人由于涉世未深，对网络上腐朽的意识形态辨识力不足，性格容易冲动，心智不健全，极易被网络上编织的谎言蒙蔽，从而产生对社会主义主流意识形态抵触的情绪。网络空间，作为现实空间的反映，历史虚无主义传播的主体范围也非常宽广和复杂，涵盖不同阶层、不同职业、不同背景，成为历史虚无主义信息传递的主渠道。

第二节　历史虚无主义在社交媒体传播途径分析

通过前文的研究和分析，我们发现微博、微信和百度贴吧三大社交媒体平台在信息传播过程中具有极大的优势，其影响力远超过其他平台，因此加强对这三大社交媒体平台的研究和分析，有助于找到历史虚无主义在社交媒体平台传播模式的治理途径。第一，自媒体社交平台改变了历史虚无主义在网络空间里的传播结构。在传统媒体时代，历史虚无主义的传播是单向的、被动的、不可逆的，而在自媒体时代用户不仅是历史虚无主义内容的接受者，还是历史虚无主义内容的生产者、参与者、互动者，这样就形成了多中心化的传播模式。历史虚无主义在网络空间传播的变化，也必将带来社会意识形态的治理扁平化，压缩了社会治理层级。第二，自媒体社交平台扩大了历史虚无主义的二次传播。历史虚无主义在微博、微信和百度贴吧三大社交媒体平台还可以进行点赞、转发、评论、编辑等二次传播，方便了信息传播途径，扩大了信息影响范围，表达了用户的情感态度。第三，自媒体社交平台降低了历史虚无主义传播的门槛。用户在微博、微信和百度贴吧三大社交媒体平台上发布历史虚无主义信息，传播形式多种多样，可以是文字和图表，还可以是视频和音频等，但是由于自媒体技术的革新，尤其是去中心化，使得用户不用保证信息的真实性，这就助长了历史虚无主义者肆意解构、虚构，甚至捏造信息的气焰，造成社交媒体平台的信息泛滥。

一、历史虚无主义在社交媒体平台新闻贴来源分析

传统媒体，信息来源于官方或媒体持有者，代表的是统治阶级的利益，其信息传播具有单向性特征。官方信息的发表，可以通过"议程议题设置"来引导社会舆论。而自媒体具有去中心化、碎片化、交互性、即时性等特征，其信息来源可能是社会精英、名人、网络大V，也可能是知名学者、行业领袖、政府官员，还可能是农民、待业青年、草根等，各种言论和思想混杂于网络空间汇聚成不同行业、不同背景、不同话术特点和语言风格的信息流，最终那些能够代表社会舆论普遍关注的、极具个人特点的、有一定影响力的言论能够受到社会的广泛关注。

就历史虚无主义相关信息传播而言，其信息来源主要是社交媒体个人注册用户、知名大V、公知、名人、其他媒体官方账户、政府或民间组织以及自由媒体人的账户等。在这个流量为王的时代，社交媒体有关历史虚无主义的来源主要是一些为了吸引网民关注度的"意见领袖"、知名博主和有政治背景的组织和个人，他们利用网民猎奇心理、娱乐心理和质疑心理等，制造公共事件，紧贴社会舆论热点，博取流量关注。在微博、微信和百度贴吧三大社交媒体平台，隐藏着西方大型旗舰媒体，例如BBC、美联社（AP）、路透社（Reuters）、美国有线电视新闻网（CNN）、法国新闻社（AFP）等，它们与西方国家的政府紧密合作，在全世界推行西方普世价值观。这类媒体利用观众的信赖和相对权威的自身优势，引导其他媒体跟风报道，形成信息传播的舆论场，增强信息传播的效率。一些海外自媒体平台，例如Instagram和Facebook，往往通过分享链接的方式传播历史虚无主义新闻贴，再配上

极具煽动性的评论和极具伪装的学术话语范式，增强了新闻贴的"观赏性"和"映射性"。

就社交媒体信息源而言，用户量最大的是个人用户，占据用户总数的70%以上。但就其影响力而言，具有双面性，一方面，他们的影响力似乎很低，因为他们绝大多数属于网络空间的"沉默用户"，即在网络空间中只"潜水"，不发表任何观点和意见，既不转发新闻贴，也不点赞和评论；另一方面，他们的影响力似乎又是最大最强的，一旦某个舆情事件的形成，他们的态度就会马上转变，由"潜水"转向四处"喷水"，形成口诛笔伐的洪流，直接决定网络舆情事件的走向。例如，根据网络舆情的大数据分析，在"毕福剑事件"传播的过程中，从信息的出现到最终形成舆情事件，"沉默用户"起到核心作用，大量的口水仗是由"沉默用户"组织和发起的，最终形成社会热点问题。

就信息传播客体的情感态度而言，社群传播对于历史虚无主义的最初传播起到关键作用。社交媒体的最大特点是"社群传播"的形成，即朋友圈文化中的活跃用户。历史虚无主义新闻贴刚一出现，首先能够影响到的是"社群"和"朋友圈"，因为网络空间的"社群"往往具有相似的行业背景、相似的成长经历以及相似的情感诉求。因此，那些"社群"和"朋友圈"一旦看到自己关心的话题，就会产生联想和情感共鸣，针对历史虚无主义新闻贴的真实性和有效性不做辨识，就进行点赞和转发，有的还会评论，增加自己的观点。根据社会传播学理论，信息在传播的过程中，某一观点会被无限放大，有的传播客体会对信息进行二次加工，紧贴社会热点话题，使用更为夸张大语言和表情，使得信息传播获得更多"关注"和"热度"。

二、历史虚无主义在社交媒体平台信息分布领域

历史虚无主义思潮弥漫于微博、微信和百度贴吧平台中，具有历史虚无主义色彩的信息内容在许多领域的报道中都有所涉及，主要涉及政治、经济、文化、娱乐、军

事等领域（见图4-2）。

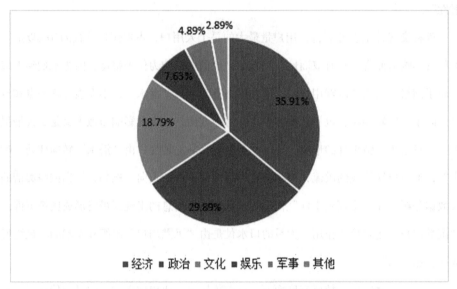

图4-2　历史虚无主义在国内主要社交媒体平台信息来源分布图

数据来源：微博、微信、博客、百度贴吧、播客、腾讯新闻、新浪新闻、人民网、凤凰资讯、环球网等

　　首先，在经济领域，涉及历史虚无主义相关内容主要将焦点置于逆全球化方面和社会各阶层之间的经济不平等问题。在经济全球化方面，2010年之后，随着中国GDP跃升为全球第二大经济体，西方国家认为中国在全球化进程中获取了巨大的利益，为阻止中国经济进一步发展，以美国为首的西方国家开始推行"逆全球化"政策，地方保护主义势力抬头。与此同时，以美国为首的西方国家又在意识形态领域对中国进行渗透，试图阻止中国进一步崛起。在过去的几十年里，全球化带来财富在不同阶层分配不公平的现象日益明显，"富者越富、穷者越穷"的现象加剧了人们对社会的不满，但是，面对社会财富分配的不公平，他们又无力改变这种分配格局，就用历史虚无主义对中国进行意识形态渗透。就国内因素而言，我国正处于社会转型期，经济发展不均衡，人民对美好生活的向往无法得到充分的满足，难免产生抱怨、愤恨等情绪，继而导致历史虚无主义的滋生。

其次，在政治领域，对社会主义政权造成负面影响。历史虚无主义的本质是西方国家对中国进行意识形态的渗透，妄图颠覆我国社会主义国家政权。在美国，历史虚无主义往往带有浓厚的政治色彩，表现为把历史虚无主义作为"暴民政治"的工具，否定印第安人和黑人的历史贡献，进一步加剧了种族歧视，造成社会的进一步撕裂。在中国，历史虚无主义表现为西方国家对社会主义国家进行意识形态渗透，多是借由社会突发事件引爆，并且在微博、微信和百度贴吧当中不断附加历史虚无色彩，最终反馈于现实社会形成历史虚无主义运动，对社会秩序和政治稳定带来负面影响。

最后，在文化方面，历史虚无主义思潮表现为对西方文化的崇拜和对中华文化的虚无。一方面，以美国为代表的西方国家站在文明的制高点，以傲慢的态度对社会主义国家的文化指手画脚，企图在全世界推行西方的文化。另一方面，中国的历史虚无主义者表现出严重的文化不自信，对西方文化无论好坏一概赞美和吸收，对中华文化一概否定和拒绝，给中华传统文化的传承和发扬带来很多的影响。

三、历史虚无主义在社交媒体平台新闻贴的影响力变动

近些年来，由于受到西方自媒体平台的影响，历史虚无主义相关信息在网络中与日俱增，受到中国意识形态教育工作者的批判和讨伐。从实例来看，以往的历史虚无主义相关讨论仅限于学术探讨层面，受众也多是知识分子和历史爱好者群体。但如今通过微博、微信、百度贴吧等网络自媒体的传播，历史虚无主义传播的受众已经逐步转向社会大众，许多民众加入了讨论当中，自发地凝聚为数量庞大的"草根群体"，形成一种社会思潮。同时，由于微博、微信、百度贴吧等网络自媒体是一种双向交互的网络社交平台，使得社会大众的言论具有极强的开放性，不断吸引民众参与其中，导致网络历史虚无主义的引导和治理较为困难，给我国人民的思想信仰造成严重干扰。通过研究分析图4-3，笔者发现在2000—2020年间，微博、微信、百度贴吧中出现的有关历史虚无主义信息的数量总和大致呈现总体上升的状态，尤其是2008年和

2015年之后上升的速率加快，可能与智能手机和移动互联网的广泛应用有关。

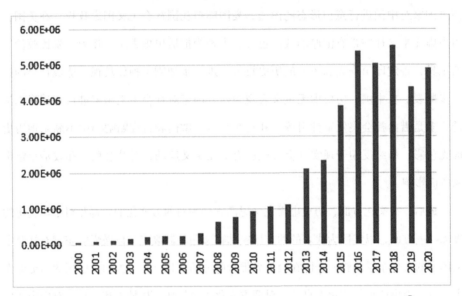

图4-3 2000—2020年历史虚无主义在中国主要社交媒体出现的总频数①

数据来源：微博、微信、百度贴吧等

通过研究分析图4-4，笔者发现在2000—2020年间，中国历史虚无主义在主流社交媒体平台影响力的变化呈现如下态势：一是在微博和微信出现之前，历史虚无主义主要出现在百度贴吧中，主要运用了百度贴吧的发帖、评论和讨论功能，但是在微博、微信出现之后，其影响力则大幅度下降；二是在微博出现之后，由于其具有短小精练、及时互动等功能优势，很快就得到普及。历史虚无主义正是抓住这一功能特点迅速扩大其影响力，在短短的两年时间内，影响力便迅速扩大，随后则逐渐下降；三是在微信出现之后，由于其实现了即时通信、实时互动等功能，尤其是主要通过亲友等熟人关系构建起来的朋友圈，增添了信任和感情，使得微信一经推出，便得到广泛使用。历史虚无主义也主要利用了这一功能得以迅速传播，其影响力也逐渐增加；四是截至2020年，历史虚无主义在微博和微信的影响力基本趋同，而在百度贴吧的影响力则快速下降。通过研究分析历史虚无主义在主流社交媒体平台的影响力，说明历史虚

---

① 总频数：在微博、微信、百度贴吧中出现的有关历史虚无主义信息的数量总和。

无主义偏重通过互联网的社交功能传播，而且实时互动增加了其传播速率，这为下文进行历史虚无主义传播模式与机制分析做了铺垫。

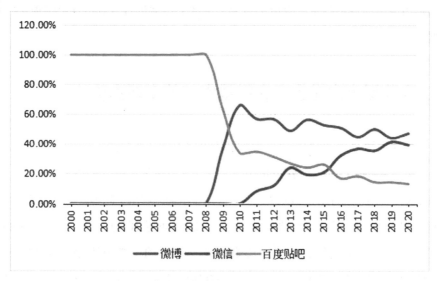

图4-4　中国历史虚无主义在主流社交媒体平台影响力变动图

数据来源：微博、搜狗微信公众号、百度贴吧、天涯论坛、第谷数据等

第三节　当前历史虚无主义
在国内主流社交媒体的变动态势

为了从总体上弄清历史虚无主义在过去几年的变动态势以及未来的发展趋势，我们结合百度指数、微博、微信、百度贴吧等互联网大数据，对历史虚无主义的发展动态做出总体判断。微博、微信空间中的历史虚无主义呈现形式主要是文字和图片的剪辑、拼接和重构，而短视频空间中的历史虚无主义呈现形式主要是以动画、音频的剪辑和拼接为主，再辅助以弹幕、音乐等多媒体，增强历史虚无主义内容的立

体感和视觉、听觉的震撼性。研究自媒体空间中历史虚无主义呈现方式、变化态势以及催生出来的新的变种，为我们研判历史虚无主义走势提供了全新的视角，也为我们运用网络大数据技术，对历史虚无主义网上传播进行有效治理提供理论实践依据。

一、当前历史虚无主义在微博空间的变动态势

通过研究图4-5，我们可以发现当前历史虚无主义在微博空间呈现如下变化态势：第一，从数值上看，微博空间的历史虚无主义数量呈现逐年递增的变化态势，这说明在微博空间中关涉历史虚无主义的微博逐年增加，网络空间鱼龙混杂，亟须加强对网络空间的治理。第二，点赞量和转发量呈现不同的表征特点。我们可以发现2014年至今呈现出转发量远低于点赞量的变化态势，而2014年之前则呈现转发量与点赞量交叉呈现的情况，在特殊情况下甚至还会呈现转发量高于点赞量的变化态势。在以微博、微信、百度贴吧为代表的自媒体空间中，转发量在一定程度上代表网民认可微博的观点，并受其影响而主动转发，借此以传递和表达自己的观点和情绪。在2014年之前，关涉历史虚无主义的博文较少可能是因为微博刚开始出现，西方国家对我国进行网络意识形态渗透的技术手段和内容信息量不多的缘故，但是转发量高于点赞量说明关涉历史虚无主义的博文对网民的影响力大，容易造成广大网民思想方面的困惑，扰乱网民对社会主义主流意识形态的信仰。在2014年之后，由于我国加大对网络空间的整顿和治理，在学术界展开对历史虚无主义的批判，使得广大网民清晰认识到历史虚无主义的危害性，因此，即便网民感觉博文"有趣、好玩"，只是对博文点赞，而不会对其转发，转变为自己的观点，这说明网络空间中对非主流社会思潮的治理还应该考虑到情感等因素，有些网民的点赞或许只是自己情感的表达，并不能表征他们的思想意识受到严重影响，这也为本书的研究工作提供崭新的视角。第三，从年份来看，我国微博空间中关涉历史虚无主义的博文在2012年和2016年呈现迅猛增长态势。通过前文研究分析，我们发现历史虚无主义思潮主要受到西方资本主义国家，尤其是美国的影响较大，尽管外媒在我国历史虚无主义的媒体源只占0.01%（见上节图4-1），但

是其影响力和扩散性巨大，也是我们加强网络治理的重点。2012年和2016年都是美国的大选年，每当这一时期，美国共和党和民主党都会拿中国说事，把中国当作竞争对手，渲染"中国威胁论"，调动美国民族主义情绪，与此同时，美国也会加强对中国进行意识形态的宣传和渗透。

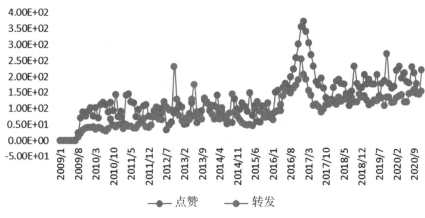

图4-5　2009—2020年微博上历史虚无主义点赞和转发变化态势图

数据来源：微博

　　通过大数据技术深度挖掘微博中有关历史虚无主义的信息，将研究的重点集中在博文的总量和评论量这两个方面（见图4-6）。通过研究分析图4-6，2011—2016年微博空间中有关历史虚无主义的博文帖子的点赞数和转发数在2017年和2016年达到峰值，这一结果与图4-8的分析结果基本一致。2011—2017年微博空间中有关历史虚无主义的博文帖子总数和评论数整体呈现稳步上升的变化态势，而2017—2020年略有下降，之后便基本没有变化。这说明，历史虚无主义在微博空间中的影响力在2017年达到峰值，之后略有下降，但是依然维持在一个较高数量，因此，我国意识形态教育工作者应该革新网络监管技术和手段，增进马克思主义理论素养，增强针对网络历史虚无主义网上传播的甄别能力，为消除历史虚无主义网上影响做出积极贡献。这里需要注意的是技术理性在历史虚无主义网上传播中的推动作用，未来随着更加先进的技术运用，可能会挖掘出更多的关涉历史虚无主义的博文。还需要警惕的是，随着新技术的成熟和更新，历史虚无主义未来可能以更加隐蔽的方式存在于微博中，这都对我国意识形态教育工作者提出更高的要求。

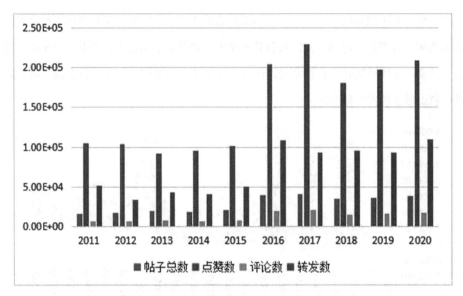

图4-6 2011—2020年微博有关历史虚无主义博文数量、点赞量、转发量和评论量变化态势图

数据来源：微博

二、当前历史虚无主义在微信公众号空间的变动态势

通过研究图4-7，我们可以发现当前我国历史虚无主义在微信空间呈现如下变化态势。第一，从波谷来看，我国网民对历史虚无主义的关注度逐渐提高。第二，从数值来看，微博空间的历史虚无主义数量呈现逐年递增的变化态势，这说明在微信空间中关涉历史虚无主义的公众号或者微信朋友圈文章逐年增加，网络空间鱼龙混杂，亟须加强对网络空间的治理。第三，点赞量和转发量呈现不同的表征特点。我们可以发现2016年和2019年呈现出评论量和总数量突然出现峰值的变化态势，而其余年份均为点赞量高于转发量的变化态势。在以微博、微信、百度贴吧为代表的自媒体空间中，评论量和转发量在一定程度上代表网民认可微信公众号的观点，并受其影响而主动转发，借此以传递和表达自己的观点和情绪。在2016年和2019年，关涉历史虚无主义的微信公众号文章的总量和评论量突然大幅度增长，这可能与特朗普当选美国总统和英国脱欧有关。

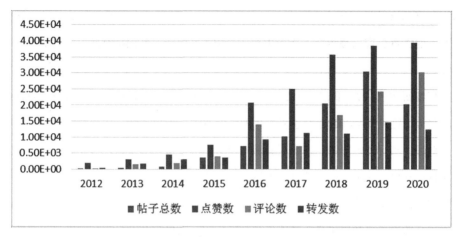

图4-7 2012—2020年微信公众号有关历史虚无主义博文数量、点赞量、转发量、评论量

数据来源：腾讯微信

　　从国际背景来看，西方国家的经济低迷推动了西方国家对社会主义国家进行意识形态渗透，以此来转移西方国家的民众视线。西方国家民族主义、反建制派势力的抬头，不仅仅是因为经济原因，更主要的是表达对资本主义社会现状的不满。2008年全球金融危机之后，美国和欧洲在经济全球化的过程中，虽然带来经济的整体复苏和繁荣发展，但是贫富差距却加大，导致中产阶级和底层蓝领工人的财富缩水，由此产生对精英阶层强烈的不满情绪。从宏观角度来分析，民族主义崛起带来"反全球化"思潮，甚至带来"逆全球化"进程。西方资产阶级政府则利用民众的民族主义情绪，利用资本操控舆论，进行"议程设置"，将本国民族主义情绪诱导到反全球化和反社会主义方面，对外则表现为利用历史虚无主义对社会主义进行意识形态的渗透。相较于微博的公共空间而言，微信空间作为亲友间的网络空间，其分享的公众号文章更适宜社会主义主流意识形态的声音传播。微信公众号，更多的是在亲友之间的朋友圈发布和分享，更容易形成感情共鸣，尤其是针对美国大选和英国脱欧带来的民族主义高涨的情绪。相较于微博的公共空间，知名大V、公知可以诱导粉丝，微信朋友圈属于亲友之间的情感纽带，无形中形成利益共同体和民族情绪共同体，而我国的民族主义情绪更多地表现为爱国主义情操。因此，在遇到重大国际事件的时候，针对微信朋友

圈中分享的有关抵制历史虚无主义的文章更容易被转发；在普通事件的时候，微信朋友圈的文章更容易被点赞，无形中形成爱国主义洪流，共同抵制西方的历史虚无主义侵蚀。

仔细研究图4-7，我们发现2020年的微信公众号总数量和转发量均呈现出明显的下降趋势，这可能与2020年全世界发生的疫情有关。面对疫情，我国科学施策积极应对，对患者实行免费医治，在很短的时间内取得抗疫斗争的阶段性胜利。再对比西方国家抗疫乱象，为是否戴口罩争论不休、医疗体系崩溃、社会动乱加剧，依然将资产阶级的利益置于公共卫生事件的前面，导致社会阶级分裂加剧。这说明，我们国家的民族主义精神是以爱国主义、集体主义为特征的，人民群众会自觉与国家政策保持一致，自觉维护我们国家的利益。尽管在2020年的抗疫期间。西方敌对势力竭尽所能污蔑我国的抗疫政策、诋毁我国的人权事业、虚无我国的抗疫成就，在网络空间依然盛行，但是我国的广大网民以自身的亲切体验感受到我们国家保护人民利益的决心和精神，感受到社会主义大家庭的温暖，开始对历史虚无主义"说不"，敢于在公共场所抵制历史虚无主义、维护我们国家的现象和利益。这种现象的出现，不仅说明这是非常人民群众在重大公共事件面前能够自觉拥护党和国家，而且值得骄傲的网络在涉及自身重大安全事件的时候，敢于打破"沉默"法则，向敌对势力发声，敢于站出来维护国家利益，这说明网民越来越理性了。

三、当前历史虚无主义在百度贴吧空间的变动态势

通过研究图4-8，我们可以发现当前我国历史虚无主义在百度贴吧空间呈现如下变化态势：第一，从论坛帖子总数来看，有关历史虚无主义的论坛帖子总数在2008年和2016年分别达到两个峰值，但是2016年的数量高于2008年的数量，这可能与美国大选有关。通过前文的分析，每逢美国大选年，网络空间中有关历史虚无主义的信息便会增加，再次印证了中国历史虚无主义是"舶来品"的论断。第二，从评论数来看，百度贴吧中有关历史虚无主义的评论数量整体呈现逐年递增的变化态势，2008年和

2016年关涉历史虚无主义的讨论帖数量则突然迅猛增加，这可能与美国大选年有关，这一结果与前面帖子总数的分析结果基本一致。第三，点赞量普遍高于转发量。在以微博、微信公众号、百度贴吧为代表的自媒体空间中，转发量在一定程度上代表网民认可微博的观点，并受其影响而主动转发，借此以传递和表达自己的观点和情绪。而点赞量只代表网民关注、了解的状态，或许还有认可等情感偏向，但是并不能完全表征网民的思想状态，即不能由此认定网民是否为历史虚无主义者。百度贴吧的点赞数量和转发数量只能说明网民对历史虚无主义关注度在提高，网民对历史虚无主义的认知也在增加，这有助于我们普及历史虚无主义知识，加强网络空间的治理，也为我们党进行历史虚无主义的有效治理做储备。

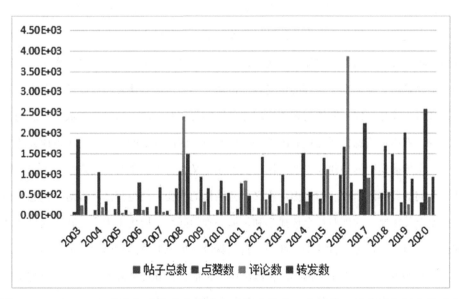

图4-8　2003—2020年论坛有关历史虚无主义博文数量、点赞量、转发量和评论量变化态势图

数据来源：天涯论坛、知乎、豆瓣、百度贴吧、猫扑、铁血社区、新浪论坛、搜狐社区、网易社区、中华网论坛、博客论坛等主流论坛贴吧等

第四节　历史虚无主义在社交媒体传播特征和传播模式机制分析

通过第二节研究分析，我们可知历史虚无主义在微博、微信和百度贴吧等三大社交媒体传播途径，也势必带来历史虚无主义在社交媒体平台的传播特征和传播模式的改变，具体来说，主要包括如下几个方面：第一，改变了信息传播结构。由于互联网技术的突飞猛进，科技为信息传播赋权，使得信息在传播主体、传播渠道、传播环境和传播客体等方面均发生明显的变化。传播主体不仅发表历史虚无主义内容，传播客体也不仅是历史虚无主义内容的接受者，传播主体与传播客体之间彼此还可以实时互动，甚至主体与主体、客体与客体之间也可以实现实时互动，这样就形成了一定的社交景观，而影响信息传播的核心因素是传播环境，因此本书的第五章将重点探究历史虚无主义传播模型的构建，以期把握历史虚无主义在自媒体平台传播规律。第二，塑造了不同的群体话语权。历史虚无主义传播结构的改变，使得传播环境对于信息的传播效率至关重要，这涉及社会传播学和传播心理学问题。历史虚无主义在不同群体之间传播，由于自媒体平台的交互性强，自然就容易形成群体的话语权。而群体的话语权直接影响着历史虚无主义内容的传播范围、传播效率和传播效度。第三，重塑了网络议事空间。由于互联网的高交互性，使得网络空间成为人们探讨社会话题、参与公共事务、影响社会舆论的"网络议事空间"。在这一空间里，人们就彼此关心的社会热点话题进行"点赞、转发、评论、编辑"等，久而久之参与的人多了，网络空间话题就会映射到现实社会，成为社会舆论场域，有助于搭建国家治理者与草根群体之间的交流通道。本节重点研究历史虚无主义在传播过程中是如何重塑网络议事空间的，为第六章对历史虚无主义进行有效治理提供价值参考。

一、历史虚无主义在社交媒体的传播特征

近些年来，由于全球经济和政治纷纭变幻使得一些国家内部社会不稳定现象加剧，致使历史虚无主义思潮已成泛滥之势。在全球经济体系中，一国历史虚无主义的泛滥会影响到许多国家和地区的社会经济、政治、文化，也就造成了历史虚无主义思潮在别国的传播。特别是近些年来，历史虚无主义思潮对全球政治发展的影响表现得尤为突出，由于西方国家经济萧条、失业率高、贸易战等诸多原因，使得民众对政府缺乏信任，甚至产生一定的对抗情绪，而资产阶级政府却将这种不满情绪转移到对中国等社会主义国家上来，因此，每当以美国为首的西方国家经济不景气的时候，历史虚无主义就会呈现增长态势。从本质上来说，这些由历史虚无主义思潮所凝聚在一起的群体也兼具盲动和易受煽动等特点，极易被一些政治团体当作其实现政治抱负的工具，这样就会使得历史虚无主义运动表面上是民意的伸张，实质上嬗变为由精英所操控的集体性行动，仅仅是为了实现精英团体攻击社会主义国家的政治主张而非普罗大众的本意。

显而易见，微博、微信公众号和百度贴吧已经成为世界各国居民了解时事的重要途径，扮演着当今国际实时动态"瞭望塔"的角色，人们在微博、微信公众号和百度贴吧之上可以获得第一手资讯。但同时，微博、微信公众号和百度贴吧的出现也极大地改变了传播形态和传播话语，在微博、微信公众号和百度贴吧平台中的各类思想都可以得到广泛的传播，用户置于微博、微信公众号和百度贴吧之上也容易受到平台中众多思想的影响，其中尤其以历史虚无主义表现得较为明显。微博、微信公众号和百度贴吧平台对历史虚无主义思潮的受众触达率和传播影响力发挥了推动作用，这造成了微博、微信公众号和百度贴吧成为历史虚无主义思潮主要传播平台的重要原因。相比于以往，如今的人们对于信息的透明度和及时性提出了更高的要求，在实时信息的聚合以及舆论生产等诸多方面扮演了重要的角色。而通过比较发现，微博、微信公众号和百度贴吧已经成为历史虚无主义思潮传播的重要窗口，并由此诱发出许多新的特征，值得我们意识形态教育工作者关注和研究。

（一）速度快，扩散范围广

随着网络技术的发展，特别是新技术对新生事物的技术赋权，促进了微博、微信公众号和百度贴吧等网络平台的传播模式的创新。当前形势下有关于历史虚无主义在微博、微信公众号和百度贴吧等网络平台的传播速度较之传统媒介，速度更快范围更广。从传播学的角度来说，历史虚无主义思潮之所以在微博、微信公众号和百度贴吧当中有如此巨大的号召力和影响力，主要是因为在历史虚无主义运动爆发之时，在同一时间也会在网络当中产生相应的网络舆论旋涡，进而在微博、微信公众号和百度贴吧当中形成有关于此的网络舆情。舆情是人们对于客观世界态度、意见、情感的集合，在一定程度上反映着社会民意，是随着现实社会事态演进而逐渐改变的，由历史虚无主义思潮所引发的网络舆情也是基于人们对现实环境的认知而做出的反应，只是人们的认识过程中其价值判断一直深受历史虚无主义思潮的影响，进而出现认知极化现象。迄今为止，借由微博、微信公众号和百度贴吧平台，历史虚无主义思潮主要扩散到社会主义国家，不仅使得社会主义国家历史虚无主义思潮愈演愈烈，而且在社会主义国家内部网络也快速传播。

新媒体一方面推动了大众民主的勃兴，使民众更加自信地参与到公共政治事件的讨论之中；另一方面，也为网络历史虚无主义提供了滋生、发展、壮大的温床。历史虚无主义舆论利用当前网络监管和治理的疏漏之处，以简单夸张的表达方式、愤青式的煽动话语体系，唤起青少年、底层民众、残疾人以及其他弱势边缘人群内心的愤怒因素，从而快速地将他们吸引到历史虚无主义信息传播的队伍之中。

由于互联网的普及和自媒体平台的蓬勃发展，全球各地的民众都可以通过电脑、手机等即时通信工具，第一时间获取海量信息，因此，突发的公共事件极容易在短时间内成为全世界公众所共同关注的热点问题。技术上的进步使历史虚无主义信息能够在网络空间上突破原有的传播疆域，从而跨越地域、民族、社会阶层的界限，实现跨国、跨阶层流动。尤其是当涉及某国富豪、官员、名人等社会精英的恶性事件发生时，引发大量来自全球各地的"吃瓜群众"围观，在真相尚未明朗的情况下，各大自媒体纷纷报道转发，民众积极参与，历史虚无主义情绪迅速通过互联网扩散开来。

（二）传播中"弱传播"行为显著

微博、微信公众号和百度贴吧用户在传播历史虚无主义信息内容时，除了自己进行原创性的内容发布之外，也可以通过简单的点赞、评论、转发等方式进一步扩大话题的影响力，虽然从表面上来看，这种二次传播的效果和影响力相对较小，但是这样看似力量薄弱的个体化的行为一旦在微博、微信公众号和百度贴吧当中凝聚起来，就会迅速引起其他用户的关注，甚至吸引他们加入其中成为鼓吹历史虚无主义思潮的一员，进而引起全域网民的共鸣，使得小众扩张为大众，原本在网络当中的陌生的个体迅速聚集成为一个群体，无论在线上还是在线下的行动当中都携带有集体性行动的特点，在现实和精神两个层面体现了历史虚无主义的张力。在历史虚无主义思潮的传播过程中，微博、微信公众号和百度贴吧用户通过参与话题讨论、点赞、转发来彰显自己对于事件的态度和价值倾向，因此可以说，这些表达自身看法看似无关痛痒的行为，但是其操作却极为便利和快捷，当这些行为主张积累超过阈值时，便会像洪水一般在网络空间中倾泻开来，进而造成规模浩大的资产阶级自由化浪潮，而且这样的思潮一旦在网络上传播起来，许多个体便会云集响应聚集起来，并且形成连续不间断的传播链条，而微博、微信公众号和百度贴吧之中的信息内容传播链与事件本身发展几乎同步。从近几年我国网络发生的历史虚无主义典型事例便可以看出，其导火索事件都是第一时间在微博之上，然后在短时间内被各类型的用户纷纷转发抑或是对内容进行深度发掘再加工，随着参与人数的不断上升，使得历史虚无主义思潮在短时间内就获得社会各界的广泛关注，进而在网络和现实两个层面掀起历史虚无主义的巨浪。

（三）衍生问题多，负面反馈大

从本质上来看，历史虚无主思潮在微博、微信公众号和百度贴吧当中发挥其巨大影响力之前，首先则是数量庞大的群体加入其中，在网络当中形成了有关于特定事件的网络舆情，只不过这些网络舆情都夹杂着历史虚无主义的思潮的诸多特点，无一例外是其内涵特征的外化体现。综合来看，在这些有关于历史虚无主义思潮的舆情爆发之后，人们首先会考虑事件的产生和自身利益有无关联，从而选择自己是否加入此群体当中。但是随着事态的持续发酵，会诱发其他民众的不满情绪，他们的不满可能另有指向甚至与当下的热点事件毫无关系，但是也会加入其中，阐发自己的主张，表达自身的不满情绪，使得受历史虚无主义思潮影响的群体数量不断增大，同时，当这类思潮反馈于现实维度之后，会对社会正常有序的发展带来不可估量的影响，有可能造成许多新的热点事件，并再次反作用于微博、微信公众号和百度贴吧平台之上，从而使得历史虚无主义思潮的发展陷入恶性循坏当中。

（四）突发性、随机性强

历史虚无主义在微博、微信公众号和百度贴吧平台传播时往往涉及政治、经济、文化、社会等多个领域，且由于其爆发热点具有复杂多变等特点，尤其是这些热点事关民众自身利益之时，就会成为引燃历史虚无主义的导火索。民众的群体性情绪一旦爆发，就会加剧历史虚无主义思潮的迅速发酵、扩散与传播。在当前微博、微信公众号和百度贴吧平台的传播过程中，诸如社会精英、富人、名人的言论等一经流传便会引起广泛热议，引起大量网民围观。同时因为微博、微信公众号和百度贴吧是一个复合型的网络媒介，一旦这些名词触及网络热点，诱发网民的宣泄化情绪之后，网络信息内容的传播就会呈现指数级裂变，使之变为网络舆情的沸点，进而在微博、微信公众号和百度贴吧之上形成有关于历史虚无主义的民意广场，增加历史虚无主义思潮的影响力。

通过网络舆情事例比较可以发现，我国国内网络上的历史虚无主义思潮并不是凭空出现的，它的产生发展以至于在网络和现实两个层面都发挥巨大的影响作用，究其本源都是借由一些社会事件引发而出的，都与现实社会中发生的具体事例息息相关。因此从这个方面来看，历史虚无主义思潮的爆发和形成有着极强的随机性，其产生源头来说没有规律可循，从民众之中产生，并且由下而上地发挥其影响作用。但是不容忽视的是，在历史虚无主义发展过程当中，它也有可能被网络大V、公知、名人等社会精英所影响，进而偏离最初的发展轨迹。同时也需要注意的是，历史虚无主义思潮与其他主流思想不同的是其并没有核心的价值体系，对其的认知只能综合它在信息传播以及现实运动当中具体的表现形式来分析。正是因为其并不具备核心的价值体系，这就容易使历史虚无主义被精英组织当作工具来使用，使得历史虚无主义在政府和民众之间人为地制造信任隔阂。这样看来，历史虚无主义的随机性是贯穿其发端直至结束的全过程当中。

（五）政治化明显，与现实联动

与网络媒介开放性、自由性不同的是，历史虚无主义在传播过程中往往具有隐蔽性和匿名性，也就是说历史虚无主义所阐发的思想主张对人们的影响是以一种润物细无声的方式发挥作用。对于特定事件所引发的历史虚无主义思潮以及相应的社会运动，用户会随着群体数量的增加等因素，不断改变自身的主张看法，进而影响整个运动的发展方向，并且也会愈发使网民对于事件的主体指向更加具体化、政治化，即是从原本对于社会民生抑或是其他问题的诉求直接转变为对政治主体的改造上面，从而造成事态的持续升级。历史虚无主义网络舆情的爆发，多是由一些社会琐事所引起，在发展过程中不断增添其他因素，最终形成历史虚无主义相关内容，并且都有着极强的政治指向性，即否定社会主义、颠覆共产党的领导。

在当前国际发生的许多热点事件当中，尤其是关乎社会群体利益的公共问题时，几乎无一例外地会引起线上线下的联动效应，进而在现实社会当中产生相应的社会运动，使得网络热点或话题在线上和线下实现联动。同时，许多意见趋同的网民迅速凝聚在一起，形成一个数量庞大的网络群体，在群体内的意见表达和讨论当中使意见更为集中趋同，在此基础上同样会进行二次传播，从而带动普通用户或者潜在历史虚无主义者，进一步扩大影响力。

传播学心理学中有种"负面偏好"的形象，就是说民众有喜爱分享负面信息的倾向，人们在浏览网站时，会不自觉地对那些负面信息投以更多关注。历史虚无主义的传播，正是利用了民众的这种"负面偏好"。历史虚无主义信息的重要特点便是打着揭露"真相"的旗号，歪曲或夸大事实，抨击历史英雄和共产党的领袖，歪曲事实，博取网民的眼球。这些信息所包含的情感倾向是负面的和愤怒的，恰好迎合了民众对于传播负面信息的心理预期，因此，相比于一般的政治类新闻舆论，民众往往优先关注涉历史虚无主义舆论，并在理解和传播过程中强化这种体验。此外，历史虚无主义信息的传播目标和传播对象更加明确，因而可以实现信息的"精准投放"。由于历史虚无主义信息往往有明确的目标指向，因而往往可以获得持同样观点或拥有相似利益诉求人群的支持，信息内容和信息能量不仅在传递过程中没有流失，反而经由传播对象不断增强。

（六）利益选择性显现

传播学和心理学研究表明，信息在传播过程中，会向信息传达利益相关方倾斜，使得社会利益群体进一步细化，而网民也更容易选择、接受、传播与其利益相关的信息，因为利益关系决定话语表达和思想倾向。网民很容易接受并传播与之本身兴趣、情绪、价值和利益等趋同的信息。从这个角度来说，历史虚无主义之所以获得如此多的关注，根本在于其符合人们印象中草根群体的价值判断和切身利益，这样的结果便是历史虚无主义者往往会站在道德高地对其他群体加以批评，在舆论场中拔高自己并将其他群体边缘化，这就使得对其持反对意见的网民群体集体性失语。因此，历史虚无主义思潮在网络中肆意横行之时可以看到，往往都是弱势群体或者利益可能受损的一方会持续发声并不断提高音量，而对于没有触动自身利益的社会群体而言，他们会通过默不作声，正是因为大多数群体的默不作声，导致网络传播舆论的偏向。

（七）时代特征显现

从历史的角度来看，历史虚无主义思潮并不是最近才出现的新兴事物，早在20世纪20年代就已经出现。然而早期的历史虚无主义作为学术范式，并未引起社会的广泛关注。这主要是因为历史虚无主义并未被资产阶级赋予意识形态功能，用来反社会主义。作为统治阶层的资产阶级特别重视其在意识形态领域的统治地位，资产阶级也特别善于利用舆论工具来操纵社会意识，他们的主要做法便是通过控制媒体、加强舆论监管等措施来控制国内的社会意识，同时也通过国家宣传机器塑造符合资产阶级利益的意识形态，用以加强对社会大众的思想控制。

综合国外微博、微信公众号和百度贴吧等网络平台和国内微博、百度贴吧等网络平台信息传播情况而言，我国历史虚无主义每一阶段泛起都具有鲜明的时代性特征。例如，在20世纪20年代至30年代，我国先进知识分子引入西方虚无主义思想，对中华文化采取全盘否定的态度，形成了第一次历史虚无主义的泛起。20世纪80年代，我国国内有人借"反思历史"之名，行资产阶级自由化之实，掀起"非毛化"的历史虚无主义运动，意图否定社会主义制度，颠覆中国共产党政权。20世纪90年代，我国进行国企改革，大量国企职工下岗，国内经济经历二次改革，历史虚无主义者就编造虚构了"告别革命""改良比革命好"等概念，意图消弭无产阶级革命斗志，割裂马克思阶级斗争观点和无产阶级专政理论。21世纪初，随着2005年我国学术界开始大规模清算历史虚无主义毒瘤运动的展开，历时虚无主义又披上"学术研究"和"探求历史真相"的外衣，实质是否定社会主义、否定共产党领导的合法性。值得注意的是，在我国隆重庆祝建党百年之际，网络上有针对中国共产党党史的历史虚无主义，这值得引起学术界的高度重视。

二、历史虚无主义在社交媒体的传播模式机制分析

（一）"羊群效应"增强历史虚无主义传播的影响力

"羊群效应"是指在一个开放的自由空间，人们的行为往往是无序的，这个时候如果有一个人勇敢地站出来，坚定地表达自己的观点，那么其他人便会跟随和模仿那个人的行为，甚至不顾及是否有危险。"羊群效应"从本质来说，是一种从众心理，主要来源于两个方面，一方面是在公开场所，人们害怕被关注，从而选择放弃自己的个性，跟随别人的指引；另一方面是迫于周围人的压力，如果大多数人都选择某种行为，唯独自己的意见与众不同，往往会遭到周围人的孤立和排挤，最终放弃自己的意见，而选择与大多数人保持一致。

历史虚无主义，作为一种社会思潮，本质上属于公开自由场所的集体行为，就

是说有一部分网民生产、传播、接受了这一社会思潮的思想，并把其内化为某种行动，不仅继续在网络空间里扩散，而且在现实生活中将其转化为实践活动。历史虚无主义在传播过程中，一部分内化的人群扮演着传播主体和客体的作用，利用传播环境扩大其影响力。历史虚无主义在生产过程中，就将作用对象指向草根阶层，并设置紧贴社会热点的话题，自诩为人民利益的代表，极力塑造人民群众与社会精英群体的阶级对立，渲染草根阶层对社会精英群体的不满、愤恨、敌对等情绪。历史虚无主义在传播过程中，充分利用了"羊群效应"产生的影响力，其一般过程可以分为如下几个方面：第一，历史虚无主义者通过"议事议程"设置，以及网民在舆论场的发言所反映出来的价值观，他们就很容易找到认同历史虚无主义内容的群体，并将这类群体视为"同类人"。第二，历史虚无主义思潮在网络空间中传播，因为其话题紧贴社会热点，被冠以"民意代表"而站在道德制高点，引发"羊群效应"拉拢价值观相同或相似的群体，同时假借"草根公敌"的名义打击"异己分子"，可以制造网络空间舆论场非黑即白的氛围，逼迫大众只能选择站在与历史虚无主义思潮相似的一方。第三，历史虚无主义利用"沉默螺旋"效应壮大自己声势。历史虚无主义在网络空间传播过程中，其"羊群效应"一旦形成，就会引发大规模网民对其声援，扩大其自身影响力，提高网络空间的声势。而广大的旁观者尽管不一定认同历史虚无主义内容，但是碍于"被关注"而选择集体不发声，陷入"沉默螺旋"当中，从反面助涨了历史虚无主义声音，致使历史虚无主义在网络空间里的影响力一家独大。

（二）"流量为王"的理念助长历史虚无主义的传播范围

"流量为王"是指在互联网时代，流量是一切商业模式、社会组织、利益集体的基础，即因为流量而引发的关注度蕴含着巨大的价值，也是驱动很多自媒体扩散信息的原动力。在自媒体时代，网络空间中散布着各种各样的信息，鱼龙混杂难以分辨，这个时候传统的官方媒体不一定能够发挥引领网络舆论导向的作用，相反一部分网络大V、公知、名人等却发挥"意见领袖"的作用。部分新兴自媒体用户，因为能够抓住网民关注的热点，制造新闻"引爆点"，而吸引大众群体的关注，赚取海量流量，成为网络大咖。这些网络大咖的形成，不仅带来巨大的网络流量，而且带来大量的物质利益，还带来一定的社会影响力和知名度。但是，在流量为王的时代，社交媒体平台出现一些现象值得人们警惕和注意。

第一，为赚取流量而刻意夸大、扭曲事实真相。互联网时代，信息呈现碎片化、轻量化、迅捷化传播，很多正能量的信息被淹没在海量信息流中，无法引起人们的关注，只有那些"新、奇、怪"的新闻才能引发人们的关注。一些自媒体组织便利用网络空间的这一特点，迎合网民猎奇、娱乐、消遣和质疑的心理，刻意制造"新奇古怪"的新闻，比如，采用夸大、扭曲、捏造等方式制造新闻"引爆点"，赚取网民的眼球和关注度。

第二，不实新闻容易滋生历史虚无主义。历史虚无主义的特征就是解构历史人物、事件和结论，而部分自媒体组织刻意夸大、扭曲的不实报道，一旦在网络空间广泛传播，势必影响人们对真相的认知，干扰人们对历史文化的判断，在一定程度上助长了历史虚无主义思潮的蔓延。从社会传播角度来说，长期的历史虚无主义泛滥，势必形成信息流瀑传播，一方面助长了传播客体对历史虚无主义信息的坚信态度，另一方面割裂了传播客体对官方媒体声音的敬畏，甚至树立怀疑、对立、反抗等情绪，动摇了官方媒体的权威性和可信性，引发网民普遍的质疑心理。

第三，部分自媒体组织容易被境外敌对势力利用。部分自媒体组织，因为笃信流量为王的信条，为了赚取流量不惜牺牲民族、国家和集体的利益，刻意迎合境外媒体的政治企图，甘做境外敌对势力在中国的代言人，对西方资产阶级思想一味地迎合和赞成，而对我国主流意识形态则嗤之以鼻。在个人利益和自我私心的驱动下，个别自媒体组织置国家民族利益于不顾，接受境外敌对势力的资金、技术、营销策略方面的资助和培训，为他们充当对我国进行意识形态渗透的"鹰犬"，在我国肆意散播历史虚无主义思潮，煽动草根阶层与社会精英的对立情绪，蚕食人们对社会主义意识形态的信仰。

（三）"群体心理学"解读历史虚无主义的传播机制

法国著名心理学家塞奇·莫斯科维奇，在其代表作《群氓的时代》里指出："群体心理学所研究的只是两个基本问题，即个体是如何融入群体的？领袖是如何控制全体的？"①同样道理，探究历史虚无主义在网络空间中传播，有必要探究群体行为的社会心理和原因。著名心理学专家古斯塔夫·勒庞认为，群体行为具有如下几个方面的特征。第一，冲动、多变和急躁。第二，易受暗示和轻信。第三，情绪的夸张与简单。第四，偏执、专横和保守。群体行为的社会心理和原因，主要有如下几个方面：心理趋同、情绪感染和心理暗示。

针对群体心理的特征和作用机理，历史虚无主义在过程中首先影响的是网络空间的"意见领袖"，培育和扶植网络空间舆论场的大V、公知和名人，并通过这些"意见领袖"快速扩散历史虚无主义内容。当历史虚无主义"意见领袖"去影响网络群体头脑的时候，他们不断借用各种手段来灌输历史虚无主义的观念和思想，常见的手法有：武断下结论、不断地重复、增强传染性。这种作用机理，很容易诱导"回音室效应"，使得群体集体性失去个性，而被同质性无意识取代。"回音室效应"是指：在封闭的环境中，如果有两者不同的言论相互竞争，围观者往往趋向于那些让他们感觉愉悦的言论，拒斥那些令他们感觉陌生烦躁的言论（有时候尽管这种言论是正确的），这样经过不断地重复、传染和下结论，会使得这一封闭的环境越来越固步自封，难以再接受新鲜事物。

历史虚无主义在网络空间传播过程中，会出现一小撮群体的头脑，他们利用传播心理学特点，打击、疏远、鄙视那些持不同意见的人，而拉拢、亲近、赞美那些与自己相同或相似观点的人，这样就形成一个封闭的大群体，而"回音室效应"又进一步增强了封闭大群体的传播效果。在群体中，人们变得暴躁而多变，对令自己愉悦的声音自动亲近，而对与自己持有不同意见的人，则很容易暴躁、排斥，甚至具有攻击性。而历史虚无主义又极具煽动性和迷惑性，将意见暴躁的群体"团聚"在一起，形成集体无意识行为，进一步拒斥不同意见者，再次加强了历史虚无主义的扩散和蔓延。多次且重复地加强对历史虚无主义的论断，很容易造成既定事实，让网民误以为历史虚无主义就是事实和真相，而官方媒体公布的真相却成为"虚假的消息"，于是

---

① [法]塞奇·莫斯科维奇.群氓的时代[M].许列民，薛丹云，李继红，译.南京：江苏人民出版社，2003:138.

他们很难接受多元化的声音，哪怕是社会主义主流思想也拒之门外。这种被历史虚无主义"洗脑"的过程，很容易被西方敌对势力利用，成为扰乱我国社会、经济、政治的因素。

历史虚无主义利用互联网传播的非组织化，在不同行业、不同群体、不同领域中传播，形成多个不同的传播社群，共同向外界投射，以扩大其影响力。除此之外，历史虚无主义还利用互联网技术，尤其是智能算法的出现，使得历史虚无主义能够根据网民的特征和习惯做针对性推送。同时，当网络空间中海量的自媒体组织看到其所宣扬的历史虚无主义思潮在网络当中如此流行，且可以为其赢得如此之多的受众之后，自媒体组织便会在海量的网络信息当中刻意筛选与历史虚无主义思潮相符合的内容，进而与历史虚无主义思潮受众之间形成互动，同时也就在网络空间之中形成了有关于历史虚无主义思潮的"回音室"，受众在其中会不断接收到意见相近或相似的声音，在由这些自媒体组织搭建的信息相对封闭的空间当中，受众的价值倾向也会出现极化现象，使得历史虚无主义思潮的受众越发笃定其主张，并在二次传播中进一步扩大历史虚无主义思潮的影响力。

（四）"群体极化"效应增强历史虚无主义的破坏性

"群体极化"是指在一个有着某种利益相关联的群体中，他们通过讨论来决定某项决策的时候，会出现两极化现象，一是原先占有多数意见的会根据自己的观点搜集证据，而成员的证据都是证明自己观点的，这样就加剧了某一决策的极化；二是当有成员发现自己的观点比其他成员观点更合理时，许多成员就会转而支持新观点，决策的结果转向了另一极端，形成了另一方向的极化。"群体极化"产生的原因是多方面的，有群体的思想认识、文化背景因素，还有群体在决策的时候，其责任被分担，压力被分配的因素，还与群体领导自身的思想水平、决策能力有关。

历史虚无主义在网络传播过程中所形成的群体是基于共同的兴趣、价值观和价值取向，并在此基础上不断发展壮大。在群体发展壮大的过程中，他们会就某一历史虚无主义内容展开讨论，以期形成最终的决策，这种讨论在"群体极化"效应的影响下会变得越来越激烈，最终形成"极化"的决策结果。"群体极化"效应的发挥，也进一步使得历史虚无主义观点更加尖锐，也更加容易吸引新成员的注意力，提高自身的关注度。历史虚无主义的这种极化的观点，一旦形成群体共识，便使得群体对此坚信不疑，而群体能够吸纳的新成员也持有这种观点，这样便形成"信息茧房"，杜绝与外界信息进行交流，容易滋生网络极端化思想，继而危害社会稳定。于是，我们经常能够看到在网络舆论场充斥着各种荒谬的历史虚无主义言论，一方面它们假借草根阶级的"民义代表"欺骗网民，骗取他们的同理心；另一方面它们主动迎合草根阶级的利益诉求，鼓动历史虚无主义者参与政治道路，妄图颠覆国家政权。历史虚无主义在网络传播过程中，通常以极端化思想掩盖历史真相，放大非理性言论，激化社会矛盾，扰乱人们的精神信仰，最终危害整个网络政治生态。

第五章
基于网络大数据的历史虚无主义网络空间传播模型的构建

Chapter Five

认识事物是为了把握事物运动规律，在前面四个章节中，我们应用大数据技术和图表变化态势分析了历史虚无主义在网络空间的传播模式机制。在本章中，笔者拟从传播主体、传播客体、传播渠道和传播环境等四个方面进一步探究影响历史虚无主义在网络空间中的传播因素，最后结合前面四章的内容构建历史虚无主义在网络空间的传播模型。基于网络大数据的历史虚无主义传播模型的构建，有助于笔者掌握历史虚无主义传播规律、特征、性质，找到传播环节的关键点，为第六章给出有效性治理的对策建议做铺垫。

第一节　历史虚无主义思潮传播模型机制构成要素

历史虚无主义思潮传播是指含有历史虚无主义思潮的信息符号，可以是文字、图片、视频、音频等，通过一定的传播空间或传播媒介向其他受众传递信息，以期形成历史虚无主义思潮的信息互动。传播的构成要素主要有：传播主体、传播客体、传播渠道和传播环境等四个方面。马克思认为："社会——不管其形式如何——是什么呢？是人们交互活动的产物。"[1]历史虚无主义思潮在网络空间中的传播同样将网络空间细化、分化，是人们交互活动的产物，反映的是现实生活中人们之间的关系。从这个角度来说，网络空间中历史虚无主义的传播，不再是个人的行为集合，而是受到现实中社会关系的影响，按照一定社会交往规则传递资产阶级意识形态的交互活动。在这个交互活动中，历史虚无主义思潮的传播有三个规律性认知：技术方式、传播规律和社会关系。本文重点探讨历史虚无主义传播过程中人的作用，在互联网时代人具有社会属性和技术属性，前者决定了人的社会关系，后者决定社会关系中信息传播的效率。

---

① 中共中央马克思恩格斯列宁斯大林著作编译局.马克思恩格斯文集（第10卷）[M].北京：人民出版社，2009:43.

一、传播主体

随着互联网技术的不断发展，在网络信息公共空间里，信息传播主客体之间是平等的，这就说明传播主体既是自媒体，又是传播的受众。在相对开放的话语领域，传播主体以匿名的方式自由地表达自己的利益诉求、情感和思想认知，且思想的传递相较于传统媒体更加隐秘。历史虚无主义思潮存在形式非常隐晦，或隐匿在文字、视频、音频、网络段子里，或隐藏在古文诗词里，或披上学术外衣，占据公众视野、混淆视听，使得不明就里的人们容易被迷惑。传播的主客体也从知识精英、权威专家、网络大V走向普通网民，甚至草根阶层。历史虚无主义思潮的传播除了受到传播主体的主观情绪影响外，还受到传播主体所处经济、社会、政治、文化，以及学术氛围的影响。按照马克思主义的观点，事物发展变化的主要因素是内部影响，就历史虚无主义的传播来说，历史虚无主义的传播主要受到传播主体所处经济、政治和学术氛围的影响，当然，传播环境也是其中重要的一环。

二、传播渠道

传播渠道主要是指一切使信息得以传播的载体，包括人、事、物等，就我国当前历史虚无主义传播渠道而言，主要是指书籍、报纸、电视为代表的传统媒体，以及微博、微信、论坛为代表的新兴媒体，还有学术论文、学术会议、学术访问等为代表的专业学术交流形式。历史虚无主义的传播看不见、摸不着，隐藏在信息传播载体中，因此，对信息传播载体的研究和解读就成为破解历史虚无主义传播路径的关键。随着互联网技术的发展，历史虚无主义的传播载体由传统阅读型的传播向音频化、视频化、立体化等传播方式转变，使得人们更容易被误导，从而造成思想领域的困惑，产生对主流意识形态的抵触心理。数字化的信息传播，尤其是社交平台的出现，使得信息传递能够实现"零时差"，大大增强了信息传播的时效性，也成为网络舆情的动态表达。当前我国历史虚无主义的传播最突出的特征就是以社交平台为载体的圈层化、社群化传播，使得信息在最初出现的时候被熟人社会快速点赞或转发，形成热点话题，在网络大V、知名公知的影响下快速发酵，形成网络舆情事件。受这种传播特性的影响，笔者认为有必要重点研究影响网民认知情绪的传播环境，对于我们构建网络传播模型大有裨益。

三、传播环境

传播环境有两层意义，一是信息传播所处的周围特有情况，二是信息在传递的同时所塑造的环境，包括传播的硬件条件和软件条件，其中人是传播环境中最关键的要素。历史虚无主义之所以能够成为网络关注的热点，甚至能够成为网络舆情事件，其传播主体和传播环境势必借助了社会热点之势、迎合了网民急切宣泄的心理情绪、契合了网络社会传播学规律，多种因素的综合作用，引发了强烈的"社会效应"。一是借助社会民生热点。历史虚无主义之所以能够引起网络的广泛关注，归根结底还是迎合了网民，尤其是占网络空间绝大多数的沉默用户的心理诉求，例如，教育、医疗、养老等公共话题热点。历史虚无主义通过潜移默化的思想渗透，将网民对现实生活的不满引导至我国经济体制和政治制度上来，极力渲染民众的不满、抵制，甚至攻击等情绪。二是借助社会历史热点。社会历史是中华文化和民族精神的组成部分，起到凝聚民族向心力的作用。历史虚无主义则借助社会历史热点，任意解构、拼接、捏造历史人物或事件，散布伪科学的谎言，以达到歪曲历史事实、污名化历史人物、颠覆历史结论等险恶目的。三是借助社会变革。当前我国处于转型期，极易出现各种社会问题，人们短时期内很难适应新的社会变革，导致社会矛盾容易凸显出来。历史虚无主义利用社会变革中出现的某一矛盾或者价值观念，为其披上"学术外衣"，采取张冠李戴、以偏概全的虚无手法解构出资产阶级思想，制造社会主义主流意识形态的混乱。

四、传播客体

传播客体是指信息传递的受众，具有无指向性特征。就历史虚无主义的传播客体而言，可以是知识精英、权威专家，也可以是草根民众、中产阶级，还可以是网络空间"代言人"。历史虚无主义深谙网络传播规律和特性，利用新媒体定向传播功能，重点培育和扶持网络舆情种群，例如，网络大V、网络名人、网红等。历史虚无主义者运用物质激励、思想拉拢、威逼利诱等手段，扶植空间"代言人"，利用其大量粉丝对他们的喜爱和信任，误导不明真相的网民，骗取其信任，增强历史虚无主义网络传播的力度和深度，进而引发网络舆情事件。网络空间"代言人"利用"议题设置"和"议程设置"误导网民与自己的观点一致，为自己披上"正统"的外衣，从而在网络空间里形成强大的影响力，误导公众舆论，毒害不明就里的网民。历史虚无主义"弥散于自媒体和网络评论之中"[①]，其出场方式必然借助重大社会热点事件，尤其是广大沉默用户关注的社会热点，极易博得网民的同情和喜爱，进一步扩大传播客体。

第二节　历史虚无主义传播主体的动因分析

党的十九大以来，我国进一步深化经济体制改革，推动改革开放向深层次、全方位、更宽领域拓展，为经济发展创造新的增长点、增长极。与此同时，我国也在思想文化领域进一步加大对外开放，增强与其他国家和地区之间的文化交流，这也给历史虚无主义思潮的滋生创造了外在条件。历史虚无主义作为一种舶来品，伴随着改革开放后西方资产阶级思想的涌入而进入中国，并与中国本土的社会思潮相结合，找到了滋生和繁殖的土壤。从根本上来说，我国历史虚无主义思潮是我国经济社会改革和转型期人们心理的反映、情感的外化，是从人们日常生活中生发出来的。当前我国社会正在进行的以改革和转型为重心的深层次经济调整为历史虚无主义的出现提供根本出场动力。

---

① 贺东航. 警惕疫情大考中网络民粹主义反向冲击 [J]. 人民论坛，2020（08）：18-21.

一、经济动因

马克思恩格斯认为在资本主义社会向共产主义社会转变时，有个无产阶级专政的阶段，"我们这里所说的是这样的共产主义社会，它不是在它自身的基础上已经发展了的，恰恰相反，是刚刚从资本主义社会中产生出来的，因此它在各方面，在经济、道德和精神方面都还带着它脱胎出来的那个旧社会的痕迹。"[①]社会发展是遵循经济规律的，我国社会主义发展虽然没有从资本主义阶段"脱胎"出来，但是依然无法摆脱经济规律的束缚，无法超出社会的经济结构和社会的文化发展阶段的制约，因此，在我国社会主义发展的第一阶段就是克服国际资本主义旧的经济、政治和文化的影响，历史虚无主义就是其中之一。当前，我国处于社会主义初级阶段，虽然社会生产力和经济水平在中国共产党的有力领导下取得举世瞩目的进步，但是由于我国经济底子薄、人口多、发展不均衡等因素，难免使得一部分人无法享受到发展红利，造成对我国社会主义制度存在一定的偏见，历史虚无主义正是迎合了这一偏见并以经济困难和国有企业员工待业问题来攻击我国社会主义制度。

经济基础决定上层建筑，自然也决定历史虚无主义等意识形态，可以说经济动因是历史虚无主义产生的主要因素。为了进一步探究经济困难、劳动力待业与历史虚无主义之间的关联性（见图5-1），笔者运用Google Ngrams[②]英语语料库和Books Ngram Viewer[③]英语资料库做深入研究，结果发现历史虚无主义与劳动力待业有强关联性。经济因素的考察主要以经济周期来分析的，时间跨度较大，考虑到经济困难周期的四个阶段：危机爆发、经济萧条、经济复苏和经济增长。仔细研究分析图5-1，结合前文的研究成果，在20世纪30年代之前主要是虚无主义哲学的兴起，在全世界刮起一股"虚无主义"和"怀疑主义"之风，目前学界普遍认为中国历史虚无主义是在20世纪30年代开始兴起的，之后一直呈现稳步增长的态势，三次峰值出现在20世纪40年代、20世纪

---

① 中共中央马克思恩格斯列宁斯大林著作编译局.马克思恩格斯选集（第3卷）[M].北京：人民出版社，2012:363.

② Google Ngrams：是谷歌公司收录的1800—2008年间的图书资源，主要语种有：英语、西班牙语、俄语、法语、德语、意大利语、希伯来语和汉语8种语言出版，其中英语占了一半。

③ Books Ngram Viewer：是谷歌公司收录的1800—2020年间的英语资料库，以图示形式显示，图书中的词频，包括英、法、德、俄、西、汉六种文字。

70年代至80年代和21世纪初，这一研究成果正好与第二章的研究结果不谋而合。经济困难，也叫经济危机，也是在20世纪30年代开始呈现上升趋势，两次峰值出现在20世纪30年代和21世纪初，这可能与美国20世纪30年代的经济大萧条和2008年的金融危机有关。数据运行趋势同样显示，劳动力下岗待业虽然从20世纪30年代开始呈现稳步下降的趋势，但是两次峰值出现在20世纪30年代至40年代和20世纪90年代。通过数据分析对比，发现历史虚无主义与劳动力待业呈现强关联性，同样经历了产生、发展、高潮、回落的运行周期。

图5-1　1900—2020年间历史虚无主义与经济困难、下岗在Google Ngrams中的相关性分析

数据来源：Google Ngrams和Books Ngram Viewer

　　为了进一步解放和发展社会生产力，我国目前正在进行社会转型，对资本主义遗留下来的旧事物做彻底的清算。在转型期，各种社会矛盾和潜藏的问题也会浮出水面。历史虚无主义者正是利用这一矛盾，抓住人们不满情绪，假借反思历史的名义，虚无人民群众对我国主流意识形态的认同。马克思指出"历史和自然史的不同，仅仅在于前者是具有自我意识的机体的发展过程"[①]。人，是人类历史的主体，具有主观

①　中共中央马克思恩格斯列宁斯大林著作编译局.马克思恩格斯文集（第9卷）[M].北京：人民出版社，2009:501.

能动性。我国社会主义初级阶段的社会转型，使得一部分人产生不符合社会现实的误解和偏见。这些不规范的、非逻辑化的情绪，使得他们难以对历史客体做出客观性的评价和认知，导致对社会主义制度和中国共产党的领导的认同感和信任感降低。这些不规范、非逻辑化的情绪主要有如下几个方面。

第一，多种经济成分导致的多元化社会思潮。我国正处于社会主义初级阶段，允许多种经济成分并存，自然就会有多种意识形态的出现。社会利益结构的重组分化引起意识形态问题，历史虚无主义作为一种社会思潮便在多元经济结构中产生、发展和演变。第二，资本增值的属性带来的经济利益分化、社会阶层凸显、意识形态问题严峻。资本虽然在一定程度上能够促进社会主义市场经济发展，但是，也存在自身的缺陷。资本具有自我繁殖的属性，驱动着资本往利润最大化的方向流动，自然也就造成社会资源分配不均，社会阶层利益固化等社会问题。一旦社会阶层利益固化，自然也就带来意识形态安全问题。第三，社会转型期人们的不满情绪带来的意识形态安全的挑战。社会转型期，各种社会矛盾凸显，使得一部分生活不如意者或政治失意者对社会主义制度和中国共产党的领导不满意，产生仇官、仇富、仇恨社会的心理，一旦被西方敌对势力借助社会热点渲染诸如历史虚无主义等攻击我们党的社会思潮，就会造成严重的网络舆情事件，给我国意识形态安全造成严峻挑战。

为了进一步探究多元经济、资本与历史虚无主义之间的关联性（见图5-2），笔者运用Google Ngrams英语语料库和Books Ngram Viewer英语资料库做深入研究，结果发现历史虚无主义与多元经济有强关联性。多元经济和资本从20世纪30年代开始发展，在20世纪80年代出现峰值，其变化周期与历史虚无主义的峰值周期吻合。多元经济的存在意味着社会存在不同的利益集体，自然也会产生不同的非主流意识形态。结合前文研究分析，多元经济带来的贫富分化、待业下岗、保护主义等影响，造成社会中下层群众的不满、愤怒、失落、仇恨等不良情绪，自然也就容易产生历史虚无主义思想。资本在社会经济中具有逐利的特性，往往利用自身对经济的操控作用来影响、误导人们的思想认知，甚至影响社会舆论走向，例如，2021年7月滴滴出行赴美上市，就利用了资本的影响力在国内封锁对其不利的消息。另外，资本为了进一步扩大其影响力，寻找到最佳的利润点，往往会提前在社会上制造舆论热点，传播美化资本的信息，从而诱导公众对资本的崇拜，这一现象应该引起我们党和政府的高度关注。

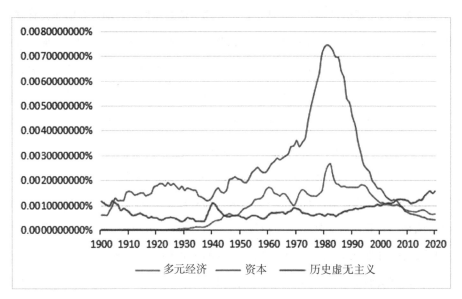

图5-2　1900—2020年间历史虚无主义与多元经济、资本在Google Ngrams中的相关性分析

数据来源：Google Ngrams和Books Ngram Viewer

二、政治动因

"社会思潮是社会意识的特殊表现形式，对社会存在具有天然的反作用。这种反作用的重要方面就是反映功能……一般通过作为一个国家和社会的'晴雨''参考系'来发挥其功能作用。"[①]社会思潮是社会问题的体现。从国际上来说，自从20世纪90年代苏联解体之后，国际共产主义运动就进入低谷，很多前社会主义国家主动放弃了社会主义意识形态的主导地位，逐渐转变为资本主义社会制度。而在同一时期，资本主义利用自身对经济和政治的调节作用，依然向前发展，形成了"资强社弱"的世界格局，使得一部分社会主义者陷入悲观情绪，对社会主义前途和命运失去信心。而

————

① 王柄权.当代中国政治思潮研究 [M].北京：中国社会科学出版社，2014:86-87.

以美国为首的西方资本主义世界也加强了对社会主义进行意识形态领域的渗透，妄图颠覆我国社会主义制度和中国共产党的领导。从国内来说，我国处于社会主义初级阶段，允许多种经济成分的存在，自然也就带来非主流意识形态。随着我国非公有制经济的发展，特别是一些私营企业的发展，私营企业主不再只满足经济利益，他们也在寻求政治利益，参与国家政策的制定。在这个过程中，个别新社会阶层的价值观、政治态度趋向西方新自由主义、宪政民主等，抵触我国社会主义主流意识形态。而一些自主创业的知识分子，特别是一些网络大V、公知，极力宣扬西方的民主、自由、人权等，妄图否定社会主义意识形态，进而否定中国共产党的领导。

我国实行改革开放以来，社会经济和生产力取得突飞猛进的发展，人民生活水平得到极大的改善和提高，但是也容易形成人们对社会发展期望值过高的后果。不得不承认的是，在我国社会转型期，市场经济运行和政治改革中触动一部分集团的利益，导致人民内部矛盾激化。一旦政府与民间的沟通不畅，就会滋生"民隐"和"民怨"，他们就会假借历史和社会热点话题，以古喻今，嘲讽、挖苦，怀疑我国的民主、法治、人权，甚至攻击我国的政治制度。这种以非理性的情绪宣泄对生活的不满，为历史虚无主义的蔓延提供了心理空间。还有部分人，看到部分官员腐败、社会不公、贫富差距加大等社会现象，就会以所谓的"怀旧"来贬低现实，他们或推崇古人的"桃花源"般的社会公平正义，或刻意美化民国的民主自由，或假设历史不存在的事件和结论，以此表达自己对现实社会不满的情绪。而历史虚无主义就是利用这一情绪，拉拢这批人，再灌输西方资产阶级普世价值观，从思想领域动摇其对社会主义的信仰。

为了进一步探究政治危机、外交危机与历史虚无主义之间的关联性（见图5-3），笔者运用Google Ngrams英语语料库和Books Ngram Viewer英语资料库做深入研究，结果发现历史虚无主义与外交危机有强关联性。通过研究分析图5-3，可以发现我国的国际政治危机始于20世纪40年代，中间经历三次峰值。前两次峰值是20世纪50年代和70年代，可能与中美两国的朝鲜战争和中美冷战有关，但是随着1972年尼克松总统访华后，中美关系实现了"破冰之旅"，两国邦交逐渐实现正常化，并于1979年实现中美建交，之后中国的国际政治危机迅速下降，从1980年至今一直维持在合适的数值。第三次峰值出现在21世纪10年代，可能与2016年美国总统特朗普对华实施的"贸易战"和"科技战"有关，美国对华实施全面遏制政策导致中国的国际政治危机再次凸显。外交危机出现在20世纪60年代至70年代和21世纪10年代，可能与20世纪60年代中苏关系恶化和2016年的中美"贸易战"有关。目前学界普遍认为中国历史虚无主义是在20世纪30年代开始兴起的，之后一直呈现稳步增长的态势，三次峰值出现在20世纪40年代、20世纪70年代至80年代和21世纪初，呈现出与外交危机周期紧密相连的关系。

图5-3　1900—2020年间历史虚无主义在国内与政治危机、外交危机的相关性分析

数据来源：Google Ngrams

三、学术外衣

我国近代科学研究深受西方学术研究的影响，无论是研究范式还是研究方法都受到西方学术研究规范的制约，例如，我国历史虚无主义的产生、发展、学术规范都深受西方历史虚无主义的影响。西方资本主义国家经过工业资本主义发展之后，经济得到大幅度发展，随后进入到帝国主义发展阶段，这一时期在西方哲学领域兴起了质疑理性乐观主义的学术思想，其典型特征是否定传统、否定权威、否定历史的价值。其中代表人物是哈耶克，他极力反对社会主义和集体主义，认为共产主义是虚幻的，可

以任意解构的。西方历史虚无主义随着资本、西方思想和文化输出到世界各地，给全世界造成严重的意识形态影响，尤其是对社会主义国家。

我国在改革开放以后，社会经济、政治、文化呈现出一派蒸蒸日上的景象，哲学社会科学也在推崇学术创新，主张借鉴西方的学术研究范式。在对待历史问题上，我国积极纠正历史极左问题，鼓励史学思想解放，在制度上和学术创新环境上日益宽松。历史虚无主义正是利用这一特殊的历史时期，强调自身的"学术研究"性质，为自己披上"学术研究"政治外衣，以"学术自由""还原历史""探究历史真相"等为幌子，肆意传播，迅速渗透到我国社会生活的方方面面。正如黄宗智所说："有时恰恰是因为意识形态披上了学术的外衣，才使得意识形态产生了相当大的影响。"①历史虚无主义在中国广泛传播，还有如下几种因素：一是对历史事件评价标准不科学。二是部分学者进行学术研究的方法不科学。部分学者虽然高谈阔论高举马克思主义旗帜，但是却不能真正领悟马克思主义唯物辩证法的研究方法，将自己的眼光局限于历史的旁枝末节中，形成以偏概全的分析方法。三是部分学者的历史研究动机不纯。部分学者由于历史原因或者认知误区，造成主观上没能真正认识到历史虚无主义的政治本质，有意无意中为历史虚无主义的扩散提供了便利。历史虚无主义者假借历史研究的名义，罔顾道德良知，故意设置研究陷阱，无视学术研究规范，颠倒黑白，图谋扭曲学术研究范式。

为了进一步探究西方学术渗透、西方学术话语权与历史虚无主义之间的关联性（见图5-4），笔者运用Google Ngrams英语语料库和Books Ngram Viewer英语资料库做深入研究，结果发现历史虚无主义与西方学术话语权有强关联性。目前学界普遍认为中国历史虚无主义是在20世纪30年代开始兴起的，之后一直呈现稳步增长的态势，三次峰值出现在20世纪40年代、20世纪70年代至80年代和21世纪初，呈现出与外交危机周期紧密相连的关系。通过研究分析图5-4，可以发现西方学术渗透从20世纪初就开始了，中间经历两次峰值，分别是20世纪30年代至40年代和20世纪80年代至90年代。

---

① [美]黄宗智，强世功.学术理论与中国近现代史研究[J].学术界，2010（03）：5-23+249-252.

20世纪初，中华大地军阀混战，中国有识之士立志谋求救亡图存，积极引进西方先进文化，其中就包括虚无主义，集中表现为"文化虚无主义"和"全盘西化论"。在20世纪80至90年代，随着中国打开国门实行改革开放，西方先进技术、管理经验、生活产品"蜂拥而至"，同时带来的还有西方资产阶级的普世价值观，其中就包括历史虚无主义。这一时期，中国的知识分子积极学习西方文化，学术界也盛行一种"崇洋媚外"之风，因此，这一时期的西方学术渗透较为严重。在此之后，我国意识到学术界的问题，开始大力批判西方资产阶级腐朽思想和资产阶级意识形态，这种学术渗透之风开始逐渐下降。尽管我国从20世纪90年代就开始抵制西方学术渗透，但是当今世界的学术话语权依然被西方操纵着。通过研究分析图5-4，从20世纪50年代开始，西方一直掌控着学术话语权，在20世纪80年代这种学术话语权数值迅速增长，直到21世纪初才有所回落。正是中国学术界对于西方学术话语权的盲目崇拜，才导致历史虚无主义等非主流意识形态在中国的泛起和蔓延，也使得历史虚无主义更具有伪装性和隐蔽性。

图5-4　1900—2020年间历史虚无主义与西方学术渗透、西方学术话语权的相关性分析

数据来源：Google Ngrams

由此可见我国学术界如何逐步扩大在国际学术界的学术话语权是个值得深入研究的课题，也不失为一种抵制西方历史虚无主义渗透的有效方式。

第三节　历史虚无主义传播渠道的多元化分析

随着互联网的兴起，网络信息载体和信息传递的方式也与传统方式不同，人与人之间的交流工具也在发生着变化。历史虚无主义的传播渠道由传统的报纸和广播媒体向如今的自媒体转变，伴随而来的是网络空间中承载着历史虚无主义信息的载体也由传统的文字和声音向视频和音频转变，于是传播渠道的多元化特征也日益突出。具体来说，历史虚无主义的传播渠道可以分为传播话语的多元化、传播语言的多元化和传播手段的多元化。

一、传播话语的多元化

当前我国互联网技术的运用较为发达，出现了很多新兴互联网经济，例如共享单车、快递外卖、蚂蚁金服等，但是也带来了很多新兴的网络称呼和网络词语，例如"亲""躺平""内卷""凡尔赛"等。社会思潮的产生有其深刻的社会环境和社会背景，其中网络环境是重要的影响因素。历史虚无主义在网上传播的话语也会随着网络环境的不同而呈现不同的话语体系，往往据网络传播对象和当时的社会热点而有所不同。例如，网络词语"躺平"在2021年上半年突然爆红，几乎人人都在说"躺平"，网络空间中出现各种"葛优躺"，历史虚无主义者就利用这一热门词语编造很多包含历史虚无主义信息的故事、短文、视频和音频等，更有甚者，将"躺平"上升到佛学和哲学高度，加以大肆宣扬这一"新的生活方式"。历史虚无主义者还利用自身掌握的网络话语权，把包括历史虚无主义信息的网络短文包装成精美的散文，做成"毒鸡汤"在网上传播，这种传播话语方式较为隐晦，不易被察觉，而且由于其篇幅短小更适合上班族在公交车和地铁上阅读，对上班族造成潜移默化的影响。还有的历史虚无主义者打着学术报告、学术交流的旗帜，为历史虚无主义内容披上史学研究的外衣，他们利用自身专业化的学术语言和学术话语体系把历史虚无主义信息包装成"严谨、严肃"的学术研究，借助学术理论平台进行"光明正大"的传播。

二、传播语言的多元化

历史虚无主义的网络传播除了依托网络语言外，还以歌曲、文学作品、艺术作品等形式呈现。以电影电视作品为例，有的编剧和导演为了迎合观众口味，追求低级审美趣味，拍摄"抗日神剧"，于是各种违背历史事实的桥段"堂而皇之"地出现在银屏和银幕上，例如，"手撕鬼子""自行车追赶火车""棉被挡子弹"等。影视作品因其生动形象、普及面广而深受人民群众的喜爱和欢迎，其传递的内容也更加丰富，尤其是对青少年具有一定的教育意义。如果我国的影视作品罔顾历史事实，摈弃艺术作品的行业底线和艺术坚守，没有严谨的职业道德操守，可能会沦为历史虚无主义传播的工具，误导广大青少年的历史认知和精神信仰。除此之外，历史虚无主义还以"泛娱乐化"的语言消弭人们的精神信仰、打压正能量、消磨人们积极奋进的精神面貌，长此以往会使人们丧失文化自信，成为娱乐的附庸品。"泛娱乐化"语言主要刺激观众的视觉神经，而历史虚无主义的"弹幕"语言主要激发人们的语言神经，调动网民的交流欲望，激发网民的表现欲，消耗网民的时间和精力。历史虚无主义还利用"弹幕"语言的社群功能，挑选具有共同价值观的网民，进行有针对性的意识形态渗透，提高历史虚无主义的传播效率。

第四节　历史虚无主义的传播环境的心理分析

当前我国社会处于转型期，社会矛盾呈现突出，在网络公共空间里，网民会借助网络社会热点来表达个人或群体的心理，具有明显的感情倾向。在网民中，大多数是草根和平民，在社会结构中处于弱势地位，容易形成"仇富"和"仇官"等情绪，再加上社会转型期贫富差距加大，容易使得一部分草根阶层产生不平衡的心理，产生对社会和政府失望的情绪。在这种情况下，历史虚无主义往往利用网民这种不满心理，极力渲染社会不公等负面情绪，扩大历史虚无主义的传播效力，达到扭曲、解构网民心理情绪的目的。其一，历史虚无主义利用群众利益诉求得不到满足的心理，渲染民众对现实社会生活的不满，大肆散播历史虚无主义思潮，以瓦解民众对中国共产党和社会主义政府的信任。其二，历史虚无主义利用群众心理诉求得不到满足的心理，就会渲染社会不公等情绪，极力夸大群众没有被"尊重""被认同"的心理，在人格心理层面消解群众对社会主义意识形态的认同。其三，历史虚无主义利用群众价值诉求得不到满足的心理，极力吹捧西方资产阶级普世价值观，将其塑造成"救世主"形象，向群众传播西方价值观，以达到诱导群众信奉西方资产阶级价值观的目的。历史虚无主义在传播过程中主要受到受众的猎奇心理、娱乐心理、质疑心理的影响，呈现出不同的网络指向。

一、猎奇心理

猎奇心理是指人们对自己的现实生活不满足，对自己未知的事物充满好奇心，进而表现为强烈的占有意识。好奇心强的人，很容易失去道德约束和伦理规制，在现实生活中受到潜移默化的影响。在网络世界里，因为网民大都是匿名性的存在，缺乏现实生活中道德规范的约束，而网络又是彰显个性的空间，人们很容易在网络的世界里发布一些不符合正统道德思想观念的信息，以博取观众的眼球。好奇心理强的网民更容易被各种不符合传统道德观念的信息影响，脱离现实，盲目追求自我个性，长此以往，会逐渐丧失自我的个性和正统的价值观，被历史虚无主义思潮戕害。

二、娱乐心理

现代社会，人们的生活节奏快，压力大，需要寻找到娱乐，排解和释放压力的方式。他们对于网络的内容往往采取跟风起哄的娱乐心理，只是漫无目的地跟帖，并没有强烈的意识形态目的性。历史虚无主义正是基于网民的这种心理，借助现代科技手段，尤其是搞笑的视频和音频，在社会热点中裹挟资产阶级思想，加深了对我国社会主义意识形态的渗透。历史虚无主义进行娱乐性渗透的方式隐蔽而灵活，或通过社交平台的"夸夸群"，以赞美的方式取悦网民，博得对方的好感；或假借"戏说"模式恶搞中华文明史、新中国史、中国共产党史，图谋解构社会主义正统思想；或通过娱乐性"网络社群"抛出新奇、搞笑的娱乐段子，吸引大众眼球。历史虚无主义创造的"自娱自乐"模式，目标直指网络中的"沉默用户"，利用传播心理学中的"集体无意识"心理，拉拢更多的网民，壮大资产阶级思想阵营的声势。

三、质疑心理

网络质疑心理是公众对公共权力的信任弱化，典型舆情事件如"躲猫猫""我爸是李刚""反正我信了"等。质疑心理是网络"污名化"效应的直接体现。历史虚无主义利用草根对特权阶层的不满情绪，在网络空间里散布对社会主义权力机构不利的言论，肆意造谣、编织、虚构不实言论，攻击社会主义权力机构，并将其上升到对社会主义制度的攻击，刻意将人民群众与国家权力部门割裂开来。历史虚无主义刻意塑造网络"污名化"的目的，一是通过将特权阶层"污名化"来抬升自己的草根阶层的优越感，人为制造阶层对立情绪；二是在"污名化"的过程中增强本阶层的认同感。历史虚无主义者利用诺依曼提出的"沉默的螺旋"理论，在"污名化"特权阶层的同时，渲染"网络暴力"阻碍特权阶层发声，这样就造成网络空间里质疑声音越来越高涨，加重了网络质疑心理，造成社会阶层割裂。

第五节　历史虚无主义传播客体的特征化分析

在网络历史虚无主义的舆论场中，充斥着恶毒的攻击和带着浓厚表演痕迹的娱乐、谎言、消遣，还有披着"学术研究"和"还原历史真相"的外衣，实质上就是解构历史和后现代主义泛滥，这些都是网络历史虚无主义的重要元素。事实上，历史虚无主义信息是敌对知识精英和我国底层民众情感的非理性表达相结合的产物，这种情绪往往带有极强的迷惑性和欺骗性，因此在传播过程中容易博得不明真相者的同情。从传播学角度看，历史虚无主义的传播客体呈现出受众圈层化和对象裂变化的特征，其中传播客体的情感纽带扮演重要作用。信息时更注重自身感官需求的满足，比如，猎奇、娱乐、发泄等情绪，而非仔细推敲或深究其观点主张正确与否，在此过程中，情绪的宣泄掩盖了实质，历史虚无主义的观点被有意地夸张和放大，网络空间中原本理性的声音被逐渐淹没，最终影响到整个网络政治生态。历史虚无主义在网络空间中的传播效果依传播受众的不同，而呈现出不同的传播效果，最明显的是"倒金字塔"特征。

一、传播受众圈层化

历史虚无主义在网络空间中的传播，不是漫无目的地随处扩散，而是针对不同的圈层，依据他们的文化背景、职业特征、兴趣爱好区别对待。目前我国主流自媒体平台是微博、微信、百度贴吧，历史虚无主义者通常利用手机移动终端的自媒体APP进行"议程设置"，利用网民对某一热点社会话题的讨论引发的网络聚集效应，扩大历史虚无主义信息在特定群体中的影响，从而形成固定的圈层现象。历史虚无主义者还利用自媒体定向传播功能，主攻一些具有明显意识形态倾向的"网络大V"和"网红"，把他们培养成西方资产阶级思想的"代言人"，再利用他们在粉丝群中的影响力，迅速组建不同圈层并扩大在不同圈层的渗透。除此之外，历史虚无主义者还利用明星的大量粉丝对某一类型明星的喜好和关注，设置热点话题，引发粉丝群体的"口水仗"，借此组建不同的圈层，增强历史虚无主义的传播力度，促进历史虚无主义在主体与客体之间的传播，引发网络舆论关注。在传播心理学看来，网络空间的圈层化现象的背后是不同阶层民众的情感体现。在公共舆论领域，群体会因为共同的情感诉求而聚集在一起，具有鲜明的情绪化特征，这也加剧了历史虚无主义传播受众的圈层化现象。以网民中常见的"仇官"和"仇富"现象为例，他们往往针对社会热点话题，尤其是官民之间和贫富之间，从心底深处同情弱势群体而聚集起来形成特定的圈子，在网络空间批评"为官不为"和"为富不仁"的现象，实则更多的是宣泄负面情绪，加剧社会阶层分化，增添社会矛盾。

二、传播对象裂变化

在历史虚无主义传播过程中，无论是传播主体还是传播客体，本质上都扮演着"自媒体"的角色，主动地影响着他人。在公共舆论领域，由于法律监管和行业自律存在漏洞，历史虚无主义传播对象往往表现出自发性、随意性和冲动性，当看到他们感兴趣的主题内容时，会不自觉地点赞、转发和评论，这就形成了裂变式的"二次传播"。历史虚无主义的网络传播，在最初的时候其影响范围是很窄的，主要在朋友圈中传播，因为朋友圈是熟人社会，彼此有信任感，其传播效果也是最好的，也最容易形成裂变传播。传播对象的裂变方式主要是如下三种：一是在原有空间中及时下载和转发，实现"零时差"的即时传播，迅速扩散到全网；二是将历史虚无主义信息主动上传到线上或者转发到别的网络空间，实现增量传播，线上线下互动传播，扩大传播范围和覆盖面积；三是设置评论或讨论话题，激发网民兴趣和求知欲，实现"议程设置"，吸引更多的网民参与话题讨论。

三、传播效果规律化

历史虚无主义在客体中传播呈现出明显的"倒金字塔"特征。一方面，传播客体的特征是由草根阶层向精英阶层递弱传播。历史虚无主义作为一种极端的平民化社会思潮，从一开始就带有排斥主流意识形态的特点。其将精英和专业人士视作攻击目标，强行把社会弱势群体和精英集团划分为两大对立阵营，构建强弱对立场景，在互联网中形成话语抢占与话语垄断。最易受到历史虚无主义煽动、接受其主张的是平民阶层，他们自身长期处于社会中下层，本来就对日益恶化的生活状况不满，内心渴望发生有利于自身利益的社会变革，对一切反对现存政治经济政策的主张都表现出极大的宽容。另一方面，历史虚无主义信息由底层民众向上传播面临的阻力逐渐增大。数据显示，虽然欧美一部分中产阶级近十年生活水平有所下降，整体出现由开放向保守右倾转向的趋势，但是中产阶级大多受过高等教育、具有理性思维能力，他们对待历史虚无主义的态度远不及底层民众那样激进。即使部分中产阶级或多或少地认同历史虚无主义者的观点，他们对历史虚无主义信息的传播也并不热衷。

第六节　历史虚无主义网络传播模型的构建

通过前文的研究分析，网络日益成为历史虚无主义泛滥的主要载体，尤其是微博、微信、客户端等自媒体平台的广泛应用，更是为历史虚无主义的传播提供了新的表达空间。相较于旧媒体，新媒体因其自身特点更容易吸引网民眼球、更容易传播各种思想，除此之外，新媒体的网络传播方式成为现实人际传播的网络延伸，扩大了历史虚无主义的现实影响力。笔者认为，了解历史虚无主义网络传播新特点有助于构建历史虚无主义网络传播模型机制，为下文构建网络历史虚无主义有效治理模型做铺垫。

一、历史虚无主义网络传播新特点

（一）传播主体：多元化，去中心化

相较于传统媒体时代社会信息的"树状"传播，网络时代的社会信息呈现出"网状"传播，具有很强的传播性和扩散性。尤其是新媒体时代，任何一个网络节点都是独立的信息传播主体，都具有极强的扩散要素，能够把信息传播到网络中每个角落。在传统媒体时代，历史虚无主义传播主体大都是具有很强社会影响力的专业人士、知识精英和知名人物。而在网络新媒体时代，历史虚无主义传播主体则可能是历史学家，也可能是网络大V，还可能是在校学生、无业游民、历史爱好者等普通网民，他们或以专家学者的名义出现混淆视听，或打着学术研究的幌子虚构历史，或抱着"恶搞""戏说"的态度丑化历史人物，以博取网民眼球，收获大量粉丝。在网民世界里，收获信息的传播是去中心化的，任何一个节点的缺失都无法影响整体的信息传播，这种区块链技术极大地提高了信息传播速度，但是也给网络治理带来更大的难度，给网络历史虚无主义传播带来更大的风险。

（二）传播内容：碎片化，轻量化

在网络新媒体时代，由于大数据技术和区块链技术的突飞猛进，网络信息内容和传递方式均呈现出"碎片化、轻量化"的特点。第一，国际解构主义的盛行，导致网络内容也由宏大叙事向历史细节转变，呈现出碎片化和轻量化特点。"碎片化、轻量化"的写作特点将完整而宏大的叙事信息拆分、分解成零散的信息片段，再配上"光怪陆离"的标题，抓取网民眼球，迎合了网民趋向于阅读短小精悍文章的心理。第二，随着移动互联网走进千家万户、现代化生活节奏的加快，网民逐渐习惯于碎片化阅读方式，使得他们可以充分利用等乘电梯、坐地铁、睡觉前等零散时间随时随地进行阅读。第三，轻量化的传播方式加剧了历史虚无主义在网络空间的传播。历史虚无主义者将历史细节进行裁剪、重组、拼接之后，制作成网络小视频、恶搞段子、心灵毒鸡汤等网民喜闻乐见的形式，再配上弹幕、互动聊天、表情包等社交功能，以便于在网络空间中快速传播，对网民进行历史虚无主义的渗透。

（三）传播对象：大众化，年轻化

在传统媒体时代，历史虚无主义的传播途径、覆盖面较窄、传播速度慢、影响力有限，主要是知识分子和历史爱好者，对于历史虚无主义的有效性治理策略也较为简单。而在新媒体时代，移动互联网日益普及，网民数量呈几何倍递增，尤其是新生代年轻网民的大量涌现，使得年轻网民成为历史虚无主义网络传播的重点对象。在网络世界里，由于历史虚无主义内容被冠以各种稀奇的标题，被赋予娱乐效果，所以，历史虚无主义的传播对象也指向大众化、年轻化，覆盖了社会各个阶层。在新媒体时代，历史虚无主义参与者都有个麦克风，都有一定的话语权，而且谈论的内容也较为低级，因此，历史虚无主义传播降低了门槛，同时也扩大了传播受众范围。

（四）传播效果：社群化，裂变化

在新媒体时代，随着新兴社交手段和方式的不断涌现，尤其是具有社交功能的微信、微博、百度贴吧、论坛等应用的出现，彻底改变了信息传递的方式，呈现出社群化、裂变化特征。历史虚无主义在最初出现的时候，往往影响身边的亲朋好友，具有很强的社群化传播功能，大家通过点赞、转载、评论等方式表达对历史虚无主义内容的看法。这种交互式立体化传播方式往往会呈现出裂变的传播效果，尤其是借助某一重大网络舆情事件的影响，历史虚无主义会在短时间内扩散到网民视线内，从而把历史虚无主义推向舆论制高点，放大网络舆情的影响力。

二、历史虚无主义在网络空间的传播模型的机制分析

通过前文的分析，我们发现信息无论是在国外的推特和红迪等社交平台，还是在国内的微博、微信公众号和百度贴吧等社交平台传播，其传播变化态势都在一定程

度上反映了信息的真实性和价值性。"从马克思主义的观点来看，信息既然是一种产品，也必然凝结着人类的劳动，有其价值和使用价值，这就是精神产品和其他物质产品的共性"[①]，换而言之，历史虚无主义信息作为一种信息，其在网络平台的传播都遵循了"虚假、开放、偏见"的协调机制。历史虚无主义传播模型的机制主要体现在如下几个方面。

一是开放机制。由于历史虚无主义披上"娱乐恶搞""还原历史""学术研究"等外衣，很难受到网络传播的监管，而不断扩散。一方面，历史虚无主义一直在持续性变化，其表现形式随时代的发展而改变，极具伪装性。另一方面，历史虚无主义极力迎合网民心理需求，裹挟网络热点，具有很强的隐蔽性。历史虚无主义不同于其他社会思潮在"价值—信仰"层面直接攻击社会主义意识形态，而是转向在"认知—解释"层面影响公众认知，假借社会热点渗透到生活的各个角落。

二是众智表达机制。历史虚无主义信息借助群众的智慧，或以言论、视频、音频等贴合社会生活实践的案例来呈现的，或以学术研究引用论点、论据等文章来源呈现的，或以群众自身不当言论、对生活的埋怨、对政治的失意等情绪呈现的，得以在网络空间里传播。历史虚无主义信息的来源编辑，既有境外敌对势力对我国意识形态的恶意攻击，又有境内经济、政治等失意者为表达对社会不满而进行的情感宣泄，还与我国社会转型期经济结构发生变化给人们思想领域带来的困惑有关。历史虚无主义信息从出现到成型，经过很多次关注。浏览、加工的过程，已然成为"众智表达的典范"，为历史虚无主义的有效引导增添多种制约因素。

三是虚假偏见机制。历史虚无主义信息从出现来说就是以"资产阶级"世界观为标准的，以西方普世价值观为信仰的，带有强烈的主观历史主义特性。在历史虚无主义发展流变的历史进程中，信息制造者带有强烈的意识形态偏见和强烈的个人化情绪，不断地误导信息偏离原有的本意，进而呈现出西方资产阶级意识形态的"代言人"，违背客观中立的信息传播原则。历史虚无主义还刻意煽动民众对社会主义制度的敌对情绪，割裂社会，制造社会阶层对立，攻击社会主义制度，妄图颠覆我国国家政权。

[①] 郭庆光.传播学教程 [M].北京：人民大学出版社，1999:15.

三、历史虚无主义在网络空间的传播模型机制的构建

对于历史虚无主义的网络传播而言，构建其网络传播模型（见图5-5）主要分析四个方面：传播主体、传播渠道、传播环境和传播客体。就传播主体而言，历史虚无主义的扩散核心根源在于经济因素、政治因素和学术因素，是把握历史虚无主义网络传播的根本。就传播渠道而言，主要是指历史虚无主义在网络空间传播的途径，国外的主要是以推特和红迪为代表的平台，国内的主要是以微博、微信、百度贴吧等为代表的社交平台。就传播环境而言，主要是指社会传播学和传播心理学对历史虚无主义在网络传播中的作用。本研究重点考察历史虚无主义事件从产生到发酵、迅速扩散、形成网络舆情，到最后逐渐消失的过程。就传播客体而言，主要是指历史虚无主义对原始社群活跃用户、沉默用户和网络大V的影响，以及它们在历史虚无主义信息传递过程中所起的作用。从宏观角度来说，构建基于网络大数据的历史虚无主义传播模型，有助于把握历史虚无主义扩散的一般性特征和传播的关键环节，为下文对历史虚无主义进行有效性治理做铺垫。

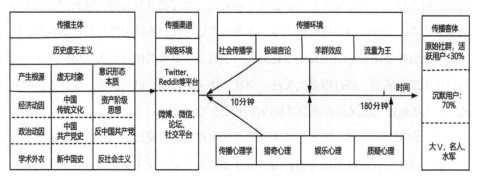

图5-5　基于网络大数据的历史虚无主义传播模型机制示意图

数据来源：自制

（一）历史虚无主义产生根源是构建模型的基础

马克思主义经典作家认为社会存在决定社会意识，历史虚无主义作为一种社会思潮属于社会意识，其网上传播的原动力是经济动因和政治动因。历史虚无主义的出

现、发展和演变，迎合了特定的社会经济基础和社会情绪，为西方资产阶级思想"代言"，是我国社会转型期的产物。历史虚无主义产生的根源是经济基础、政治基础和学术外衣。首先，经济基础是历史虚无主义产生的根源。在社会主义初级阶段，生产力还不足够发达，物质产品还不丰富，社会思潮还是人们经济基础的意识外化，人还没有实现自由全面的发展。马克思主义认为："在共产主义高级阶段，在迫使人们奴隶般地服从分工的情形已经消失，从而脑力劳动和体力劳动的对立随之消失之后；在劳动已经不仅仅是谋生的手段，而且本身成了生活的第一需要之后；在随着个人的全面发展，它们的生产力也增长起来。而集体财富的一切源泉都充分涌流之后——只有在那个时候，才能完全超出资产阶级法权的狭隘眼界，社会才能在自己的旗帜上写上：各尽所能，按需分配！"[①]其次，历史虚无主义滥觞于经济全球化，伴随着我国对外贸易的大环境下流入我国的。最后，我国经济转型期，难免出现各种矛盾，一旦民意的表达沟通不畅，就会借助历史虚无主义以古喻今，发泄不满、抱怨等情绪。

（二）传播渠道为构建历史虚无主义传播模型提供作用空间

随着互联网的普及和大众传媒的兴起，涉及历史虚无主义信息的传播方式也发生了一些变化。通过对各大媒体平台涉及历史虚无主义信息传播量进行分析，可以发现，涉及历史虚无主义信息的主要传播媒介是互联网中的新兴自媒体平台，传统媒体在历史虚无主义传播过程中只起到了辅助和补充的作用。随着新媒体的兴起，历史虚无主义的传播渠道主要有：推特、红网、微博、微信、百度贴吧、论坛等新兴社交媒体，共同组成历史虚无主义传播模型的作用空间。

21世纪以来，互联网技术不断进步、世界各地民众的交往需求与表达欲望不断增强。在此背景下，以社交媒体为代表新媒体、自媒体平台"异军突起"，成为当下创作主体最多、受众最广、内容最丰富、社会影响力最大的新闻舆论传播媒介。相比于

---

① 中共中央马克思恩格斯列宁斯大林著作编译局 . 马克思格斯选集（第 3 卷）[M]. 北京：人民出版社，2012:364.

传统的电视媒体和纸质媒体，这些新兴自媒体的信息传播效率更高、传播范围更广、传播成本更低，涉及历史虚无主义信息得以更加迅速、便捷地传播。有学者指出，社交媒体的出现，改变了原有的传播规律，个体与个体、个体与组织之间的交往呈现开放性和自由性等特征，表达变得更加无门槛。而这些信息的传播者大多来自对世情了解较少、学历较低、收入偏低的草根阶层，他们无法辨识自媒体平台中的虚假信息，乐于通过宣泄式表达方式向互联网其他群体展示"个人魅力"。同时，由于西方国家的互联网空间缺乏信息过滤，导致自媒体平台中历史虚无主义信息泛滥，这些负面舆论极容易在平台上交叉传播、集聚，造成群体极化。

（三）传播环境为构建历史虚无主义传播模型提供社会心理

历史虚无主义是社会底层民众情感的非理性表达，这种情感带有极强的资本主义意识形态性质，在传播的过程中又极具隐蔽性和诱惑性，因此很容易误导不明真相的网民。在历史虚无主义传播的过程中，传播环境对于传播效率至关重要，尤其是网民所处的传播心理直接影响传播结果。从社会传播学角度来说，历史虚无主义的传播更加注重传播主体与传播心理的契合，而非传播内容所承载的政治主张，在这个过程中，网民情绪的表达和宣泄掩盖了其政治主张。从传播心理学来说，历史虚无主义在传播的过程中，更趋向于获得传播客体的情感认可，因此传播主体会根据社会热点和传播环境去迎合传播客体的心理需求，误导网民的判断，扰乱网民的政治信仰。在综合考量社会传播学和传播心理学等因素之后，笔者认为传播环境的如下因素在传播过程中起到至关重要的作用。

第一，网民互动性强。在历史虚无主义传播过程中，在传播主体生成的最初10分钟内，那些极端言论，很容易抓住网民的眼球，网民也通常出于猎奇心理而关注，这样就获得了第一批原始社群的互动和关注。在传播主体出现后的3个小时内，那些互动性强的传播主体，很容易形成"羊群效应"聚拢大量网民围观，他们通常出于娱乐、起哄、看热闹的心理关注信息，这样很容易唤起占网民绝大多数的"沉默用户"的关注。在传播主体出现后的3个小时之后，传播效力通常会减弱，这个时候网络大V、名人、公知就扮演主要角色了，他们通常会选择那些紧贴社会热点和唤起网民情感认同的信息转发和评论，进行二次传播，在网络名人效应的影响下，利用网络传播的"流量为王"和质疑心理，迅速形成网络关注度，乃至形成网络舆情事件。

第二，传播手段便捷高效。历史虚无主义传播手段越来越形式多样，由传统的报纸、收音机、电视，到门户网站、电子邮件等网络新媒体，再到微博、微信、抖音等自媒体，尤其是手机移动终端的出现使得信息传播更加便捷高效。移动终端的出现和使用，极大地满足了网民随时随地表达内心情绪的诉求，并通过社交平台实现朋友圈分享，获得原始社群的关注、点赞、转发和评论，以满足自己内心倾诉的情感需求，这样便极大地提高了网民参与社会生活和表达政治愿望的意识。

第三，问题表达"标签化"。历史虚无主义以匿名的方式在网络空间里传播，借助于多种传播渠道，紧贴时代热点，从而形成线上网络舆情与线下公共舆论相结合的问题表达方式，这样容易形成对舆论的有效引导。在这种多渠道、全方位、线上与线下结合的传播模式中，历史虚无主义者往往对问题进行"贴标签"式处理，以便于信息快速高效地传播。他们通常对藏匿历史虚无主义的传播主体进行筛选，做简单的描述和定义，为其贴上"震惊""还原历史真相""内幕"等鲜明的标签，利用网民猎奇心理博取大众眼球，引发历史虚无主义病毒式传播。历史虚无主义的这种"标签化"问题表达，一方面有助于抓住网民眼球，使得历史虚无主义快速弥漫于网络和现实公共空间，另一方面有助于被网民识别和记忆，增强网络传播效力。

（四）传播客体为构建历史虚无主义模型提供信息受众

如前文所述，涉及历史虚无主义信息的传播主体主要由网络中的"意见领袖"和底层民众两部分构成，他们在涉及历史虚无主义信息的传播过程中起着不同的作用，共同构建历史虚无主义传播模型的信息受众。

在一般的自媒体平台中，帖子的传播往往要经历三个阶段。帖子的首轮传播峰值发生在发表后的10分钟左右，此时，大量用户能够通过浏览、刷新等方式接收到该帖子中的信息，他们的点赞和转发行为为帖子的进一步传播奠定流量基础。在这一阶段，接触到该帖子的用户群规模对帖子后续的传播有着重要影响。第二轮传播峰值出现在帖子发表后的第30分钟至3小时内，在这一时间区间，信息被大量转发，帖子热度上升，参与讨论的人数增多，这是帖子传播的爆发期。前两个阶段都是由普通用户所主导的。

3个小时之后，帖子进入传播的第三阶段，此时，帖子出现两种不同的传播趋势，要么热度逐步下降，进入冷却衰退期，要么实现几何级数爆炸式传播，成为热门帖。在这一阶段，网络中"意见领袖"的态度和行为起到了关键作用。一则帖子要想实现"高转"，成为真正具有影响力的热门帖，必须有粉丝量较大的网络红人或名人参与其中，否则，即使帖子的"信息当量"巨大也很难产生真正的"巨型流量"。当"意见领袖"选择参与转发某条信息，并附上自己的观点，这条信息就能够首先在其粉丝群体中引发大量关注，由于互联网平台的开放性，该帖子很可能在短时间内在平台之间、粉丝之间形成爆发式传播。

总之，历史虚无主义本身作为一种社会思潮，长期存在于西方社会，但是近年来，其充分利用互联网工具，尤其是在自媒体平台上实现了两者的"价值—工具"融合，使得历史虚无主义的传播呈现出一些新的特点。至于自媒体平台在多大程度上改变了民粹主义信息的传播效率和传播强度，还有待于进行更为深入的量化研究。

四、历史虚无主义在网络空间的传播模型机制的逻辑悖论

通过分析网络传播载体、传播特点和传播机制，笔者构建了历史虚无主义网络传播机制模型（见图5-5）。经过研究分析图5-5，笔者发现历史虚无主义在网上传播过程中存在着理论上的逻辑悖论。了解历史虚无主义网络传播理论上的逻辑悖论，有助于我们构建历史虚无主义有效治理机制，为第六章应对历史虚无主义网上传播的对策做理论铺垫。

（一）本体论："自我中心困境"

"自我中心困境"本意是指人所有的认知都不能离开认识关系的一种方法论，被历史虚无主义者拿来变成"主观决定客观对象"的错误结论，并用此攻击唯物史观。

这种在本体论上的自我中心论，颠倒了历史认知与历史存在的关系，从而导致否定历史的客观性和独立性的后果，属于唯心主义。历史虚无主义者通过"捏造""虚构"出来的历史认识，在网络传播后呈现出来的是主体"自以为"改造过的"历史"，而非客观存在的外在世界。正如马克思所说，自我意识通过自己的外化所能设定的只是物性，即只是抽象物、抽象的物，而不是现实的物。

（二）方法论：崇拜自发性

崇拜自发性是指主体根据自身的本能，寻求感官快乐和本能欲望，并据此作为其行为的指导原则，忽视理性和逻辑性，不考虑整体和长远价值。历史虚无主义者的这种网络传播的崇拜自发性特征，在网络空间中表现为低级趣味、娱乐至死、博取眼球等方式。历史虚无主义者放任自身本能欲望，寻求低级趣味的快感，误导网民对历史真相和事实的判断。历史虚无主义者还在网络空间编织娱乐消遣段子、搞笑视频、恶俗弹幕、夸张表情包等形式，满足网民娱乐心理，不尊重历史事实、消遣历史、戏谑历史。由于在方法论上崇拜自发性，历史虚无主义者还刻意制造明显有悖于道德民俗的事情，语不惊人死不休，以此博取网民的眼球，迎合网民的关注。凡此种种，历史虚无主义者言论前后逻辑错误，不尊重客观事实，对历史进行随心所欲推测、假设甚至伪造，表现为明显的方法论上的悖论。

（三）认识论：非理性主义

非理性主义是指世界上的一切事物都是由非理性因素创造、派生和体现的，把人的意志、情感、欲望等非理性因素看作人的本质，例如，尼采的"权力意志"论、萨特的"存在先于本质"论等。由此，非理性主义者认为整个世界都是偶然的、无序的、荒谬的，不承认真理的客观性、否认理性，这就注定走向神秘主义和唯心主义。历史虚无主义的网上传播在认识论上表现为非理性主义认识论。首先，历史虚无主义的网络传播否认了历史真理的客观性。历史虚无主义者把历史看作偶然性事件的堆积，运用主观情感和欲望对历史进行加工，进而在网络空间传播。其次，历史虚无主义的网络传播忽视了实践和理性在历史认识中的重要作用。实践是实现主观意识和客观认识的统一，是历史认识的基础。而历史虚无主义在网络空间的传播不尊重实践和理性在历史认识中的作用，对历史进行杜撰、戏说、恶搞等方式解构了历史。最后，历史虚无主义通过碎片化的网络传播，孤立、片面、静止地认识各种历史现象，割裂了历史的整体性，对历史的认识不可避免会以点带面、以偏概全，得出的结论既不符合历史规律，也不符合历史事实，但却扰乱人们的历史认知。

（四）价值观：利己主义

利己主义是指只顾自己利益而不顾他人利益和集体利益的一种生活态度和行为准则。历史虚无主义在网络传播中的本体论表现为自我为中心，决定了其在价值观上必然是利己主义。历史虚无主义者为了达到自己的私欲，在网络空间肆意传播虚假的历史，其目的有如下三点。一是满足私欲。历史虚无主义者利用自媒体时代网络资源的便利性和共享性，编造大量不实信息，哗众取宠，追逐虚名，博取更多关注度。二是满足私利。有些历史虚无主义者利用网络阅读的碎片化、轻量化、零散化等特点，编织大量文字、图片、视频等，以赚取流量和实实在在的经济利益。三是满足不可告人的目的。有些历史虚无主义者在现实生活中遭受挫折，政治上不如意，就故意散布攻击党和政府的言论，以发泄私愤，达到造谣中伤党和政府形象的目的。

第六章

应对历史虚无主义思潮网上传播的对策及思考

Chapter Six

"党的十八大后，以习近平同志为核心的党中央高度重视学习和掌握历史唯物主义，同时高度重视警惕和反击历史虚无主义。"①而如果要反击历史虚无主义的网上传播，不仅需要运用大数据技术探究历史虚无主义思潮产生的根本原因，从根源上杜绝其产生的土壤，还需要掌握其传播模型机制（见第五章第六节），阻断其传播的通道，进行针对性的有效治理。本章将在尊重客观规律的基础上，进一步探索反击西方国家对中国进行历史虚无主义的意识形态渗透的方式方法，让历史虚无主义在中国没有落脚地、没有孵化的"土壤"、无受众群体。同时，结合我国当前社会现实，强化社会治理，推进社会公平、正义和法治建设，加强公民的社会主义核心价值观教育，铲除历史虚无主义滋生的土壤。最后，针对历史虚无主义的网络传播模型，笔者尝试从传播主体、传播渠道、传播环境和传播客体等四个方面入手，分别提出有效性治理的对策和建议，使之没有产生根源、失去传播媒介、缺乏依附的传播环境，直至走向死亡。除此之外，为增强本书的学理性，笔者进一步探讨了历史虚无主义网上传播主体的阶级性、马克思主义与其他学科之间的关系、学术研究的封闭性与开放性的关系、网上舆论监管与网民言论自由的关系等四个方面的问题，以期能够带给读者更加深入的思考。

第一节　尊重客观规律，提升国家软实力

尊重社会思潮的运动方式和发展变迁规律，以严肃和客观的态度对待历史虚无主义思潮，是科学制定应对该思潮重新泛起的有效举措和正确治理社会思潮发展的首要前提。在网络社会，大数据技术不仅是探究和研判社会思潮网上传播趋势的信息载体，而且是治理网上社会思潮发展的技术依赖。历史虚无主义的出现、发展以及未来

---

① 朱佳木.同历史虚无主义思潮作斗争是当今马克思主义史学工作者的一项重要任务 [J].史学理论研究，2015（4）：4-9.

走势，既有一定的客观因素，又有一定的主观因素，因此，作为意识形态教育工作者，既要尊重历史虚无主义发展演变的客观规律，又要积极树立有效治理意识，将其控制在可控的范围，乃至最终铲除历史虚无主义毒瘤。为此，我们要依靠大数据技术，从其传播途径入手深入考察历史虚无主义传播途径，科学施策、扎实推进历史虚无主义传播各领域、各环节工作的治理工作。唯有如此，才能遏制历史虚无主义的持续泛滥，减小其对社会的危害，创造风清气爽的网络空间。

一、正确看待国内泛起的历史虚无主义

当今，我国正处于百年未有之大变局，我们需要根据社会形势以及掌握的新理论观点而重新审视历史虚无主义。只有正确认知历史虚无主义，摆正应对它的态度，才能科学地制定相关举措，引领正确的思潮在社会中发展。历史虚无主义作为一种典型的社会思潮，同样具有波浪式发展的特点。所谓波浪式发展，就是微弱地开始，然后快速发展形成波浪一般的波澜壮阔，最后由于时代的改变而被其他思潮所替代，最终退出社会思潮的大舞台。因此，面对历史虚无主义毒瘤，我们既不能因为其危害大而心生畏惧，也不能因为其处于非主流意识形态地位而掉以轻心，而是要以严肃认真的态度审视其产生、发展、演变的趋势，及时有效地进行治理。

首先，历史虚无主义在我国的存在，从某种角度上来说具有客观性。鉴于我国社会生产力水平的现实状况，我国依然处于社会主义初级阶段，生产力不够发达，社会物质财富不够丰富，还不能实行按需分配。经济上实行多种经济成分并存的经济制度，思想领域也存在多种社会思潮。历史虚无主义以一种否定的态度迎合了人们对现实的不满情绪，这种否定的态度注定会带来纷繁复杂的社会思潮。同样在现实生活中，除了马克思主义理论外，同时存在着其他价值形态，因此，作为社会主义意识形态教育工作者必须积极面对社会上存在的非主流价值形态，采取措施积极引导，最终消灭其负面影响。

其次，我国正处于并将长期处于社会主义初级阶段，这就导致历史虚无主义会长期存在。社会思潮的诞生始终离不开生产力和生产关系的变化和运动发展，但是它也不会因此而日新月异地变化，具有一定的独立性和平稳性。从生产力和生产关系角度来看，社会思潮是平稳的，生产力和生产关系的改变是在长期反复的量变过程中而发生质变的。从社会思潮的角度来看，历史虚无主义又是独立的，有其产生、发展、演变、灭亡的运动周期，当社会物质财富足够发达的时候，人人可以按需分配劳动成果，历史虚无主义思潮自然就会消失。但是，就我国社会主义初级阶段而言，境外敌对势力一直谋求对我国进行意识形态的渗透，国内社会上仍然残留着部分资产阶级思想，历史虚无主义还有存在的土壤。更为重要的是，当今西方强势、东方弱小的国际形势进一步加深了这一现实状况。因此，历史虚无主义将长期存在，我们需要反复不断地抵制历史虚无主义的社会思潮。

最后，作为社会主义国家，共产主义是我国的最终目标，这就意味着历史虚无主义终将消失。马克思指出人类社会从低级向高级发展是历史规律，不以人的意志为转移，人类社会最终将走向共产主义。因此，尽管目前历史虚无主义的社会思潮不断涌动，但是从长远的角度来看，它是与人类社会发展的规律相违背的，这种落后的社会思潮必将被正确的新的社会思潮所替代。从理论角度来说，共产主义终将代替资本主义，作为历史唯心主义指导下的一种错误的社会思潮，历史虚无主义的消亡是必然的。当共产主义实现的时候，物质财富极大丰富，自然就失去了历史虚无主义产生的经济基础，因此，历史虚无主义必将消亡。

二、着力提升国家软实力，构建中国话语体系

国家软实力实际上就是国家的文化实力，是相对于国家的军事、政治、经济等硬实力而言的，是构成国家综合实力的一部分。一般认为国家软实力包含文化、教育、国家的执政能力、管理能力、民族精神等多方面。概括来说，国家软实力由三部分组成：文化吸引力、价值观和思想影响力。

提升我国国家软实力是抵制西方历史虚无主义渗透的根本方式。当前，随着我国经济实力和国际地位的不断提升，急需加强我国的国家软实力建设，以增强我国的国际地位和国际话语权。党的十八大报告明确指出，"文化是民族的血脉，是人民的精

神家园"；"文化实力和竞争力是国家富强、民族振兴的重要标志"。当今世界，以美国为首的西方国家在全世界推行所谓的"人权高于主权"的论调，其背后的逻辑恰是西方资产阶级国家的"文化霸权主义"，也是包括历史虚无主义在内的各种反社会主义思潮赖以存在的舆论基础。面对国际"文化霸权主义"，我国必须构建社会主义的文化软实力，以反击西方国家的"普世价值观"，维护我国社会主义意识形态的正统性，抵制西方国家历史虚无主义的渗透。

打造中国特色的红色文化是抵制历史虚无主义的主要方式。中华文化源远流长，具有很强的凝聚力和号召力，在这些文化中，红色文化尤为重要。要充分挖掘红色文化在"第二次世界大战"中的历史价值，尤其是反法西斯战斗故事，因为，中国与西方国家在"二战"中组成了反法西斯同盟，具有共同的情感纽带。这里需要注意的是要用国际话语和西方民众能够听得懂的话语体系"讲好中国故事"，通过国家媒体向全世界传递"中国声音"。红色文化是马克思主义思想和中国现实社会相结合所形成的产物，它历经了一百年的洗礼，已经形成了具有中华民族独特精神的民族文化。打造红色文化，讲好中国共产党的诞生、发展、成长的故事，构建中国共产党的国际话语体系，有助于消除西方资产阶级普世价值观对全世界人民的影响，也有助于抵制西方资产阶级意识形态对社会主义的渗透。面对西方历史虚无主义的侵蚀，我国必须坚持"文化自信"，固本守源、守正创新，大力宣传中国共产党的红色文化、大力弘扬中华民族的红色文化，使红色基因浸透每个中国人的心中，使得历史虚无主义没有生存的空间。

此外，加强社会主义核心价值观教育是抵制西方历史虚无主义的根本方式。社会主义核心价值观，是以马克思主义基本思想为指导，凝聚中国传统文化，是社会主义意识形态在个人、集体和国家三个层面的集中反映，具有通俗易懂的特点，容易为人民群众熟悉和记忆。社会主义核心价值观是我国人民爱国主义的集中体现，它的普及和推广不仅有助于加强我国人民反对西方历史虚无主义，而且有助于抵御国际敌对思想带来的压力与难题，防止社会主流思想受到腐朽。

因此，我们需要努力提升文化自信，大力继承并弘扬中华民族优秀、科学、大众的文化，从中国鲜活经验中提炼规律，把中国的实践和创造的奇迹凝练成理论，为我国经济社会发展和实现第二个百年梦想贡献才智。

第二节　加强现实治理，构建公平法治社会

网络空间是现实社会的映射。历史虚无主义在网络空间的传播，其根本原因是网民借用网络空间表达有关现实社会的情绪、态度和认知，是主观世界对现实社会的反映，因此，加强对历史虚无主义网络传播的治理，不能仅仅停留在意识形态领域，而且要在现实社会生活中寻求答案。历史虚无主义的泛起有其深刻的社会历史原因，例如社会不公平、法治不健全、人民生活压力大无法得到缓解等。针对本研究的第四章探讨了历史虚无主义在社交媒体平台情感倾向的研究，结合第五章探讨了经济、政治、文化等影响因素，笔者将从消弭社会结构怨恨、约束网民发泄冲动、化解网民社会压力等三个角度探讨历史虚无主义的预防和治理之道，为第三节强化网络环境治理做铺垫。

一、推动社会公平，消弭经济结构怨恨

在第五章，笔者讨论了经济发展的不均衡性导致社会产生结构性怨恨，尤其是经济发展的地域不均衡、行业不均衡、城乡不均衡，这些都是导致民众产生怨恨心理的因素。党的十八大以来，习近平总书记多次在不同场合强调"走共同富裕道路，促进人的全面发展，做到发展为了人民、发展依靠人民、发展成果由人民共享。"[①]这就需要树立均衡发展的理念，建立权利公平、机会公平，保障社会主义经济发展成果为全体人民共享，消除因为社会不公平产生的怨恨心理、仇富心理、仇官心理等不满情

———————————

① 中共中央文献研究室.十七大以来重要文献选编（上）[M].北京：中央文献出版社，2009:12.

绪。为了实现这一理想，除了大力发展社会生产力，发展社会主义经济，继续增强和扩大社会物质财富之外，还应该从如下几个方面入手。

第一，破除特权阶层，实现社会机会公平。通过分析前面的研究成果，笔者发现网络空间中历史虚无主义者尤其擅长利用民众对特权阶层的不满情绪煽动网民对社会主义制度的敌视，渲染社会不公平，并将其以偏概全地上升到社会主义制度层面，继而在政治层面攻击中国共产党领导的合法性。特权阶层利用人民赋予的权力，以权谋私、贪污受贿、破坏社会秩序，都会引起社会的关注和民众的不满。对特权阶层的监督，不能仅仅依靠个人的道德修养和党内自律，还需要充分发挥舆论监督的作用，利用网络自媒体和公众监督来约束权力的运行。唯有如此，整个社会才能实现机会平等、公平、公正，才能预防历史虚无主义在网络的土壤滋生。历史虚无主义的网络空间蔓延，形成一定的影响力，主要是利用了民众对特权阶层的不满情绪，以及民众在特权阶层面前"无能为力"的同理心。历史虚无主义者通过戏谑、调侃、捏造等方式散播特权阶层违法信息，目的就是为了激发民众对社会现实的不满，煽动仇恨、怨恨等情绪，最终使得民众失去对政府的信心，危害中国共产党领导人民的基础。

第二，调整分配体制，实现财富合理分配。我国在改革开放的初期，由于社会生产力不均衡，为了鼓励一部分人先富裕，鼓励东部地区先富裕，再带动全体人民共同富裕，带动西部地区共同富裕，是有其客观合理性的。但是，随着改革开放四十余年的发展，一些深层次的矛盾凸现了出来，例如房地产行业。在过去的二十年，中国各大城市的房价均快速上涨，使得房地产开发商获得惊人的回报。但是，这种高额的回报使得大城市中生存的工薪阶层和绝大多数的底层群众不堪重负，在一定程度上激起了底层群众的愤怒，也导致社会伦理道德的沦丧。辛勤工作的工薪阶级和底层群众无法获得基本的住房保障，而房地产开发商却赚得盆满钵满，加剧了社会贫富分化，给诸如历史虚无主义等非主流社会思潮的滋生和蔓延提供了现实土壤。2021年我国全面消除贫困，取得脱贫攻坚战的全面胜利，也预示着我国开始了新一轮经济改革，以便进一步缩小贫富差距，实现共同富裕。中央提出初次分配、再次分配、三次分配，先富带动后富，发挥再次分配和三次分配在调整社会财富分配中的基础性作用，加速我国经济体制改革，缩小贫富差距，推动共同富裕，消弭民众结构性怨恨。

第三，打破行业垄断，引入社会竞争机制。行业垄断是造成社会不公平的主要原因，导致行业利润远远高于其他行业同等智力和劳动的付出所带来的利润。行业垄断带来的社会不公平影响，直接导致社会分配不公，造成社会收入差距加大，给我国经济发展和社会生活造成负面影响，也间接造成社会不和谐，尤其在网络空间出现各种流言蜚语。行业垄断也直接影响我国经济的均衡发展，造成一定程度的行业壁垒，带来高额利润，导致社会伦理沦丧，激发民众对垄断行业的不满情绪。由于在垄断行业无法引入竞争机制，消费者必须付出高额的价格，损害了消费者的利益，加剧了社会低收入群体的经济负担，阻碍社会资源的合理配置，也必然影响经济的均衡发展。低收入群体的经济负担过重，又没有能力改变现实世界的不公平，他们只能转而在网络空间寻找机会，倾诉对生活的压抑、对社会的不公、对国家的怨恨，而历史虚无主义则利用民众的不满情绪，将人民内部矛盾升级到对社会主义制度、对中国共产党的不满、愤恨、敌视等情绪，如果这种情绪不断加剧，无法找到解决的办法，势必造成民众对政府的不信任，对社会主义制度的不满，加剧了社会的割裂。

第四，均衡公共资源，避免优势资源集中。公共基础设施建设属于公共资源，应该由政府统筹规划，避免优势资源过度集中。由于历史原因，我国长期实行城乡二元经济模式，导致公共资源向城市集中。改革开放以后，我国城乡联系加强，特别是十六大提出的农村税费改革，工业补贴农业，构建城乡经济一体化发展模式。党的十八大以来，我国加大了对农村的经济投入，努力消除城乡经济差异，破除城乡二元结构，在就业、教育、医疗、养老等领域加强公共服务体系和基础设施建设，进一步缩小贫富差距，推动公共资源在农村全面覆盖。在城市里，也需要逐步推进公共资源均衡化发展，使得公共服务和公共资源向弱势群体和贫困群体倾斜，健全公共资源在城市各阶层中的均衡配置机制。以教育公平为例，优质的教育资源向优秀的学校集中，导致重点学校的师资力量、教学水平、教育机会等均远高于普通学校，使得学区房的价格高居不下，造成社会的进一步贫富差距。而另一方面，在农村地区的普通学校，其师资力量、教学水平、教育机会等却极其有限，导致农村的孩子考取985、211高校的比例越来越小，这也限制了当地的经济发展，使得民众容易滋生不满情绪。

二、推进法治正义，约束网民发泄冲动

历史虚无主义作为一种西方资产阶级的意识形态，本质上是反社会主义和反中国共产党领导的社会思潮。历史虚无主义者为了扩大影响，把自己伪装成"民意的代表"、社会底层的被压迫者，鼓动民众在思想领域对抗社会主义意识形态。这些行为看似在维护人民群众的利益，实则却是对社会主义法治的破坏、对社会主义秩序的践踏、对人民群众的利益的损害。为此，针对现实生活中历史虚无主义传播的治理，需要坚守法治底线，制约政治权力。一方面要限制"意见领袖"的权力，防止他们假借民众的意愿，绑架民众的意志；另一方面也要限制网民的权力，规制网民网络意见表达的方式、方法和渠道，避免不明真相的网民漠视法治规则、践踏社会主义法治、危害社会主义公平正义。

在进行社会主义法治建设中，要"以促进社会公平正义、增进人民福祉为出发点和落脚点"[①]。在网络空间中历史虚无主义者的规制建设过程中，要培养网民崇尚法治、自觉遵守法律意识、坚定法律信仰，对于实际生活中遭受的不公待遇，可以通过法律途径解决，而不是在网络空间中宣泄对社会、对政府、对社会主义制度的不满情绪，给西方敌对势力可乘之机。加强社会主义法治建设，利用社会热点形成的舆论氛围，化危机为转机，热点事件也可以成为对历史虚无主义者进行社会主义法治教育的材料，具体治理措施有如下几种。

第一，政府建立法律维权通道，把民众对社会不满情绪疏导到法律渠道，而非通过网络空间宣泄对生活的不满。历史虚无主义者通常借助网络和媒体平台传播历史虚无主义信息，解构人民群众对中国共产党和社会主义制度的信仰，他们有意识地对信息剪裁和过滤，把自己包装成"反抗强权"的民主斗士，以博得网络空间中最大程度的关注和同情，损害政府和中国共产党在人民群众中的形象。针对此，政府有必要构建民众维权或宣泄不满情绪的法律渠道，通过政策途径获得法律帮助，维护民众的合

---

① 中共中央编写组.中共中央关于全面深化改革若干重大问题的决定[M].北京：人民出版社，2013：2.

法权益。

第二，政府需要树立法律权威，鼓励民众通过合法途径解决生活中的问题，平息网民对生活的不满情绪。针对部分具有西方敌对势力背景的历史虚无主义者，要采取法律措施进行坚决打击和严肃处理，以儆效尤，起到震慑效应，防止更多的历史虚无主义者在网络空间散布和传播历史虚无主义信息。

第三，用法治约束网民的散布不实言论的行为，并不意味着不需要舆论监督，相反依然需要舆论监督和网民之间的相互监督。鼓励网民举报网络空间中的历史虚无主义信息，通过法律途径对散布和传播历史虚无主义信息的个人和团体进行法律教育，帮助其树立正确的历史观，使其坚定社会主义信仰。

三、疏导民众情绪，缓解民众参与压力

通过第四章和第五章的分析，笔者发现相当一部分历史虚无主义情绪来源于民众政治失意者和生活不如意者，他们一方面被排除在政治参与过程中，另一方面遭受生活困难、社会不公等困境。这种因生活困境而产生的失望和愤懑等情绪一经网络社交媒体的传播，便会在底层群体中获得共鸣，吸引着更多的底层民众参与到历史虚无主义信息传播过程中，进一步放大了历史虚无主义的影响力，甚至威胁到民众对政治体制的认同。政治失意者和生活不如意者如果在实际生活中不能通过正当途径表达政治参与和意见诉求，往往就会转向网上社交媒体平台，以期获得更多网民的关注，扩大社会影响力。为了减少民众网上的"政治参与"，缓解民众生活压力，需要构建民众参与政治的渠道，吸纳更多的网民参与制度性政治表达，在实践中培养民众的政治意识和政治觉悟，提高他们辨识历史虚无主义本质的能力，有效缓解民众对现实政治失意和生活不如意的情绪，化解网络社交媒体平台的舆论风险，净化网络空间。在当前中国，有序地扩大民众的政治参与，尤其是吸纳网上网民的政治参与，通过合理合法的途径表达他们的诉求，抑制网上的历史虚无主义信息的传播，需要政府做很多工作，主要有如下几种。

第一，积极看待网民参与政治热情，及时回应网上历史虚无主义事件。在网络空间中，部分网民有很强的参与政治的意愿，但是由于认知水平有限，无法对一些历史人物或历史事件做出客观准确的判断，这就需要政府加强宣传和教育。

第二，构建多元主体参与机制，实现网络治理共同参与。随着互联网技术和区块链技术的日趋成熟，网络空间呈现出平等、共生、共享等特点，为多元主体参与网络空间治理提供了可能性。例如，构建以政府为主导，社区委员会参与，社会团体为辅助的多元治理主体，培育网民有序参与政治，参加网络话题讨论的意识，培训网民甄别历史虚无主义信息的辨识力，实现网络治理的共同参与。

第三，网民参与政治生活，必须坚持社会主义意识形态为指导。网民参与国家政治生活，是人民当家作主的体现。但是网上历史虚无主义信息往往披着"社会热点""学术""专家名人"等外衣，使得网民难以辨识，这就需要网民坚守马克思主义信仰，以社会主义意识形态为指导，以社会主义核心价值观为标准，明辨是非，及时研判非主流意识形态，并进行针对性批判，吸纳网民的非理性表达冲动，压制历史虚无主义的网络传播空间，直至消除历史虚无主义生存空间。

第三节　强化网络治理，净化网络传播空间

党的十八届三中全会指出，推进国家治理体系和治理能力现代化是个系统而全面的工程，其中包括网络空间治理。随着自媒体在网络空间中的崛起，公共领域的舆论对于网络舆论的形成起到至关重要的作用，也极大地影响到现行的社会秩序和生活舆论，是中国互联网时代必须面对和亟须解决的时代问题。面对西方国家对中国进行意识形态渗透的困境，我国意识形态教育工作者理应坚持全天候、立体化、持久性的斗争，肃清历史虚无主义等非主流意识形态的不良影响，构建健康、文明、清朗的网络传播空间。本研究针对第五章构建的历史虚无主义网络传播机制模型的四个方面，进

行科学施行策有效引导，为我国意识形态教育事业贡献绵薄之力。

一、消除产生源头，防控传播主体

虚无主义源于资本主义对现代性的批判反思和自我否定，它摧毁了启蒙运动以来对人类价值的尊崇，传统的伦理关系和政治秩序也被颠覆和虚无化，以至于"一切固定的僵化的关系以及与之相适应的素被尊崇的观念和见解都被消除了，一切新形成的关系等不到固定下来就陈旧了。一切等级的和固定的东西都烟消云散了，一切神圣的东西都被亵渎了。人们终于不得不用冷静的眼光来看他们的生活地位、他们的相互关系。"①历史虚无主义则是借助于论文、文学、艺术、影视、网络等新媒体对过去历史事实、历史人物的歪曲和否定，进而达到对现有主导价值体系、历史认知和国家未来发展道路的否定的目的。在当代中国，历史虚无主义通过西方意识形态渗透特别是西方价值观"普世性"的鼓吹和输入，通过中国社会公知、网红、大V等制造噱头、解构经典、诋毁英雄等方式带头渲染和贬损，在历史发展道路和重要历史人物的评判等方面混淆视听、制造对立，给国家形象和声誉等造成恶劣影响，正如习近平同志指出："历史虚无主义的要害，是从根本上否定马克思主义指导地位和中国走向社会主义的历史必然性，否定中国共产党的领导。"我们必须旗帜鲜明地反对历史虚无主义，从源头上清除历史虚无主义的遗毒，严防历史虚无主义对主流意识形态的解构。

（一）理论层面：坚持"破""立"结合

在中国的思想传统中，"入世"和"出世"的态度都有，以儒家为代表的"积极入世"的实践精神一直占据主导，有着修身、齐家、治国、平天下的雄伟抱负。以道家为代表的追求无为、自然、逍遥、避世、修真等生活理念，具有不与物争的一种豁

---

① 中共中央马克思恩格斯列宁斯大林著作编译局.马克思恩格斯文集（第2卷）[M].人民出版社，2009: 34-35.

然隐逸的态度，更多的是主张一种自我超越、化繁为简，而不是完全的消极无为或者对个人和历史意义和价值追求的否定。在中国现代化转型过程中，我们已经告别了近代中国闭关锁国而落后挨打的局面，特别是在全球化背景下，民族国家崛起坚守国家主权的独立性，国际合作与激烈竞争并存，避世和消极无为已经行不通，正视历史发展潮流而追求民族国家发展的正确导向势所必然，所以当代中国的虚无主义主要是外生型的。改革开放以来，各种思潮涌入中国，资本逻辑也悄然滋生潜行，"在资本逻辑的催生下，历史虚无主义借助于在全球掀起的后现代主义思潮之风迅速吹遍了中国思想文化界的各个角落，并试图在中国现代社会转型导致的中国思想文化变迁进程中占据中国思想文化的主流位置"①。特别是网络传播普遍的"后真相"时代，情感先于事实、质疑多于共识的舆论环境为历史虚无主义的传播提供了土壤。因此，破除历史虚无主义的鱼目混珠，捍卫马克思主义主流意识形态的主导地位是我们刻不容缓的责任。

1. 以马克思主义理论抵制西方意识形态的渗透

马克思主义理论是抵制西方意识形态渗透的最有力武器，毫不动摇地坚持马克思主义在意识形态领域指导地位是我国的根本制度。坚持马克思主义的指导地位，确保整个国家的社会主义方向；发挥好哲学社会科学的意识形态功能，用社会主义核心价值观打破西方意识形态独霸世界话语权的国际格局；处理好一元指导与多样思潮的关系，保持马克思主义的创造活力。

第一，始终坚持国家发展的社会主义方向。

中国特色社会主义道路是历史和人民的选择，我们要始终坚持社会主义发展方向不变。造成历史虚无主义在国内网络上的一定程度传播。如果对此无动于衷，我国长远发展必将受到极其不利的影响。要打破现有意识形态旧有世界格局，需要我们进行全方位抗争，始终坚持国家发展的社会主义方向。为此，我们既要揭穿"普世价值"的虚伪外衣。西方所谓"自由、民主"等标签现在已变成西方资本主义意识形态的宣

---

① 王国敏，王增智.评析历史虚无主义的理论根源、传播方式及克服[J].兰州学刊，2015（11）:108-114.

传机器，早已失去其本真含义，为垄断资本所控制。又要借助信息技术革命的东风，推动社会主义意识形态立体化建设。同时，充分发挥群众力量，打好人民意识形态战争，不断强化马克思主义思想指导地位。对此，习近平总书记告诫我们："中国特色社会主义是社会主义而不是其他什么主义，科学社会主义基本原则不能丢，丢了就不是社会主义。"[①]中国特色社会主义的发展道路蕴含了中国社会主义发展的历史源流、民族基因和实践基础，是任何颠倒黑白的是非言论所掩盖不了的。

第二，发挥好哲学社会科学的意识形态功能。

马克思主义立场是哲学社会科学领域的学术研究要始终坚持的。当前面临的历史虚无主义在网络传播的问题，反映出我们需要发挥哲学社会科学的理论和社会实践作用，不断去服务国家战略，进而担当起当前该有的社会责任。马克思主义理论是共产党人精神上的"钙"，提高全党马克思主义理论水平、坚持用党的创新理论成果武装全党和指导实践，就是给共产党人"补钙"，破除错误思想的迷雾实现强身健体，达此方能把党的事业发展得更好，在实现全面小康后实现社会主义共同富裕的目标。牢固树立与中国特色社会主义要求、与"四个全面""五个协调"全面发展要求相适应的新观念，用新理论解放思想，切实破除那些不合时宜的旧思想旧观念，消除不切实际的各种错误思潮的影响和危害，推动中国化马克思主义对现实的解释力，而不是言必称西方。哲学社会科学要善于把人民群众在实践中创造的新鲜经验升华为理论成果，以喜闻乐见的方式增强我国哲学社会科学的吸引力、感染力、影响力和生命力，进而实现好、维护好、发展好最广大人民根本利益。我们要坚持把习近平总书记新时代中国特色社会主义思想贯穿到哲学社会科学研究和教学各环节，推动党的创新理论进论文、进专著、进教材、进课堂、进头脑，学会贯穿其中的马克思主义原则和方法论，用发展着的马克思主义武装头脑，在实践发展中推动理论创新，用发展着的理论指导新的实践。作为一个开放的体系，马克思主义并不排斥中外传统文化和思想。唯物史观是马克思主义始终坚持的。坚持马克思主义，注意吸收有价值的文化成果。马克思主义的生命力在于不断的自我理论和实践创新。

---

① 习近平.习近平谈治国理政（第一卷）[M].北京：外文出版社，2018:22.

第三，处理好一元指导与多样思潮的关系。

在思想多元迸发和新媒体快速传播的时代，马克思主义不可能变成一座"孤岛"，我们既要坚持马克思主义指导地位不动摇，又要妥善对待不断迸出的多元思潮，在思想的碰撞中坚持和发展好马克思主义理论。在全球化背景下，意识形态淡化论、意识形态终结论、历史虚无主义、后现代主义、新自由主义等思潮甚嚣尘上，西方社会思潮已经对马克思主义的意识形态提出了严峻的挑战，尤其是西方文化一直倡导的个人主义、自由主义、代议制民主思想等社会思潮已对中国社会产生了巨大的冲击。马克思主义必须处理好与形形色色的各种思潮的关系，一方面要加强对社会思潮的引导，人类的思想是多元化、多变的，一些社会思潮不仅不会危及主流意识形态的指导地位，反而可能会发挥积极的社会作用，关键是要学会引导，如我国对宗教的政策是全面贯彻党的宗教信仰自由，把宗教活动纳入宪法和法律的范围，积极引导宗教与社会主义社会相适应，进而发挥宗教界的爱国主义光荣传统等作用。另一方面，要巩固马克思主义指导思想的一元化地位。中国特色社会主义的发展积累了丰富的成功经验，也需要总结挫折中的各种教训，廓清各种错误思潮，在坚持马克思主义过程中进行理论创新，这同样需要吸收其他社会思潮中积极的因素，增添马克思主义意识形态的积极成分和生命力，在包容中深化自身发展。习近平总书记在纪念马克思诞辰200周年大会上的重要讲话中指出："理论的生命力在于不断创新，推动马克思主义不断发展是中国共产党人的神圣职责。"科学社会主义不是一成不变的理论体系，我们需要不断推动中国学术对外交流的领域和规模，增强中国学术国际话语权和中华文化国际影响力，建设中国特色的学术体系、话语体系，彰显中国特色、中国风格、中国气派，推动中国当代马克思主义、21世纪马克思主义的发展。

2. 以马克思主义理论增强网络空间主导阵地

历史虚无主义大行其道的一个快捷通道就是网络媒体的传播，这种"无主体""自由化""断裂式"的言说契合了它的精神要义，"历史虚无主义借鉴了解构主义的内核，反对历史研究过程中的'官方叙事'与'宏大叙事'、否定'历史的连续性'，强调'去中心''多视角''碎片化'的研究理念，其实质是否定现有历史。"①这种网络传播意在削弱社会主义核心价值观的影响力,抢占思想领域的"领地"。坚持马克思主义的主体地位,就要加强网络的规范监管,提高网络空间话语权,占据舆情主导地位,增强社会主义核心价值观影响力。

一是加强网络规范工作,净化网络环境。网络空间是人们交流的重要阵地,正确的思想不去占领,各种错误的思潮就会乘虚而入。由于信息发布和传播成本低、效率高、受众面广,每个人都可能成为自媒体,个人随意发布的信息,特别是一些别有用心者发布一些片面理解、扭曲事实的言论,经过网络"发酵",极易造成广泛的不良社会影响,包括个人隐私、国家安全、政治谣言等。为减少和避免像历史虚无主义等错误言论的影响,就需要净化网络环境,构建以服务社会发展需要为基础的网络正向传播思维模式,积极探索与自媒体、知识经济、新媒体相融合的有效途径;加强综合管理体制,维护健康的精神家园,及时对各种不良思潮作出有效的回应;积极宣传和实践社会主义核心价值观,以建立全社会和谐的价值认同为重点,从而从根本上促进整个网络传播业健康发展,给人民提供一个积极向上的干净网络圈。

二是做好网络统战工作,增强网络空间话语权。国家在网络生态治理中打好主动仗,同时打好网络综合治理"组合拳",以增强其系统性和有效性,推进网络空间制度化,为互联网产业的蓬勃发展保驾护航。营造网络好生态,推进各级网信工作体系建设,压实各系统各部门各单位网信工作责任,把网信工作延伸到基层;建立健全网络内容管理规范,深入排查各类违法违规内容,建立重点网站监管台账,联动相关部门开展"网络恶意营销账号""扫黄打非"等专项治理工作;发挥违法和不良信息举报中心作用,及时亮剑辟谣,聚合线上线下各方力量,让网络谣言无处藏身。同时,可以依托大数据、人工智能、算法推荐等,运用新技术手段改进网络生态治理,创新网络传播形式,增强信息传递的分众化、精准化、互动化。

三是加强网络舆情研究,占领舆情引导主阵位。国家各级政府在舆情研判和引导方面应发挥主导作用,需要强化对网络舆情的日常监测,对于有可能引起信息扩散和造成事态发展的热点话题,要提前做好研判,时刻关注网络舆情动态。特别是一些

---

① 顾超.“后真相”语境下历史虚无主义的传播及应对[J].思想教育研究,2019(01):87-91.

涉及重大历史事件和历史人物、民族宗教、当前政治形势等关系国家稳定和发展的事情和时间节点上，要提前做好正确舆论导向的渲染，避免历史虚无主义苗头"钻空子"。反击历史虚无主义错误论调，要依托好、利用好网络舆论阵地。首先，要不断建立科学的网络舆情应对体系，加强顶层设计，进一步实现规范化。其次，要注重培养底线意识。在充分认识到历史虚无主义网络危害的基础上，坚决杜绝任何可能的侥幸心理。此外，还需要加强舆论回应方式，不断增强对网民切身利益的关怀度。可以这么说，人民群众在各方面的利益能否得到满足，基本决定了党和政府在网络舆论阵地上的工作成效甚至是成败。

3. 以马克思主义理论构建中国话语体系

构建中国话语体系是新时代的重大命题。面对网络上历史虚无主义意识形态在西方个别势力引导下有意识渗透，我国仅仅做好国内社会主义意识形态建设的工作是不够的，同时还要在国际上积极构建属于自己的话语体系，积极争取国际话语权，通过各类途径来发出中国声音、树立中国形象，进而不断扩大自己的国际影响力，减少历史虚无主义等意识形态在网络上对我国造成的可能影响。习近平同志提出，构建新时代中国话语体系，着力打造融通中外的新概念新范畴新表述，讲好中国故事，传播好中国声音，增强在国际上的话语权。

第一，讲好中国故事。

历史不能改写，但历史应当得到正确的视听。国际上一些历史虚无主义对中国共产党历史人物、事件和结论进行污名化处理，从而解构中国共产党党史、新中国史，在一定程度上误导了国际舆论。所以，我们必须通过讲述中国故事展示出真实的、立体的中国。中国共产党领导中国特色社会主义事业过程中涌现出了许多可歌可泣的伟大故事，讲好中国革命的故事、建设的故事、改革的故事和新时代的故事，传播中国好声音和正能量，是新时代建构中国在世界上的新形象、贡献中国智慧的最有效路径。用中国的叙事体系讲好中国故事，就要讲清楚中国故事背后的精神实质和思想力量，用中国理论阐释中国实践，用中国实践升华中国理论。中国道路的成功不是一帆风顺的，不管是前30年，还是后30年，都是一个在曲折中前进的过程，是在特定历史阶段的必然选择。历史虚无主义者公然炮制对立论，不管是用前30年否定后30年，还是用后30年否定前30年，都是不正确的。讲好中国故事，还要把中国道路的生动案例转化为中国特色社会主义理论的解释力与吸引力，彰显中国故事背后的文化魅力、话语魅力，为我国改革发展稳定营造有利外部舆论环境。

第二，提升中国的世界形象。

中国曾以文明大国的形象伫立于世界舞台，但随着近代的衰败落后，中国形象一落千丈，现当代中国飞速发展获得了成功转型，但中国的国际形象并没有获得相应的承认，这部分是由于西方的故意歪曲和抹黑，部分是由于中国话语的传播影响力还不够。在中国治国理政、生态文明建设等方面展示出独特制度优势的时候，美国主导的西方舆论对中国道路和中国共产党极尽妖魔化宣传，戴着有色眼镜看待中国的成功，用意识形态标签刻上丑化烙印，把中国共产党渲染成"自由世界的威胁"，制造中国共产党和中国人民之间的对立，把加强合作与造福世界的"一带一路"看作是为霸权扩张铺路，没有看到中国抗疫成功背后付出的艰辛和伟大，反而要求对中国进行多次疫情溯源甚至提出巨额索赔的荒唐主张。习近平同志指出，"对那些妖魔化、污名化中国和中国人民的言论，要及时予以揭露和驳斥。做这项工作，要大音希声、大象无形，坚持不懈、久久为功，让当代中国形象在世界上不断树立和闪亮起来。"当下，中国正以实际行动塑造中国作为世界和平的建设者、全球发展的贡献者、国际秩序的维护者的身份，努力展示文明大国、负责任大国的形象。我们需要从一个世界范围的广阔视域中展示中国的真实样子，站在世界历史和中国历史发展的纵深视域中还原中国多元立体的本来面貌，努力塑造可信、可爱、可敬的中国形象。

第三，增强中国国际话语权。

面对西方国家盛行的"中国崩溃论""中国威胁论"等历史虚无主义话语体系和政治污蔑，从根本上改变中国话语有理说不出、说了传不开的尴尬局面，需要提升中国的国际话语权，从"内外兼修"方面，提升中国国际话语的影响力。一是依托五千多年中华文明，立足我国发展的生动实践，全面阐述我国的发展观、文明观、安全观、人权观、生态观、国际秩序观和全球治理观，把优秀传统文化中具有当代价值、世界意义的文化精髓展示出来，提炼出具有标识性的中国话语，改变西方对中国的错误刻板印象。二是要构建对外话语体系。掌握国际传播的规律，提升中国话语国际传播的效能，"要采用贴近不同区域、不同国家、不同群体受众的精准传播方式，推进中国故事和中国声音的全球化表达、区域化表达、分众化表达，增强国际传播的亲和力和实效性。"①营造有利于中国的友好国际舆论环境，扩大中国朋友圈，提升中国在重大国际问题上对外发声能力，扭转话语"逆差"，"让更多国外受众听得懂、听得进、听得明白，不断提升对外传播效果。"三是提升中国话语议程设置能力和对话能力。通过积极参与国际机制和全球治理，承担起大国敢作敢为的国际责任，回应国际社会对中国的主要关切，增进国家间的相互信任，提高国际话语权的认同基础，加强国际传播能力建设，推动中国话语创新成果全方位进入国际舆论场，融入全球话语体系，促使国际传播格局朝着于己有利的方向转变。

（二）现实方面：消除产生源头

消除历史虚无主义在政治上、舆论上、学术上的误导，要从源头上下工夫。"任何错误社会思潮的产生，总是利用社会发展的矛盾给其提供的土壤和空间，利用某些社会问题去误导社会人群。"②历史虚无主义也是以一种虚无历史的方式来暗示、映射现实困境，所以，我们要充分挖掘历史虚无主义思潮滋生的社会背景及其所折射出来的社会问题，通过民主和法治的途径为人民化解现实矛盾。

1. 倾听群众呼声，及时获取民情民意

了解民情民意是执政的基础，党和国家领导干部要积极听取群众的声音，了解群众的需求，及时发现群众的问题，并有效解决群众的生活难题，消解群众的怨气，净化历史虚无主义滋生和传播的土壤。群众路线是贯彻唯物史观的根本方法论，是我们党的生命线和根本工作路线，只有深入群众当中，主动征求群众的意见，多倾听弱势群体的诉求，才能更好地把握民情民意。这就要求疏通群众与领导干部之间的沟通

① 习近平. 习近平主持中共中央政治局第三十次集体学习并讲话 [EB/OL].2020 年 6 月 1 日，http://www.gov.cn/xinwen/2021-06/01/content-5614684.htm.
② 朱汉国，等. 当代中国社会思潮研究 [M]. 北京：北京师范大学出版社，2012:26.

机制，建立常态化与制度化的驻村（社区）工作机制，开展"访民情、听民意、解民忧"干部进村入户工作，领导干部需要主动到基层蹲点，多与群众交朋友，多给群众"送温暖"，群众遇到难题才会主动找领导朋友反映帮忙。还要善于拓宽领导干部与群众的沟通渠道，利用多媒体技术建立公开透明的信息交流机制，增强与群众的有效交流与互动。从根本上来说，还是要完善各种制度来保障人民群众的利益，推进基层民主协商制度，不断提高人民群众的生活水平。

2. 全面深化改革治理方式，着力关注和解决民生问题

民生问题是广大人民群众切身相关的利益问题，也是当前我国应重点关注和解决的问题，满足人民日益增长的对美好生活的需要是一切工作的出发点，习近平总书记曾饱含深情地讲道："我们的人民热爱生活，期盼有更好的教育、更稳定的工作、更满意的收入、更可靠的社会保障、更高水平的医疗卫生服务、更舒适的居住条件、更优美的环境。"[1]面对现实群众合理的利益诉求，我们应寻找适当的途径予以实现和满足；面对部分群体的消极情绪，我们要积极进行社会心理的调试和疏导；面对突出的社会矛盾和问题，我们要通过全面深化改革来不断缓解直至最终解决。只有统筹保障不同群体间的利益诉求，解决好人民最关心最直接最现实的利益问题，党和政府才能真正获得人民的认可，增强抵御风险的能力。

（三）学术研究：坚持以唯物史观为指导

从学术角度看，历史学对于一些问题的阐释拥有很高的可信度，其研究成果也一直得到人们的重视。面对历史虚无主义在网络上的传播，对历史事实的歪曲和误解，对社会造成的不良影响，我们不能任由其肆意发展。因为这股歪风是违背唯物史观的，也是违背我国具体实际情况的。因此，搞马克思主义历史学术研究的工作者，对于此种现象是不能袖手旁观的，必须要从学术角度出发，以马克思主义唯物史观为指导，运用对中国近现代历史专题深入研讨的学术成果，对网络上的历史虚无主义思潮

---

① 中共中央宣传部. 习近平总书记系列重要讲话读本 [M]. 北京：学习出版社，人民出版社，2016:212.

进行批驳。

1. 坚持科学公正的历史研究态度

历史研究难以获取足够的丰富的第一手资料，而主观上又受到研究人员自身文化素养及思想意识的影响，成果存在偏离客观事实的很大可能，甚至出现片面和扭曲的反馈。做出客观公正的历史评判绝非一件简单的事情，短期内靠一两次研究是完成不了的，得靠过硬的第一手证据或者资料的挖掘而不断深入。对一些影响重大的历史遗留问题，需要研究人员本着实事求是的态度做出更加深入的研究，对于之前出现的一些小的失误，需要我们进行客观的纠正和完善。随着改革开放四十多年以来的发展，我国思想解放工作取得了极大的进步，历史学者们也相应地做了非常重要的工作，对一些历史人物和历史问题进行了客观和公正的评价，尤其对一些所谓的冤假错案进行了学术平反，在一定程度上完成了历史学的历史使命。不容忽视的是，有一些历史遗留问题遗留至今，仍未解决，对整个社会甚至国家未来的发展仍然存在非常大的不确定性影响和隐患。如果这些历史遗留问题被历史虚无主义所利用，将会产生不可估量的负面影响，因此历史学工作人员的历史研究工作是有着极其重大的现实意义的。

2. 坚决纠正虚无歪曲的历史事件

值得警惕的是，个别居心叵测、学术不端的人故意破坏历史学的良好学术氛围，甚至假借历史虚无主义的网络之风来扰乱群众的视线，进而使得普通群众对许多重大历史问题的看法产生分歧，导致出现一些本不该发生的结果。像这种被歪曲了的历史事实，历史工作者们应该承担起为历史事实正名的任务，在坚持马克思主义在历史学科发展领域的指导地位的同时，对一些历史热点问题进行深入的学术研究和严肃回答，用历史事实观点鲜明地去回答、纠正历史虚无主义的错误言论。

在尊重历史事实的基本前提下，历史学者要重点关注我们国家历史进程中的革命史、发展史、反殖民侵略历史以及民族独立与国家富强发展史等，通过最基本的事实来充分论证坚持社会主义道路是中国历史的选择，更是人民大众的选择。这些任务的完成不容易，甚至是一项浩大工程，需要历史学者在研究中摆正学术心态，端正态度，用真才实学踏踏实实提升研究成果的价值和实际效果。

首先，历史学术研究需要研究人员立场坚定。对待历史事件、历史人物进行分析评价的时候，历史研究者的立场和态度要恰当，要站在中华民族的发展的立场高度进行分析，从历史学术角度用客观、理性的态度和思考进行科学分析，不能掺杂个人主观情感进入其中。学术研究和学者个人名利之间的关系需要妥善处理。历史学科有其学科特殊性，讲究的是实事求是的认真精神和极其强烈的责任心，致力于还原历史事实的真相，同时不断揭示历史的发展规律以给人们启示。历史学结论和政治现实之间的关系需要妥善处理。历史的发展是客观的，不以人的意志为转移。历史学者应该在马克思主义的指导之下不断推进中国特色历史学理论和方法论的发展及框架建设工作，不能掺杂了太多的政治目的和意图进入其中。

其次，科学的世界观和方法论是历史学术研究必须要运用和坚持的。历史研究人员必须要以马克思主义唯物史观为根本指导方略，统筹运用阶级分析法，对待每一段历史事实和史学结论进行仔细推敲，不能随意杜撰，更要避免任何的不当言论和错误。在历史学术研究中，以下几点是我们学者必须做到的。第一，实事求是。历史事实研究成果要建立在扎实的资料分析和材料证据基础之上，不能有任何的主观臆断。第二，有大局观。历史学术研究中的史实依据在保证基本的真实性基础上，也应该具有全局性，体现出对历史分析的整体把握。第三，科学历史观。网络上的历史虚无主义之流，善于采用个别历史人物的只言片语来主观臆断、捕风捉影。这完全是在虚假的历史事实上进行无关堆砌，是经不起时间的验证的。历史也不是任何人都可以去随意改写的，历史学者必须在坚持马克思主义科学历史观和方法论的基础上，用翔实的材料分析和证据进行论证，才能得出货真价实的历史学术成果。

最后，历史学科研究要把眼光放长远，敢于面对新问题和潜在的问题。网络上历史虚无主义之流的发生，从另一个角度来说反映出了历史事实的效能不高这样的问题，给虚假的意识形态以可乘之机。为了更好解决这个问题，历史学者在坚持马克思主义唯物史观的同时，要进行理论创新和发展，让马克思主义在新时代不断焕发出新的生命力，用发展成果来有力回击历史虚无主义者的错误言论，打击网络上所谓的"马克思主义过时论"的论调等。同时，历史学者要加强自身文化底蕴，通过不断学习来增强自身明辨是非的基本能力，从而有效带动历史正能量的发展。

二、规范传媒治理，切断传播渠道

网络上历史虚无主义之流的传播有一个关键点，那就是它的传播渠道。有效控制其网络传媒传播渠道，就能有效应对这个问题。针对网络上的历史虚无主义之流，一方面要不断强化网络传媒的规范化运营，加强信息管控。另一方面要利用网络新媒体、自媒体等新媒体的特点，从主流媒体角度出发加强正能量的传播，真正起到引领社会思想正向发展的作用。

（一）规范传媒运营，抑制错误思潮的散布

改革开放四十多年以来，我国社会各方面思想比较活跃，精神生活追求较高的群众倾向于选择一些非官方的自媒体进行信息搜寻。为了解决当前社会实际不能满足人民群众精神需求之间的矛盾，政府也鼓励非公有制机构和媒体的自主发展，有时候还把这些作为与群众沟通的有效渠道。但是对这些机构媒体的规范和引导是不可或缺的。

首先，在政府的指导和规范下，自媒体和非官方传播机构要有正确的发展方向，要有法治的基本底线和根本原则。现代商业化、媚俗化甚至毫无底线的一些做法是需要摒弃的，尤其要抵制网络上的历史虚无主义之流的错误言论。包括自媒体在内的各级媒体平台应意识到自身的社会责任问题，必须发挥其对社会主义核心价值体系建设的支持作用，真实地去传播和反映国计民生的事实情况和存在问题，做到促进社会的和谐发展，真正符合国家人民的根本利益，不断创造有利于社会主流价值观思想的社会舆论大环境，坚持马克思主义在各个社会生活领域的指导地位。各级媒体要创新传播方式，通过线上线下相结合的渠道传播符合历史事实的读物和作品，坚决抛弃那些错误落后的陈旧思想。以抗日神剧的治理为例，历史影视作品的创作和创新不能成为赚取资本利益的借口，更不能成为某些历史知识底蕴媒体凭空想象的载体。

其次，各级媒体直接从业人员的业务素质和水平也是需要政府来进行监管和提高的。媒体从业者的政治素养、专业素质都是我们需要重点关注的方面，因为正是这些

人直接制作、传播了各种具有影响力的作品给群众，在某种程度上来说，他们是各类思想的直接传播者和载体。要想成功引导媒体坚持和走向正确的政治立场和方向，媒体从业人员的社会责任感、民族使命感以及职业道德都是需要我们重点关注的，这样才能发挥好他们媒体平台的社会服务职能，真正传播出先进的思想的正确的价值观。各级媒体从业者的业务素质也是需要同步提升的，社会热点问题动向和社会生活各领域思想变化趋势都是需要媒体来敏锐捕捉的，同时还得做出正确的回应。各级媒体从业者的政治素养也是需要重点提升的方面。他们的政治站位和政治敏感度是保障媒体平台坚持马克思主义立场和社会主义先进思想的基础。此外，还需要建立和规范媒体从业者的行业准入和考核制度，尤其政治表现这一条是需要特别关注的，那些与人民利益背道而驰，对党不忠诚的媒体从业者要及早清除出去，永不准入媒体业。

最后，各级媒体平台信息传播者的言论也是需要不断加强监管的。现如今网络自媒体拥有更加便捷的优点，很多自媒体就利用这个特点大肆宣传自己的一些思想和做法，网络历史虚无主义正是其中的一个体现。言论自由确实是我们国家的法定公民权利，但网络信息传播者也要对自己所说过的话和留下的痕迹负责。对此，网络实名制就是必须的，包括微信、微博在内的各类媒体都是需要加强政府监管的。网络也不是法外之地，参与宣传虚假信息的人是要对自己的错误行为买单的。相反，我们需要提倡风清气正的网络环境和媒体传播风气，抵制错误思想的同时，真正抵制历史虚无主义的发展。

（二）把握传媒特点，加强正面思想的传播

如果正面思想得不到有效传播，那么负面思想就会大行其道。以新时代马克思主义思想为代表的先进思想如果不能得到恰当宣传，是很容易被埋没不被大众所熟知的。面对众多的思想潮流，马克思主义的先进思想对社会的正面引导作用如果不注重媒体传播，也是不会发挥其该有的价值和作用的。

首先，发挥官方主流媒体的引导作用。面对网上历史虚无主义肆意传播的困境，官方尤其是主流媒体要勇敢站出来，发挥遏制的中流砥柱作用。面对网络上的历史虚无主义思潮现象，我们更要敢于迎接挑战，因为这种现象对我国的主流思想产生了一

定的影响，对我们多元文化的发展和新思想的传播带来了新挑战。在这种挑战下，我们主流思想的传播需要结合各类新兴的传媒平台，通过有效渠道更好地发挥正面引领作用。目前新媒体通过各种渠道所传播的信息具有信息量大、速度快、覆盖范围广等特征，很多时候不经意间就占领了主流媒体的舆论阵地，拥有了相当的话语权。因此主流史学研究要发声就要重视网络舆论这个武器和一些学术自媒体的力量，需要在无线网络等新媒体领域真正做到引领社会思想的能力，从一定程度上来，要把新媒体作为传播正能量的重要阵地、新阵地。

其次，扩大网络空间正能量传递的声音和渠道。主流媒体要主动抓住机遇，迎接这种网络历史虚无主义带来的挑战，要通过宣传一些典型的事例、引导正能量等各种方式来更有效地发出主流声音，不断扩大舆论引导力，坚决发出抵制历史虚无主义在网络上传播的声音，不断扩大宣传社会主义核心价值观在群众中的影响。主流媒体影响力的传播还可以借助网络公众号或者大咖的培养来扩大主流意识形态的传播。通过各种形式的培训，让他们具备先进的思想观念和强烈的社会责任感，同时最好具备一定的历史知识，这样下来网络舆论的导向、正能量的传播都可以得到保证，同时还可以收集到群众的问题反馈。

最后，转变网络空间传播形式和传播语言。史学正史的传播对象是普通大众，因此传播形式、语言表达方式等都要贴合群众实际，容易为大众所接受和理解。借鉴苏联的历史经验可知，国家主流思想面向基层群众的传播和接受是需要采取恰当方式的，需要用人民容易接受的语言和形式来接受主流思想，换句话说，采用普通百姓常见的宣传方式才能更好地达到主流媒体思想宣传的效果。

一方面，主流思想的宣传要采用普通群众常见的方式，通过潜移默化的方式引导人民大众逐渐接受当前的主流思想。另一方面，主流思想的传播要注重语言和形式的创新。网络上的历史虚无主义有时候也借用了比较通俗易懂的方式来迷惑群众，同时也借助歪曲了的历史向群众传播了极其错误的思想。因此，我们要达到主流思想传播效果的目的，必须要在充分分析群众心理的基础上，利用新媒体的新型特征，通过对历史通俗化的语言表达来贴近普通百姓的生活实际，进而引导出崇尚英雄、宣扬正能量的社会潮流。

三、加大监管力度，重塑传播环境

（一）社会心理：优化网络话语传播环境

网络话语的传播，依赖于一定的传播环境。所谓网络话语传播环境，是指话语进行网络传播所依托的各种软硬件条件。任何一种思想理论，如果要得到大众化传播的效果，就必须要依托相应的软硬件条件，且需具备较强的传播力。为了增强主流意识形态的声音，必须要整合相关的传播资源，优化该意识形态的网络话语的传播环境，增强其网络空间的传播力。

1. 转换并创新思想理论宣传方式

为了应对当前网络空间中历史虚无主义思想层出不穷的传播手法，需及时转换话语表达方式，打破过去自上而下理论灌输传播的主要乃至唯一方式，打通官方舆论场和民间舆论场之间的联系，还要善于利用大众传播、社交化传播场景增进主流话语传播的效度，不断巩固与增强网络意识形态的话语自信。

在话语传播的方式上，要注意感性化；话语的使用，同样需要注意感性化。强调注意话语传播的感性化，其主要原因在于要抢占对事件发声的先机。隶属国家机关的思想宣传部门以及新闻媒体等宣传主体要开阔视野、加强协作，只要是那些能增强主流意识形态网络话语权和凝聚力的网络产品，都可以为"我"所用。官媒等思想宣传部门要了解网络空间话语传播的特点，要主动适应网络空间话语的传播方式。根据当前的现实情况，充分利用"微视频"、自媒体等形式把一些重大思想的理论宣传和百姓生活中实际感兴趣的地方结合起来。要注重广大群众的利益，回应老百姓关切的问题，突出重大思想理论相关事件报道的实践性和人民性的统一；同时，还要主动加强网络议题设置的能力，深入研究网络传播的规律和网民的心理特征，开展有针对性舆论引导，实现主流意识形态的入耳入脑入心；此外，还要保持主流意识形态在网络空间中的权威性，做到重大事件网络舆论面前及时发声，"面对各种敌对的意识形态话语绝不可'沉默失语'"①，要保障网民言论自由的权利，营造健康的、平等的网络对话交流的文化氛围，增强政府引导下的亲民性网络意识形态所谓亲和力。

此外，还要主动培育网络"意见领袖"，发挥其正面示范作用。网络"意见领袖"，往往充当着政府与民众之间舆情沟通纽带的作用，其出现是网络快速发展的必然，适应了网络快速发展的需要。网络时代，为了应对历史虚无主义必须积极培育具有"红色"信仰的网络"意见领袖"，发挥他们在网络传播中的舆情引导、意见表达等作用，并团结和争取中立的舆论，抑制和减少偏激的舆论，优化网络话语环境。通过网络"意见领袖"的积极引导和官方媒体的积极的宣传下，深入持久地开展多样化的互联网意识形态隐性教育，引导广大网民学习和理解并深化马克思主义思想理论，可以很好地促进主流意识形态话语的网络传播力的提升。

2. 高效推进媒体融合发展

如今，新媒体技术快速发展，已经成为网民重要的交流平台，为我们治理历史虚无主义的网络空间传播提供了新的视角和途径。面对历史虚无主义依靠网络的立体化传播现状，要想打好整治历史虚无主义的攻坚战，就必须要推动传统媒体和新兴媒体的融合发展。要清楚认识到传统媒体和新兴媒体融合的实质不是相互取代，而是相互依存、优势互补的过程。媒体融合发展时刻要以服务于国家发展战略为最终目的，要以人民的发展需要为导向。

推进媒体融合发展要坚持移动传播优先，建设多层次的移动传播平台，用好、用对互联网。当前，移动传播、圈层传播已成为信息传播的主流是不容置疑的，越来越多的用户青睐于移动端接受和传播信息，而信息的传播与交流通常会在生活形态、价值观等相似的圈子中有更多的交往。推动媒体融合发展，要重视移动传播手段，要充分借助移动传播平台牢牢掌握网络空间的信息权，要加强移动传播媒体的基础设施建设，最终形成覆盖广、渠道宽的移动传播矩阵。要在跨地传播话语体系的构建上下真功夫，创新话语国外传播的内容和手段，认真总结研究国外大众的心理特点和市场需

---

① 侯惠勤：意识形态的变革与话语权——再论马克思主义在当代的话语权 [J]. 马克思主义研究，2006（1）：50.

求，提高内容传播的针对性，从而增强文化的国际传播认同与对外传播能力的提升。

（二）新闻传播：激活中华文化活力

互联网技术蓬勃发展的今天，与过去相比较，青少年获取信息的途径已经发生巨大的变化，且青年已经成为了互联网使用的主力军，各种异质社会思潮都在直接或间接地影响青年的价值认同。要应对网络空间历史虚无主义的传播扩散，就要重视青年网络思想政治教育，要发挥青年网络思想传播的积极作用，不断增强应对历史虚无主义的青年中坚力量。

1. 适时开展网络空间历史文化教育活动

一般而言，历史虚无主义在网络空间中的扩散常常选取具有重大社会影响力某些纪念活动来进行话语传播。例如，当举行世界反法西斯胜利70周年纪念活动时，历史虚无主义者可能通过捏造的"事实"和经过裁剪的"历史真相"污蔑党的形象，否认党在抗击外来侵略时所起的巨大作用；每年的毛泽东同志诞辰日，他们会千方百计地诋毁伟大领袖的丰功伟绩；在南京大屠杀死难者国家公祭日，历史虚无主义者拒绝承认致使30多万中国人民被残忍杀害的事实的存在。对此，要抓住青少年这一重点人群，强化其网络思想政治教育，适时开展网络历史文化教育活动，加强其意识形态教育，杜绝历史虚无主义的消极影响。一方面，要做到继承和发扬中华优秀的传统文化。伟大的中华民族历经时间洗礼，形成的民族文化蕴含着中华民族独有的特质，是伟大的中国人民不懈奋斗、不断进取的思想源泉。在当今社会，要根据社会发展的趋势和要求继承和创新中华传统文化的表现形式和教育方式，充分利用新兴互联网媒体、微博、今日头条、抖音等新兴媒体引导青年学习我国优秀的传统文化，感悟传统文化精髓。针对历史虚无主义碎片化乃至戏谑式地处理历史英雄的做法，要加强正史宣传，用马克思主义唯物史观予以坚决还击，在还原英雄的历史真相的过程中，要更加积极地引导青年认识历史虚无主义的错误本质。另一方面，要注意青年学生的思想动态情况和网络舆论情况，对于具有较大影响力事件的负面舆论，要及时开展思想政治主题教育进行引导，以排除可能发生的网络话语传播隐患。

2.重视红色文化网络传播手段创新运用

红色文化的传播是要让人们对红色文化产生倾向性共识，然后接触、了解，并进而主动学习，乃至最终内化为个人的情感。当人们对红色文化有了心理认，就会相应地构建起文化心理结构，从而增强红色文化的自豪感，并进而增强了抵御历史虚无主义的能力。网络传播具有传统传播途径没有的广度与速度，发挥网络在红色文化传播中的作用，需要做很多的工作。例如，建立红色专题网站，在网站宣传、红色文化传播中，要使红色文化所蕴含的精神渗透到社会生活的各个方面，就要综合运用多种宣传手段，提高网络传播的效率。中国不同地区都曾发生过中国共产党人领导下的抗日战争等红色文化活动，很多地方还保留着大量的红色物质文化。尽管红色文化的精神是相通的，但具体的红色文化记忆是不同的。因此，网络红色文化的传播要依托于不同地区丰富的红色文化资源，增强红色专题网站宣传与地域红色文化特点的融合。青年是网络使用的主力军，红色专题网站要针对青年的身心特点，增强文化及其活动的趣味性，强调文化的生活化。在内容上，除了突出红色文化本身外，还可以将党史、时政等多种内容作为网站内容供青年浏览，形成学习、生活与意识形态教育等功能为一体的特色网站。另一方面，为了加强红色网站和青年用户的互动与沟通，网站内容及其形式等要及时进行维护、更新。为了更好地迎合青年人的特点，要及时了解青年大学生的心声，可以通过留言簿、网上问卷等网络辅助载体，开展网络对话等活动，实现受众与网站的良性互动，改变红色文化传统传播中过分注重说理式灌输的单一传播途径，提高红色文化传播的效果。

目前，新兴网络媒体正处在蓬勃发展阶段，为了应对红色文化的网络传播，红色文化工作者自身也要加强媒体技术的学习，要善于使用现代化的网络传播手段。在不断创新管理、挖掘传统文化精髓的基础上，还要高效科学地规划红色文化传播的路径。红色文化工作者要充分发挥新媒体终端手机以及其他网络传媒等新兴传播手段在红色文化教育中的重要作用。

四、加强教育引导，减少传播客体

传播客体，也就是传播受众，是政治思潮传播的对象。"接收者是政治思潮传播过程中的重要一环，只有信息达到了接收者端，才代表实现了政治思潮的传播。"①因此，通过削减传播受众是抵制历史虚无主义思潮传播的有效途径。当减少足够的传播客体，使得历史虚无主义思潮失去群众基础，其将如同无源之水，就不可能立足于我国史学界和思想界。

（一）创新历史教育方式

改革开放以来，由于人们惯于以创造经济效益和产生实用价值评判一门学科在学校教育中的价值和地位，以至于学校教育出现了弱化乃至取消历史教育的错误倾向。这样的偏向，不仅给我国史学领域带来了很多严重的后果，对爱国主义教育等也产生了消极影响。历史虚无主义者也趁机对我国近现代史进行篡改与扭曲，妄图以历史为突破口来侵蚀我国的主流价值观，从而瓦解人民群众的爱国精神。不可否认，因为以上的原因，我国在包括爱国主义精神在内的主流意识形态教育方面曾经遭到一定的打击。

正因此，过去深刻的历史经验与教训使我们意识到，创新正统历史教育的方式方法以适应不断变化发展的社会形势是非常必要的。除了要普及经典正史相关的教育内容，不同地区还要根据当地史籍情况扎实推进形式多样、贴近老百姓生活的正史普及教育。需要明白的是，正史教育并不是严肃的理论式说教，而是需要与新时代新形势相适应的教育模式，也可以融入最新的科技手段和娱乐元素增强正史教育的传播性，使得正统的新中国史、共产党史资源并以合理的形式传播。革命旅游胜地的开发注意特色化，广泛传播不同地区的革命经典事迹。一方面，地方可以通过举办历史展览、专题讲座、公益演讲等活动，还可以拍摄历史纪录片、出版青少年科普读物等各种各样的方式来满足群众直观性与趣味性等心理需求。以上传播途径均需要注意利用网络

---

① 王炳权. 当代中国政治思潮研究 [M]. 北京：中国社会科学出版社，2014:169.

媒体的强大传播力，要充分发挥大数据资源运用与网络载体的传播速度和广度的优势。另一方面，也要用好网络传播中传播主客体之间不受地域、时间和空间限制的沟通、交流的互动模式。这一点，是很多传统线下传播形式所缺乏甚至所没有的。

（二）加强唯物史观教育

伟大的马克思主义者列宁认为要将唯物史观"渗透到群众的意识中去，渗透到他们的习惯中去，渗透到他们的生活常规中去"[①]。只有这样，才能帮助广大群众提高信息的科学分析能力，特别提高对来自网络信息的合理评价与认识的能力。面对不同渠道的信息，不轻信谣言、不盲从跟风，还能够运用以获得的知识与能力识破历史虚无主义的虚假谎言。特别是在网络信息如此发达的今天，通过手机终端等设备接受外界消息已经成为人们日常生活的一部分，纷繁复杂的各种信息真假难辨，令人眼花缭乱。只有端正了群众的思想立场，提高群众的思想觉悟，才能保持清醒，不被历史虚无主义者发布的歪曲信息所误导。另一方面，还要引导群众在生活中提升高雅趣味，远离将历史低俗化乃至恶俗化的趣味。要积极地培养人民群众的爱国意识，使他们建立起对中国特色社会主义的道路自信、理论自信、制度自信以及文化自信。并在这样的自信中，坚定地维护中国的根本利益，维护中华民族创造的优秀历史文化。

作为宣传教育活动，仍需要有一定的针对性，尤其要加强对青少年的马克思主义唯物史观的教育，"从青年身上，能够较准确、较全面地折射出整个社会的思想潮流走向，然而青年的成长也总是伴随着各种社会思潮的激荡、碰撞与交锋……"[②]因此，青年学生的精神状态与思想趋势便是我们要重点关注的地方，抓好青年学生的国史、党史教育以及培养其爱国主义情怀因而成为最重要的工作之一。学校在开展教育教学的活动过程中，首先，应坚持以爱国主义和唯物史观作为基础，弘扬优秀的中华

---

① 中共中央马克思恩格斯列宁斯大林著作编译局 . 列宁全集（第 39 卷）[M]. 北京：人民出版社，1986:100.

② 陈亮 . 中国青年与百年思潮 [M]. 杭州：浙江工商大学出版社，2011:1.

民族文化，保证教育内容的科学性；其次，要注意青年学生的施教者的影响，要更加注重教师自身的培养与考核，使教育者一以贯之地保有积极的职业精神和强烈的责任担当意识，还要激发其主动创新教育方式的热情；最后，除了学生自己和教师本身的影响外，还要加强家庭教育。父母亲是孩子的第一任老师，开展丰富多彩的家庭教育，发挥马克思主义唯物史观在家庭教育中的指导作用，有助于培育青少年科学正确的历史观。尽管历史虚无主义思潮在当下仍有生存适应能力，但只要我国人民普遍具有辨别、认识不同思想的能力，便可以有力还击历史虚无主义，维护我国社会主义核心价值观。

（三）培育网民逻辑思维能力

网络空间属于公共舆论空间，提供给网民的都是"别的网民或者团体"组织的现成结论，往往带有别人的主观情感或价值观，因而，具有意识形态功能。网络空间中充斥着大量杂乱无章、纷繁复杂的信息，大量现成结论的信息，容易降低网民的思维能力，所谓的"公共讨论"空间成为"反智倾向"的网络公共空间。如果网民想要获得自己需要的有效信息，就必须建立自己的逻辑思维能力，善于在众多复杂信息中筛选、分辨、识别有效信息和有用信息，这样才能做出正确的选择和判断。那么，普通网民如何才能培育自己的逻辑思维能力，用正确的方法论提高网络空间公共舆论质量呢？

具体来说：第一，在中小学教育中融入逻辑思维课程，从小强化逻辑训练。目前，中国的语文和历史教材中偏重知识传播和情感教育，但能够提高青少年辨识力的逻辑思维能力的课程和训练较少，这就导致青少年长大后缺乏辨识力。特别是在面对公共事务的时候，我国青少年大都不能具备良好的批判精神和辨识力。例如，在中小学阶段开设"说理训练"课程，鼓励青少年走出教室和课堂，到社会公共环境中，就某一具体事件开展"说理训练"，培养青少年公共议题的辩论能力，维护国家公共空间的民主秩序，有助于提高我国社会主义公民素质，自然也就提高青少年对非主流社会思潮的辨识力。

第二，树立正确价值观，培育网民批判性思维。针对历史虚无主义在网上传播的模型特点，笔者发现传播受众的盲目性、盲从性是导致网民被误导的核心原因。网民在面对众多网上信息的时候，丧失了自己的价值判断标准，盲从网络信息，继而失去对事物合理性和科学性的判断力，究其原因，主要是我国青少年从小就缺乏这方面的教育。绝大多数网民尽管在网上浏览大量信息，似乎很有看法和思想，其实大都是"模仿"网上的观点和思想，缺少自己独立的思考和鉴别。为此，有必要加强培育我国网民的批判性思维能力，帮助他们鉴别网络空间信息的真伪、善恶、美丑。例如，在历史教育中，有大量需要识记的结论性知识，可以适当增加一些推理性和批判性的知识，培育网民的批判性思维。

第三，发挥媒体教育功能，提升网民自我鉴别力。在如今互联网媒体发达的今天，大众媒体也应该主动承担网络空间的网民教育功能，加强对信息来源和信息渠道的审核，净化媒体平台的信息内容，防控历史虚无主义等非主流社会思潮的出现和蔓延。对于网民而言，如果能够通过多方面渠道获得对某一问题的多角度分析、批判性分析、推理性分析，有助于提高网民的自我鉴别力，降低对历史虚无主义信息的依赖，预防被别有用心者的操控。另外，政府也要建立及时透明披露信息机制，满足广大网民的好奇心和知情权，增强网民在网络公共舆论空间的安全感，提升政府的公信力。

结　语

马克思主义经典作家认为："如果从观念上来考察，那么一定的意识形式的解体足以使整个时代覆灭。"①同理性分析，历史虚无主义就像是"病毒"一般侵蚀着主流意识形态的健康，如果任由其发展，势必导致主流意识形态的"时代覆灭"。为此，习近平同志告诫我们，透过现象可以看清"历史虚无主义"的本质就是通过抽象化解构历史，扰乱人们的思想，继而否定中国共产党的领导，否定我国的国家制度②，否定党的指导思想。

就人类整个思想史而言，历史虚无主义以一种近乎"痴癫"的唯心主义思想肆意"肢解"人类社会完整而真实的历史进程，虚构人类社会对物质世界认知的历史场景，干扰人们对"自然历史过程"的正确认知，进而否定马克思主义唯物史观在人类认知社会历史进程中的客观性和整体性。就历史虚无主义本质而言，其割裂了社会发展规律与价值选择的话语体系，使得社会生产关系从彼此的关联中脱域出来，解构了人类历史的客观性与整体性。

历史、现实、未来是相通的。面对历史虚无主义对中华文明史、中国共产党史，甚至整个人类思想史造成的危害，我国广大意识形态教育工作者应高举马克思主义辩证法和唯物史观的旗帜，坚决抵制历史虚无主义的错误倾向，继续深化与历史虚无主义斗争的方式方法，牢牢掌握斗争的主动权和话语权。广大理论工作者还

---

① 中共中央马克思恩格斯列宁斯大林著作编译局.马克思恩格斯文集（第8卷）[M].北京：人民出版社，2009: 170.

② 中共中央文献研究室.十八大以来重要文献选编（上）[M].北京：中央文献出版社，2014: 113.

要紧扣时代脉搏，努力提升自己的理论修养和学术素养，牢固掌握传统媒体和新兴自媒体等意识形态舆论阵地，以正史、信史形式有效地戳穿历史虚无主义制造的谎言、迷雾和谬论，通过历史的"望远镜"和"显微镜"，还原历史本来面貌，旗帜鲜明地批驳、纠正历史虚无主义的错误认识，最大程度地挤压历史虚无主义的生存空间。

进入20世纪90年代以来，随着互联网和大数据技术的崛起，历史虚无主义的表现形式、内容、特征以及传播的载体都发生了很大的变化，但是其本质和危害并没有发生改变，其政治性动机依然是动摇中国共产党的执政基础，妄图颠覆中国共产党领导下的社会主义制度。历史虚无主义在自媒体时代的新变化，应该引起我国意识形态教育工作者的高度重视，从理论层面和技术层面提高自身修养和技术水平，增强对自媒体社交平台中各种文化传播的引导能力。

总之，在新的历史时期，西方国家对中国不断转变历史虚无主义渗透渠道，推行西方资产阶级普世价值观，妄图颠覆社会主义国家政权。因此，中国意识形态教育工作者必须提高警惕，增强互联网技术和专业能力，研判历史虚无主义传播途径和传播机制，构建传播模型，高举马克思主义唯物史观进行坚决而彻底的批判，树立社会主义核心价值观和马克思主义历史观，增强中华民族凝聚力，为实现中华民族伟大复兴而不懈奋斗。

参考文献

一、中文文献

专著

［1］中共中央马克思恩格斯列宁斯大林著作编译局.马克思恩格斯选集（第 1 卷）［M］.北京: 人民出版社, 2012.

［2］中共中央马克思恩格斯列宁斯大林著作编译局.马克思恩格斯选集（第 3 卷）［M］.北京: 人民出版社, 2012.

［3］中共中央马克思恩格斯列宁斯大林著作编译局.马克思恩格斯选集（第 4 卷）［M］.北京: 人民出版社, 2012.

［4］中共中央马克思恩格斯列宁斯大林著作编译局.马克思恩格斯文集（第 5 卷）［M］.北京: 人民出版社, 2009.

［5］中共中央马克思恩格斯列宁斯大林著作编译局.马克思恩格斯文集（第 9 卷）［M］.北京: 人民出版社, 2009.

［6］中共中央马克思恩格斯列宁斯大林著作编译局.马克思恩格斯文集（第 10 卷）［M］.北京: 人民出版社, 2009.

［7］中共中央马克思恩格斯列宁斯大林著作编译局.列宁选集（第 2 卷）［M］.北京: 人民出版社, 1995.

［8］中共中央马克思恩格斯列宁斯大林著作编译局.列宁选集（第 3 卷）［M］.北京: 人民出版社, 1995.

［9］毛泽东.毛泽东文集（第7卷）［M］.北京:人民出版社,1999.

［10］中共中央文献研究室.毛泽东思想年编: 1921–1975［M］.北京:中央文献出版社,2011.

［11］邓小平.邓小平文选（中卷）［M］.北京:人民出版社,2014.

［12］江泽民.江泽民文选（第1卷）［M］.北京:人民出版社,2006.

［13］习近平.习近平谈治国理政（第1卷）［M］.北京:外文出版社,2014.

［14］习近平.习近平谈治国理政（第2卷）［M］.北京:外文出版社,2017.

［15］习近平.习近平谈治国理政（第3卷）［M］.北京:外文出版社,2020.

［16］中共中央文献研究室.十八大以来重要文献选编（上）［M］.北京:中央文献出版社,2014.

［17］中共中央文献研究室.十八大以来重要文献选编（中）［M］.北京:中央文献出版社,2014.

［18］中共中央文献研究室.十八大以来重要文献选编（下）［M］.北京:中央文献出版社,2014.

［19］中共中央文献研究室.习近平关于科技创新论述摘编［M］.北京:中央文献出版社,2016.

［20］中共中央文献研究室,中央档案馆.建党以来重要文献选编（1921–1949）: 第19册［M］.北京:中央文献出版社,2011.

［21］［美］凯斯·R.桑斯坦.信息乌托邦:众人如何生产知识［M］.毕竞悦,译.北京:法律出版社,2008.

［22］［法］塞奇·莫斯科维奇.群氓的时代［M］.许列民,薛丹云,李继红,译.南京:江苏人民出版社,2003.

［23］［法］古斯塔夫·勒庞.乌合之众［M］.冯克利,译.北京:中央编译出版社,2003.

［24］［加］娜奥米·克莱恩.休克主义:灾难资本主义的兴起［M］.吴国卿,王柏鸿,译.桂林:广西师范大学出版社,2010.

［25］［英］尼尔·弗格森.广场与高塔［M］.周逵,颜冰璇,译.北京:中信出版社,

2020.

　　［26］［美］尼葛洛·庞帝.数字化生存［M］.胡泳,范海燕,译.海口:海南出版社,
1996.

　　［27］［德］弗里德里希·尼采.权力意志——重估一切价值的尝试［M］.张念东,
凌素心,译.北京:商务印书馆,1991.

　　［28］［美］约瑟夫·奈.软实力［M］.马娟娟,译.北京:中信出版社,2013.

　　［29］［美］理查德·斯皮内洛.铁笼,还是乌托邦——网络空间的道德与法律
［M］.李伦,等译.北京:北京大学出版社,2007.

　　［30］［法］萨特.存在与虚无［M］.陈宣良,译.北京:生活·读书·新知三联书店,
1987.

　　［31］［英］维克托·迈尔–舍恩伯格,［英］肯尼斯·库克耶.与大数据同行［M］.
赵中建,等译.上海:华东师范大学出版社,2015.

　　［32］郭庆光.传播学教程［M］.北京:中国人民大学出版社,1999.

　　［33］孙中山.孙中山全集(第1卷)［M］.上海:中华书局,1981.

　　［34］周长城.经济社会学［M］.北京:中国人民大学出版社,2005.

　　［35］孙周兴.海德格尔选集［M］.上海:上海三联书店,1996.

　　［36］张首吉,杨源新,孙志武,等.党的十一届三中全会以来新名词术语辞典［M］.
济南:济南出版社,2000.

　　［37］衣俊卿.现代性的维度［M］.北京:中央编译出版社,2011.

　　［38］杨倩.致胜大数据时代的50种思维方式［M］.北京:红旗出版社,2015.

　　［39］陈潭,等.大数据时代的国家治理［M］.北京:中国社会科学出版社,2015.

　　［40］杜经国,庞卓恒,陈高华.历史学概论［M］.北京:高等教育出版社,1990.

　　［41］周晓虹.社会心理学［M］.北京:高等教育出版社,2008.

　　［42］程馨莹.历史虚无主义对当代大学生的影响研究［M］.北京:中国社会科学出
版社,2016.

　　［43］陈序经.东西文化观［M］.香港:岭南大学出版社,1937.

　　［44］余双好.当代社会思潮对高校师生的影响及对策研究［M］.北京:中央编译出

版社, 2012.

［45］王东平. 中华文明起源和民族问题的论辩［M］. 南昌: 百花洲文艺出版社, 2004.

［46］王柄权. 当代中国政治思潮研究［M］. 北京: 中国社会科学出版社, 2014.

［47］中央党史研究室宣传教育局. 反对历史虚无主义论丛（第一辑）［M］. 北京: 中共党史出版社, 2018.

［48］曲艳红. 基于信息技术的教学方法［M］. 哈尔滨: 哈尔滨工业大学出版社, 2015.

［49］吴原元. 隔绝对峙时期的美国中国学（1949 — 1972）［M］. 上海: 上海辞书出版社, 2008.

［50］张景中. 数学与哲学［M］. 大连: 大连理工大学出版社, 2008.

［51］吴原元. 隔绝对峙时期的美国中国学（1949 — 1972）［M］. 上海: 上海辞书出版社, 2008.

［52］张景中. 数学与哲学［M］. 大连: 大连理工大学出版社, 2008.

期刊

［1］［美］黄宗智, 强世功. 学术理论与中国近现代史研究［J］. 学术界, 2010（03）: 5-23+249-252.

［2］韩炯. 历史事实的遮蔽与祛蔽——现时代历史虚无主义理论进路评析［J］. 毛泽东邓小平理论研究, 2013（3）: 62-66.

［3］邹诗鹏. 现时代历史虚无主义信仰处境的基本分析［J］. 江海学刊, 2008（02）: 47-53+238.

［4］方艳华, 刘志鹏. 历史虚无主义的基本主张及本质剖析［J］. 中共山西省委党校学报, 2010（12）: 88-91.

［5］方艳华. 历史虚无主义思潮的演进及重新泛起原因论析［J］. 吉林师范大学学报（人文社会科学版）, 2011（06）: 75-78.

［6］李群山. 历史虚无主义思潮多视角透析［J］. 中共山西省直机关党校学报, 2012（05）: 19-21.

［7］李殿仁. 认清历史虚无主义的极大危害性［J］. 红旗文稿, 2014（20）: 8-12.

［8］刘书林.认清历史虚无主义思潮的真实用意［J］.求是,2015（09）:57-59.

［9］高奇琦,段钢.对历史的自觉自信是抵制历史虚无主义的基石［J］.求是,2013（01）:57-59.

［10］龚书铎.历史虚无主义二题［J］.高校理论战线,2005（5）:49-51.

［11］梁柱.历史虚无主义是唯心主义的历史观［J］.思想理论教育导刊,2010,01）:61-66.

［12］田心铭.警惕历史虚无主义的新变种［J］.红旗文稿,2014（13）:24-27.

［13］郭世佑.历史虚无主义的虚与实［J］.炎黄春秋,2014（5）:35-40.

［14］张晓红,梅荣政.历史虚无主义的实质和危害,思想理论教育导刊,2009（10）:125.

［15］许恒兵.历史虚无主义思潮的演进、危害及其批判［J］.思想理论教育,2013（01）:31-35.

［16］马建辉.评文艺中的价值虚无主义思潮［J］.求是,2009（3）:51-52.

［17］田居俭.历史岂容虚无——评史学研究中的若干历史虚无主义言论［J］.高校理论战线,2005（6）:41-46.

［18］梅荣政,杨端.历史虚无主义思想的泛起与危害［J］.思想理论教育导刊,2010（01）:67-69.

［19］杨军.历史虚无主义的迷惑性［J］.人民论坛,2013（27）:71-73.

［20］龚云.中国近现代史研究中历史虚无主义思潮产生的认识根源［J］.中国社会科学报,2008（5）.

［21］唐莉.当代中国历史虚无主义的政治诉求与双重应对［J］.思想政治工作研究,2013（7）:19-21.

［22］曹守亮.历史是不能虚无的——读《警惕历史虚无主义思潮》［J］.高校理论战线,2007（4）:51-55.

［23］周振华.应当十分珍惜党和人民奋斗的历史——兼评历史虚无主义的若干观点［J］.求是,2000（16）:15-20.

［24］梁柱.历史虚无主义是对民族精神的消解［J］.思想政治工作研究,2013

（10）：21–22.

［25］李伦.评近两年的历史虚无主义批评［J］.文艺理论与批评,2000（7）：10–18.

［26］刘美玲,刘鹄.在"纲要"教学中消解历史虚无主义的思考［J］.重庆科技学院学报（社会科学版）,2011（9）：156–160.

［27］吴小晋.网络时代历史虚无主义对青年思想工作的挑战［J］.青少年研究与实践,2014（3）：28–31.

［28］陈之骅.苏联解体前的历史虚无主义［J］.高校理论战线,2005（8）：60–64.

［29］杨金华.虚无主义思潮与意识形态危机—苏联剧变的政治因素透视［J］.高校理论战线,2010（5）：69–73.

［30］林书红.新媒体传播中历史虚无主义"导向"问题不容忽略［J］.红旗文稿,2014（22）：20–22.

［31］王玉玮.新媒体语境下历史虚无主义的表现形态及其价值批判［J］.江西财经大学学报,2017（1）：109–115.

［32］吴满意,黄冬霞.在网络历史虚无主义的四性审视［J］.天府新论,2017（1）：22–25.

［33］杨建义.历史虚无主义的网络传播与应对,思想理论教育导刊,2016（1）：110–114.

［34］韩斌.加强网上党史阵地建设 坚决反对历史虚无主义［N］.河南日报,2017–09–13.

［35］杨龙波,季正聚.历史虚无主义的流变逻辑及其新表现［J］.当代世界与社会主义,2018（4）：43–48.

［36］管爱花,王升臻.思想政治教育运用大数据相关关系的哲学反思——基于思想与行为的因果 关系［J］.广西师范大学学报（哲学社会科学版）,2019（1）：55–59.

［37］郑湘娟.试论邓小平调查研究思想与实践的基本特点［J］.中共浙江省委党校学报,1995（4）：40–42.

［38］黄欣荣.大数据时代的还原论与整体论及其融合［J］.系统科学学报,2021（3）：10–14.

［39］张晓兰, 董珂璐. 大数据时代因果关系的重构及认识论价值［J］. 宁夏社会科学, 2021（3）: 13-18.

［40］刘修兵, 刘行芳. 新传播格局下议程设置功能假说反思［J］. 中州学刊, 2021（02）: 162-167.

［41］林泰, 蒋耘中. 社会思潮概念辨析［J］. 思想教育研究, 2016（5）: 44-46.

［42］付安玲, 张耀灿. 大数据时代马克思主义理论教育的思维变革［J］. 学术论坛, 2016（10）: 169-175.

［43］耿亚东. 政府治理变革的技术基础— 大数据驱动下的政府治理变革研究述评［J］. 公共管理 与政策评论, 2020（4）: 87-96.

［44］邹诗鹏. 解释学史学观批判（上）［J］. 载学术月刊, 2008（02）: 53-60.

［45］李瑞琴. 重塑"苏联记忆", 捍卫民族英雄—俄罗斯反对历史虚无主义的国家战略［J］. 世界社会主义研究, 2018（4）: 65-72.

［46］侯惠勤. 意识形态的变革与话语权: 再论马克思主义在当代的话语权［J］. 马克思主义研究, 2006（01）: 50.

［47］王鹏权. 新自由主义迷思的破灭与西方资本主义的演变方向［J］. 思想理论教育导刊, 2020（11）: 86-91.

［48］朱安东. 危机中的资本主义: 新自由主义、民粹主义和法西斯主义［J］. 马克思主义与现实, 2019（05）: 94-99.

［49］吴心伯. 竞争导向的美国对华政策与中美关系转型［J］. 国际问题研究, 2019（3）: 7-20+138.

［50］韩云波. 中国共产党人英雄观的形成与习近平对新时代英雄文化的创造性发展［J］. 探索, 2020（02）: 172-182.

［51］陈清, 刘珂. 自媒体时代历史虚无主义传播的特点、危害及对策［J］. 广西社会科学, 2016（3）: 57-61.

［52］贺东航. 警惕疫情大考中网络民粹主义反向冲击［J］. 人民论坛, 2020（08）: 18-21.

［53］田改伟. 试论我国意识形态安全, 政治学研究, 2005（1）: 28-39.

［54］贾立政, 王慧, 王妍卓. 全民抗疫时期主要社会思潮的动向及特征［J］. 人民论坛, 2020（08）: 12–17.

［55］陈坤, 李佳. 大数据时代背景下高校思想政治教育创新研究［J］. 思想政治教育研究, 2021（01）: 120–123.

学位论文

［1］乌文超. 海外毛泽东研究中的历史虚无主义评析［D］. 沈阳: 沈阳航空航天大学, 2020.

［2］张媛媛. 科技的人本意蕴— 马克思人与科技关系思想研究［D］. 长春: 吉林大学, 2013.

［3］王莉. 当代中国历史虚无主义思潮研究［D］. 石家庄: 河北师范大学, 2015.

［4］李凌凌. 中国网络民粹主义舆论的风险与治理［D］. 郑州: 郑州大学, 2018.

［5］韩吉木斯. 当代中国历史虚无主义思潮研究［D］. 呼和浩特: 内蒙古大学, 2017.

［6］白浩. 自媒体视域下历史虚无主义思潮对大学生的影响及对策研究［D］. 沈阳: 辽宁师范大学, 2019.

［7］刘亚男. 网络舆情中的历史虚无主义现象研究［D］. 南京: 南京师范大学, 2018.

［8］姚钰. 当代中国历史虚无主义思潮研究［D］. 哈尔滨: 东北石油大学, 2020.

［9］宋奇. 新时期我国历史虚无主义思潮及其应对措施研究［D］. 北京: 北京邮电大学, 2018.

［10］陈鸣鸣. 新时代历史虚无主义思潮及应对研究［D］. 西安: 西安工业大学, 2020.

［11］许宇翔. 历史虚无主义思潮引发的意识形态风险及防范对策研究［D］. 长沙: 长沙理工大学, 2020.

报纸

［1］习近平. 统筹推进疫情防控和经济社会发展工作, 奋力实现今年经济社会发展目标任务［N］. 人民日报, 2020–04–02.

［2］习近平. 在哲学社会科学工作座谈会上的讲话［N］. 人民日报, 2016–05– 19.

〔3〕习近平. 在纪念毛泽东同志诞辰 120 周年座谈会上的讲话〔N〕. 人民日报, 2013-12-27.

〔4〕中共十八届五中全会在京举行〔N〕. 人民日报, 2015- 10-30.

〔5〕中共中央关于坚持和完善中国特色社会主义制度 推进国家治理体系和治理能力现代化若干重大问题的决定〔N〕. 人民日报, 2019-11-06.

〔6〕吴学琴. 历史虚无主义的三种话语面具〔N〕. 中国社会科学报, 2018-07-30.

〔7〕刘仓. 意识形态领域的卫国战争——毛泽东研究中的历史虚无主义〔N〕. 中国社会科学报, 2015-09-30.

〔8〕习近平. 在纪念中国人民抗日战争暨世界反法西斯战争胜利六十九周年座谈会上的讲话〔N〕. 人民日报, 2014-09-04.

析出文献

〔1〕陈序经. 中国文化之出路（节选）〔A〕. 罗荣渠. 从"西化"到现代化〔C〕, 北京: 北京大学出版社, 1990.

〔2〕胡适. 充分世界化与全盘西化〔A〕. 罗荣渠. 从"西化"到现代化〔C〕. 北京: 北京大学出版社, 1990.

网络文章

〔1〕国务院关于印发促进大数据发展行动要的通知〔国发（2015）50 号〕—政府信息公开专栏〔EB/Ol〕. http: /www. gov. cn/zhengce/content/2015-09/05/content_10137. htm.

〔2〕中国信息通信研究院. 大数据白皮书（2018年）〔EB/OL〕. 2018-04-17, http: //www. caict. ac. cn/kxyj/qwfb/bps/index_6. htm.

〔3〕中国信息通信研究院. 大数据白皮书（2016 年）〔EB/OL〕. 2016- 12-20 , http: //www. caict. ac. cn/kxyj/qwfb/bps/index_8. htm. , 2015 : 39.

〔4〕施海庆. 建构主义理概述〔EB/OL〕. http: //teaehing. eiebs. eom/UploadFiles/2005/10/17 0173128646. doe, 2005- 10- 17.

〔5〕CNNCI: 第 51 次中国互联网络发展状况统计报告〔EB/PL〕. www. cssn. cn.

wlqglt/202303/t20230316_5607996.shtml.

二、外文文献类

［1］Barry Fulton. *The information age. New Dimensions for U.S. Foreign Policy* ［M］. New York, Great Dimensions Association, 1999.

［2］Naur P. *Concise Survey of Computer Methods* ［M］. Student litteratur AB: 1974.

［3］Karl A. Wittfogel. "The Legend of 'Maoism' (Concluded) " ［J］. *The China Quarterly*, No. 2, 1960.

［4］Howard L. Boorman. "China and the Global Revolution" ［J］. *The China Quarterly*, No. 1, 1960.

［5］Emily Honig and Xiaojian Zhao. "Sent-down Youth and Rural Economic Development in Maoist China" ［J］. *The China Quarterly*, No. 222, 2015.

［6］Denny Roy. "The 'China Threat' Issue: Major Arguments" ［J］. *Asian Survey*, Vol. 36, No. 8, 1996.

［7］Minxin Pei. "The Dark Side of China's Rise" ［J］. *Foreign Policy*, No. 153, 2006.

［8］Hung Chang Tai. "Turning a Chinese Kid Red: kindergartens in the early People's Republic" ［J］. *Journal of Contemporary China*, Vol. 23, 2014.

［9］Stefan Halper and Joseph S. Nye Jr. "The China Threat ［with reply］ " ［J］. *Foreign Policy*, No. 185, 2011.

［10］Susan Trevaskes. "Using Mao to Package Criminal Justice Discourse in 21st-century China" ［J］. *The China Quarterly*, No. 226, 2016.

［11］Peter Lorentzenand Suzanne Scoggins. "Understanding China's Rising Rights Consciousn ess" ［J］. *The China Quarterly*, No. 223, 2015.

［12］Matthias Stepan, Enze Han and Tim Reeskens. "Building the New Socialist

Countryside:Tracking Public Policy and Public Opinion Changes in China" ［J］. *The China Quarterly*, N o. 226, 2016.

［13］Brantly Womack. "China's Future in a Multinodal World Order" ［J］. *Pacific Affairs*, Vol. 8 7, No. 2, 2014.

［14］Sven Engesser, Nicole Ernst, Frank Esser & Florin Bü chel. Populism and Social Media: how politicians spread a fragmented ideology ［J］. *Information, Communication & Society*, 2017（8）.

［15］Thomas P. Bernstein. "Mao Zedong and the Famine of 1959—1960: A Study in Wilfulness" ［J］.*The China Quarterly*, No. 186, 2006.

［16］TOPFING J. Discourse Theory:Achievements, and Challenges ［A］//HOWARTH D, TORFING J, eds. *Discourse Theory in Eropean Politics: Identity, Policy and Governace* ［C］. New York:Palgrave Macmillan, 2004.